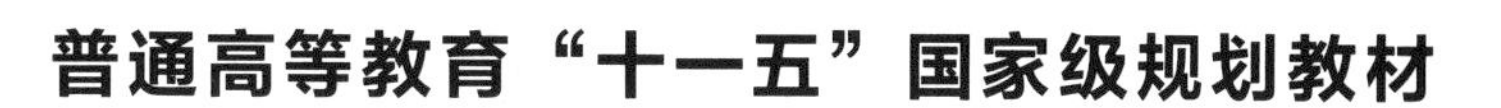

普通高等教育“十一五”国家级规划教材

GAOFENZI
WULI

高分子物理

第三版

高炜斌　杨宗伟　主编
熊煦　副主编

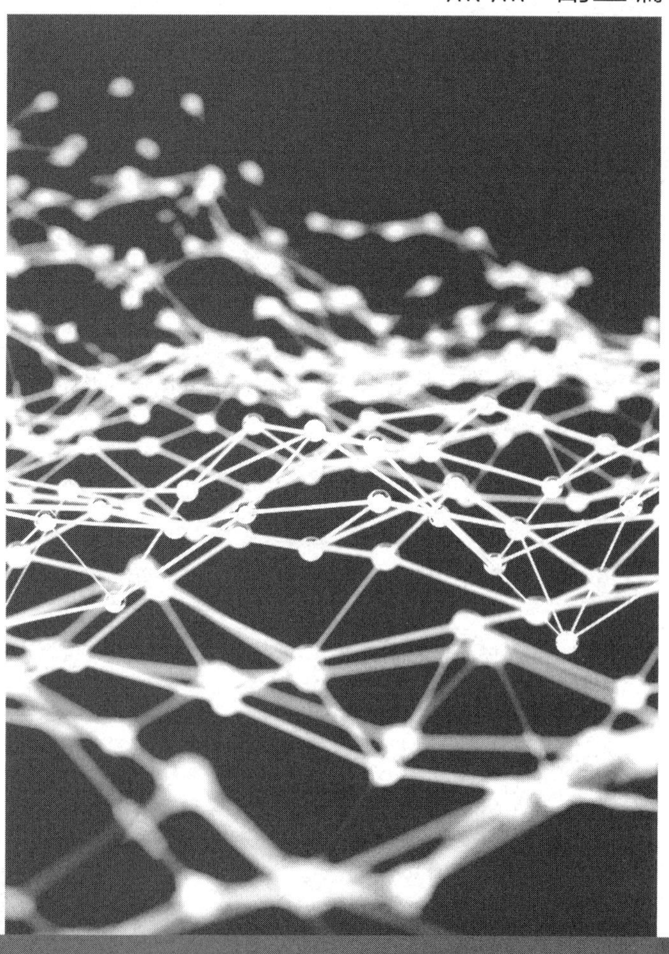

化学工业出版社
·北京·

内容简介

本书全面贯彻党的教育方针，落实立德树人根本任务，有机融入党的二十大精神，以高分子结构为基础，较为系统地介绍了高分子物理的基本概念和基本理论，揭示了“高分子结构—分子运动—性能”的内在联系。

全书共十一章，分别为绪论、高分子的分子量和分子量分布、高分子链的结构、高分子的聚集态结构、高分子溶液、高分子的物理状态与特征温度、高分子的力学性能、高分子的高弹性与黏弹性、高分子的流变性、高分子的其他性质及高分子物理的分析与研究方法简介等内容，并针对重要的知识点配有动画、短视频等数字化资源，便于学生理解相关内容。

本书可作为高等职业院校高分子相关专业学生的教材，也可供从事高分子材料加工与应用的技术人员参考。

图书在版编目（CIP）数据

高分子物理/高炜斌，杨宗伟主编；熊煦副主编．—3版．—北京：化学工业出版社，2021.9（2024.8重印）

ISBN 978-7-122-40221-9

Ⅰ.①高… Ⅱ.①高…②杨…③熊… Ⅲ.①高聚物物理学-教材 Ⅳ.①O631.2

中国版本图书馆CIP数据核字（2021）第223021号

责任编辑：提 岩 于 卉　　文字编辑：李 玥
责任校对：田睿涵　　装帧设计：史利平

出版发行：化学工业出版社（北京市东城区青年湖南街13号 邮政编码100011）
印　　装：河北鑫兆源印刷有限公司
787mm×1092mm 1/16 印张12½ 字数299千字 2024年8月北京第3版第4次印刷

购书咨询：010-64518888　　售后服务：010-64518899
网　　址：http://www.cip.com.cn
凡购买本书，如有缺损质量问题，本社销售中心负责调换。

定　　价：38.00元

前言

随着高分子科学与技术的发展，高分子材料已经深入工业、农业、航空航天、国防军工和日常生活的各个领域。高分子物理是高分子科学的重要组成部分，是研究高分子材料各种物理状态、物理过程、物理性质，以及结构与性能内在联系的科学。通过高分子物理的学习和研究，可以加深对高分子结构与物理性质关系的正确理解，指导从事塑料、橡胶、纤维等高分子材料相关领域的技术人员优化高分子材料结构和优化加工成型条件，有效提高高分子材料的性能。

高分子物理是高等职业院校高分子相关专业的主干课程。本次修订继续遵循第一、第二版“实际、实用、实践”的编写原则，深入浅出、系统介绍高分子物理的基本概念和基本理论，在保持前两版的基本框架和基本内容的基础上进行了完善。

本次修订及在重印时继续不断完善的内容有：①每章的阅读材料，介绍了在高分子物理和化学领域做出杰出贡献的中外科学家事迹，通过了解他们的事迹认识高分子的发展历程；②为方便教学，结合本书读者的特点，增加了例题和解答，并更新了内容相关的课后思考题；③适当补充和扩展了若干新知识、新概念，并对某些内容进行了整理，修改了一些概念的表述；④针对重要的知识点，配有动画、短视频等数字化资源，以二维码的形式融入教材，便于学生理解相关内容。

本次修订得到第一、第二版作者的大力支持，并采纳了一些用书单位的宝贵建议。各章节执笔人如下：第一章、第八章、第九章、第十一章、阅读材料由高炜斌修订；第二章、第五章由熊煦修订；第三章、第六章由郭立强修订；第四章、第十章由徐应林修订；第七章由徐淳、杨宗伟修订。全书由高炜斌统稿，上海锦湖日丽塑料有限公司的周霆高级工程师担任主审。

本次修订还得到了化学工业出版社以及有关兄弟院校的大力支持，在此谨致以衷心的感谢。

由于编者水平所限，书中难免有不足之处，敬请读者批评指正。

编　者

第一版前言

本书是普通高等教育“十一五”国家级规划教材，是按教育部对高职高专人才培养工作的指导思想，在充分汲取了近几年高职高专相关学院的专业老师教学意见的基础上编写的。

本书在内容处理上考虑了高职高专教学的特点，突出“实际、实用、实践”的原则，在保证基本内容外，注意引用相关数据，注意补充相关新知识、新技术、新理论，兼顾了高分子材料合成与加工两个专业的教学情况，尤其考虑到学生后续专业课程的应用而引用了一定数量的数据、图表等。

本书在各章前有明确的学习目标，各章后附有习题和阅读材料，并在相应位置对主要概念给出对应的英语词汇，便于学生掌握理解。另外，全书配套有电子课件，以供选用的教师使用。

各高职院校在使用本书时，可根据学时的安排和本地情况对相关内容进行处理。

参加本书编写的人员与分工是：第一、四、五、七、十一章及附录由侯文顺编写，第六、八章由杨宗伟编写，第二、三章由陈健编写，第九、十章由付建伟编写，所有的阅读材料由徐亮成编写，全书由侯文顺、杨宗伟统稿。

本书在编写过程中得到了全国高分子材料高职教学指导委员会全体同志的大力支持，在此对这些同志及其他提供帮助的同志表示感谢。

由于编者水平所限，难免存在不足之处，敬请应用此书的老师和学生们斧正。

编　者

2007 年 6 月

第二版前言

高分子材料的制备、性能表征和测试、材料的加工和应用等，各行各业都会不同程度地涉及，尤其是从事塑料、橡胶、人造纤维、涂料和黏合剂等相关领域的人员，必须具备一定的高分子物理知识。

本教材第二版在内容安排上，继续考虑了高职高专层次教学的特点，比较系统地介绍了高分子物理的基本理论及研究方法。在对第一版各章节内容进行了大量修改、调整的基础上，增加了最新的研究成果，突出“实际、实用、实践”的原则。

本教材共分11章，包括绪论、高分子的分子量和分子量分布、高分子链的结构、高分子的聚集态结构、高分子溶液、高分子的物理状态与特征温度、高分子的力学性能、高分子的高弹性与黏弹性、高分子的流变性、高分子的其他性质以及高分子物理的分析与研究方法简介。第一章、第八章、第九章、第十章、第十一章、阅读材料由高炜斌编写；第二章由郭立强编写；第三章由陈健、付建伟编写；第四章由徐应林编写；第五章由熊煦编写；第六章、第七章由黄勇、杨宗伟编写。全书由高炜斌、侯文顺统稿，游泳主审。

本教材在编写过程中，化学工业出版社以及有关兄弟院校给予了大力支持，保证了编写工作的顺利完成，在此谨致以衷心的感谢。

由于编者水平所限，书中难免有不足之处，希望使用本书的读者批评和指正。

编　者

2017年5月

目录

第五章　高分子溶液　064

第六章　高分子的物理状态与特征温度　079

第七章　高分子的力学性能　091

第八章　高分子的高弹性与黏弹性　117

第九章　高分子的流变性　132

第十章　高分子的其他性质　153

第十一章　高分子物理的分析与研究方法简介　176

二维码资源目录

续表

续表

第一章
绪 论

一、高分子科学发展简史

高分子科学是研究高分子的形成、化学结构与链结构、聚集态结构、性能与功能、加工及应用的科学。高分子科学是一门新兴的综合性学科，它和高分子工业发展密切相关，在国民经济中形成了基础研究、应用研究、技术开发、产品生产四个密切结合的环节。基础研究的任务是研究新物质、发现新现象、探求新规律、创立新原理和新方法以及收集基本数据，从而为高分子工业提供开发新材料的新化合物以及生产新材料的新技术、新方法，因而是高分子产业技术发展的基础和先导。

高分子材料是现代工业和高新技术产业的重要基石，已经成为国民经济的基础产业和国家安全不可或缺的重要保证。高分子科学与材料科学、信息科学、生命科学和环境科学等前瞻领域的交叉与结合，对推动社会进步、改善人们生活质量发挥着重要作用。高分子科学的发展直接影响到与国民经济和社会发展密切相关的农业、能源、信息、环境、人口与健康等领域的发展与进步。

高分子科学最初的研究工作是关于羊毛、蚕丝、纤维素、淀粉和橡胶等天然高分子的化学组成、结构和形态。19 世纪 30 年代，美国人 C. N. Goodyear 将天然橡胶与硫黄共热，使天然橡胶从遇热发黏软化、遇冷发脆断裂的不实用物质变为富有弹性的可塑性材料，天然橡胶的硫化工作带动了其他天然高分子物质的改性研究，在技术方法上积累了丰富的经验并取得了重要的成果。但直到一些人工合成的高分子物质的出现，高分子科学才逐渐发展起来。1909 年，以热引发聚合异戊二烯获得成功，同一年，美国化学家利奥・亨德雷克・培克兰德（Leo Hendrik Baekeland）合成了酚醛树脂，酚醛树脂是第一次商业性生产的热固性高分子材料；1928 年，聚甲基丙烯酸甲酯（PMMA）和聚乙烯醇（PVA）问世；1931 年，聚氯乙烯（PVC）、氯丁橡胶问世；1934 年，聚苯乙烯问世；1937 年，聚醋酸乙烯酯（PVAc）乳液在德国投产；1935 年，美国化学家华莱士・休姆・凯罗瑟斯（Wallace Hume Carothers）在实验室中首次合成出尼龙 66，1938 年 10 月杜邦公司宣布世界上第一种合成纤维正式诞生，并命名为尼龙（Nylon）。

1932 年，德国化学家施陶丁格（H. Staudinger）发表了划时代意义的著作《高分子有机化合物》，系统地论述了高分子化合物的组成结构，并提出了四个重要结论：①聚合物不是缔合胶体，而是具有普通价键的长链分子；②这种链的链端没有自由价，而是为特殊官能团所终止；③通过测定端基浓度可以估算聚合物的平均链长；④长链分子可以结晶。

从此，高分子的研究范围从最初的天然高分子拓展到合成高分子、可控聚合，甚至超分子聚合物；人类对高分子的认识也从最初简单的大分子链结构拓展到凝聚态物理学、软物质，甚至大分子单链；高分子材料也从最初的天然纤维、橡胶拓展到国民经济的各个领域。20 世纪 40～50 年代，高分子材料研究工作主攻高分子材料的合成化学；20 世纪 50～60 年代，高分子材料物理学致力于研究结晶化、流变学、热分析、原子组态统计学；20 世纪 60～70 年代，揭开了高分子材料的工程应用年代。在随后的几十年里，高分子科学不断发展和完善，新型高分子不断涌现，合成方法和技术也在不断创新，新反应的发现、新材料的制备和新应用领域的拓展使高分子材料对经济发展产生重大影响，在 21 世纪成为重要技术支柱之一。由于理论的不断完善和技术手段的更新，高分子科学已经开始与其他学科相互渗透、相互结合，呈现多向发展的趋势。

二、高分子的基本概念

IUPAC 在 1994 年将大分子（macromolecule）和聚合物分子（polymer molecule）作为同义词，推荐大分子的定义为："高分子量的分子，其结构主要是由低分子量的分子按实际上或概念上衍生的单元多重重复组成的。"实际上这两者不是同义词。

大分子（macromolecule）是由大量原子组成的，具有高分子量或分子重量。可溶性的合成大分子的分子量从几百至几百万或上千万，而某些生物大分子的分子量甚至达到几亿，大分子对结构没有什么特指。

聚合物分子（polymer molecule）也叫高聚物分子，通常简称为高分子，它包含多重重复之意。高分子是很长的链状分子，是由相当大数目（10^3～10^5 数量级）的单体单元经键合而成的，其中每一个单体单元相当于一个小分子。高分子结构具有复杂性和多样性，高分子链间有很强的作用力（范德华力、氢键力、静电力等），而且，一般高分子主链都有一定的内旋转自由度。

因此，一个聚合物分子总是一个大分子，但是一个大分子不一定是聚合物分子。

三、高分子物理的研究范畴

高分子物理的任务是研究高分子的结构与性能以及它们两者之间的关系。高分子物理是联系高分子合成化学和成型加工的重要桥梁，是高分子科学的理论基础，它指导着高分子化合物的分子设计和高分子作为材料的合理使用，它揭示了高分子材料结构与性能之间的内在联系和基本规律，为高分子材料的合成、加工成型、性能测试、材料选择和改性提供理论依据。

高分子物理研究涉及高分子及其聚集态的结构、性能、表征以及结构与性能、结构与外场力的影响之间的相互关系。其中晶态和非晶态的结构研究是高分子物理的核心问题，也是如何提高高分子材料的使用水平、提高工业高分子产品性能的关键问题之一，而高分子加工过程中物理问题的研究是提高高分子材料使用水平的科学基础。

高分子物理的研究和高分子的结构和性能表征研究是紧密相关的，没有结构和性能的表征就谈不上物理研究，而物理研究的深入与进展往往又推动着表征技术的发展与进步。随着新材料的不断出现，性能研究也从早期的常规力学性能和介电性能扩展到导电性、压电性、光电性等各种电活性，以及透过性能和记忆性能等方面。

今后一段时期，高分子物理研究发展方向是：一般环境及极端环境下高分子凝聚态的研究；高分子及其聚集态结构与宏观物理性质关系的研究；高分子溶液和流体的流变行为及其与分子结构间的关系研究；流体热力学、流变学及分子链力学研究；温度、力、电等外场作用下高分子聚集态的动态变化及与宏观物理性能关系的研究；高分子的理论研究和结构与性能的计算机模拟；关于高分子表征的新理论、新方法、新技术研究等。

图 1-1 所示为高分子多层结构的分类。

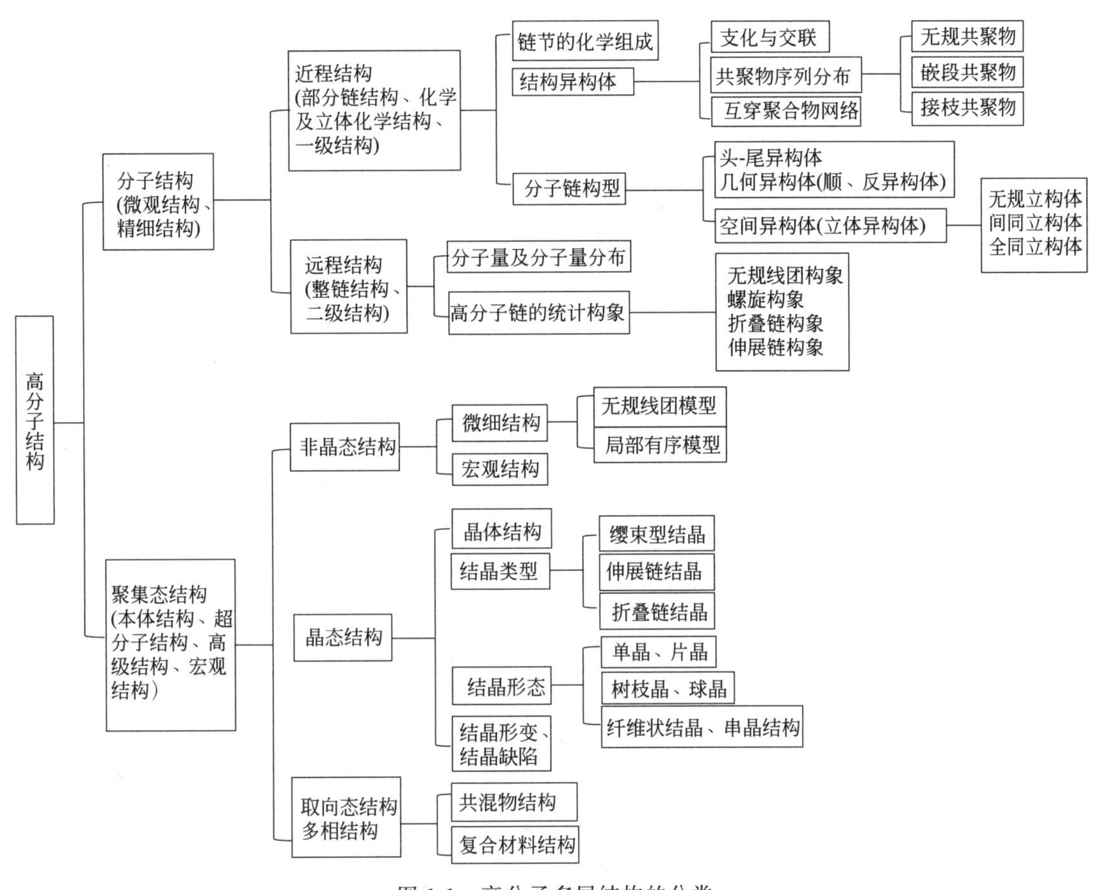

图 1-1 高分子多层结构的分类

阅读材料

重要高分子研究及生产发展年表

1838 年纤维素经硝化成为硝酸纤维素。

1839 年天然橡胶经硫化后制成橡皮。

1851 年制成了照相胶片。1889 年制成硝酸人造丝，1891 年投入生产。

1865 年纤维素经乙酰化成为醋酸纤维素，1919 年生产醋酸纤维素塑料。1921 年生产醋酸人造丝。

1869 年硝酸纤维素与樟脑混合制成赛璐珞，这是第一个使用增塑剂成型的塑料。

1890 年发现铜铵法制人造丝，1900 年进行工业生产。

1892 年发现纤维素磺化法。1904 年生产黏胶人造丝，1916 年生产黏胶丝短纤维。

1897 年用乳酪制成人造角质。

1901 年发现醇酸树脂，1926 年用于制作油漆。

1907 年制成酚醛塑料，1910 年进行工业生产（酚醛树脂早在 1872 年已由 Baeyer 发现）。

1900—1910 年测定了天然橡胶的结构，为人工合成各种橡胶开辟了途径。

1910 年以钠聚合丁二烯生成丁钠橡胶，1932 年投入生产。

1920 年 Staudinger 提出高分子链结构概念，为高分子科学研究及生产发展奠定了基础。

1930 年聚苯乙烯进行生产（这一高分子在 1845 年已被发现）。

1930 年 Kuhn 提出高分子统计概念。

1928—1932 年 Carothers 研究缩聚反应，在 1932 年发现聚己二酯己二胺，1938 年试生产尼龙 66 纤维成功。

1932 年有机玻璃进行生产（这一高分子已于 1880 年被发现）。

1933 年聚氯乙烯进行生产（这一高分子已于 1845 年被发现）。

1933 年发现乙烯在高压下可以聚合，1937 年高压聚乙烯进行试生产。

1933 年出现了丁苯橡胶的专利，1937 年见于生产。

1935 年用磺化酚醛树脂代替沸石软化工业用水，这是第一个离子交换树脂。

1938 年聚乙烯醇甲醛化为维尼龙，1948 年投入生产。

1938 年发现有机硅聚合物具有良好介电性能和耐温性能，这是第一个元素高分子在工业上的应用。

1940 年尼龙 6（卡普纶、锦纶）开始生产。

1941 年合成了聚四氟乙烯，1950 年试生产，1953 年纺成丝。

1942 年聚丙烯腈投入生产。

1946 年以玻璃纤维与不饱和聚酯制成增强塑料（玻璃钢）。

1940—1946 年涤纶试制成功。

1953 年 Ziegler 发现烷基铝与四氯化钛可催化乙烯的聚合，1956 年常压聚乙烯投入生产。

1954 年 Natta 发现有规立构聚丙烯，开辟了规整结构高分子的研究领域，聚丙烯在 1958 年进行生产。

1957 年发现了高分子单晶，阐明折叠链片晶是高分子晶体的基本结构。

1958 年合成了顺式聚异戊二烯，即所谓的“合成天然橡胶”。

1962 年合成了耐高温纤维 HT-1，当年即进行中间试验。

1963 年合成了耐高温薄膜“聚亚酰胺”，1964 年进行试生产。

1977 年发现卤元素掺杂可以提高聚乙炔的导电性，提出孤子理论解释导电行为。

1991 年提出软物质概念。

资料参考：

王葆仁．高分子科学与技术发展［J］．科学通报，1965（09）：766-770.

第二章

高分子的分子量和分子量分布

分子量、分子量分布是高分子材料最基本的结构参数之一，高分子材料的使用性能与加工性能与分子量、分子量分布密切相关。比如，分子量在 1.2×10^4 以下的聚乙烯只用作涂料、热熔胶，分子量为 $1.8\times10^4\sim3\times10^4$ 的可用作一般塑料，分子量为 $7\times10^4\sim15\times10^4$ 的可以抽丝，而分子量在 70 万以上乃至数百万的所谓超高分子量聚乙烯则可用作工程塑料。因此，高分子的分子量和分子量分布必须控制在一定范围内才能满足生产和使用需要。

第一节 高分子的分子量及其测定方法

高分子主要是作为结构材料使用，因此必须具有优良的力学性能。低分子量的化合物一般是气体、液体或脆性固体，只有分子量很高的高分子才具有高的力学强度，能作为结构材料使用。高分子的力学强度和分子量的关系可由图 2-1 来说明。

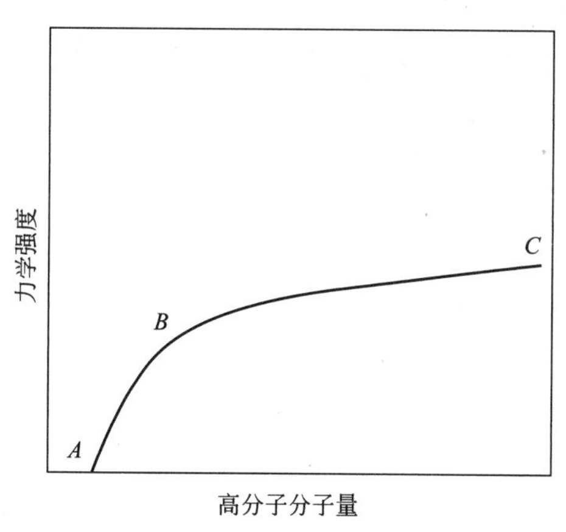

图 2-1 高分子力学强度与分子量之间的关系

图 2-1 中 A 点表示高分子开始具有力学强度时的最低分子量，B 点代表临界点，在 AB 段随分子量增大，力学强度有明显提高，当分子量到达 B 点所对应的分子量后，力学强度上升得较为缓慢，C 点为强度的饱和点。由于不同高分子的化学结构不同，主链化学键的强度以及分子间的相互作用力不同，故不同高分子所示的 A、B、C 三点所对应的分子量并不相同，常见高分子的分子量为 $2\times10^4\sim20\times10^4$。

因此，高分子的分子量及其分布不仅是高分子合成时要控制的重要工艺指标，也是高分子材料成型加工时的最基本参数。

一、高分子分子量的统计意义

由于合成反应过程各种因素使得生成高分子的每一个大分子的聚合度 n 相互间不是相等的，因此高分子是由大大小小的高分子同系物所组成，不能用某一个高分子的分子量来进行表述，例如丙烯经聚合反应生成聚丙烯：

$$n\mathrm{CH_2{=}CH(CH_3)} \longrightarrow \mathrm{-\!\!\!-\!\!\!\left[CH_2{-}CH(CH_3)\right]\!\!\!-\!\!\!-}_n \qquad n=1,2,3,\cdots$$

实际测定的高分子分子量是不同分子量的高分子混合物的统计平均值，算出的聚合度也是统计平均的聚合度。不同分子量的高分子所占的相对比例，就是该高分子分子量的分布情况。高分子的这种分子量不均一的特性称为多分散性。因此，高分子的分子量只有统计的意义，用实验方法测定的分子量只是具有统计意义的平均值。为了表明高分子分子量的测定值符合哪种统计性质，常用以下几种平均分子量，分别可由相应的几种方法测定得到。

为了明确地解释高分子分子量的统计意义，设高分子试样中各组分的分子量为 M_1、M_2、M_3、…、M_n；各组分的物质的量为 n_1、n_2、n_3、…、n_n；各组分的质量为 w_1、w_2、w_3、…、w_n；则定义如下各分子量表达式。

1. 数均分子量 $\overline{M}_n$

$$\overline{M}_n=\frac{n_1M_1+n_2M_2+n_3M_3+\cdots+n_nM_n}{n_1+n_2+n_3+\cdots+n_n}=\frac{\sum n_iM_i}{\sum n_i}=\sum N_iM_i \tag{2-1}$$

式中 N_i——分子量为 M_i 组分的摩尔分数，$N_i=\frac{n_i}{\sum n_i}$；

M_i——i 组分分子量。

2. 重均分子量 $\overline{M}_w$

$$\overline{M}_w=\frac{w_1M_1+w_2M_2+w_3M_3+\cdots+w_nM_n}{w_1+w_2+w_3+\cdots+w_n}=\frac{\sum w_iM_i}{\sum w_i}=\sum \overline{w}_iM_i \tag{2-2}$$

式中 $\overline{w}_i$——分子量为 M_i 组分的质量分数，$\overline{w}_i=\frac{w_i}{\sum w_i}$；

因为 $w_i=n_iM_i$，所以 $\overline{M}_w=\frac{\sum n_iM_i^2}{\sum n_iM_i}$ (2-3)

3. Z 均分子量 $\overline{M}_z$

$$\overline{M}_z=\frac{\sum n_iM_i^3}{\sum n_iM_i^2} \tag{2-4}$$

4. 黏均分子量 $\overline{M}_\eta$

$$\overline{M}_\eta=\left(\frac{\sum n_iM_i^{\alpha+1}}{\sum n_iM_i}\right)^{\frac{1}{\alpha}}=\left(\sum \overline{w}_iM_i^{\alpha}\right)^{\frac{1}{\alpha}} \tag{2-5}$$

式中 α——常数，其值与高分子的大小、形态、溶剂和测定温度有关。若 $\alpha=1$，则 $\overline{M}_\eta=\overline{M}_w$，一般情况下，$0.5<\alpha<0.9$。相对而言，黏均分子量较接近重均分子量。

现举一例来说明四种平均分子量，假设一个高分子样品由 1mol 分子量为 10000、1mol 分子量为 30000 和 1mol 分子量为 100000 的三个单分散组分组成，$\alpha=0.8$，则高分子的各种平均分子量分别为：

$$\overline{M}_n=\frac{\sum n_iM_i}{\sum n_i}=\frac{1\times10000+1\times30000+1\times100000}{1+1+1}=46667$$

$$\overline{M}_w=\frac{\sum n_iM_i^2}{\sum n_iM_i}=\frac{1\times10000^2+1\times30000^2+1\times100000^2}{1\times10000+1\times30000+1\times100000}=78571$$

$$\overline{M}_z=\frac{\sum n_iM_i^3}{\sum n_iM_i^2}=\frac{1\times10000^3+1\times30000^3+1\times100000^3}{1\times10000^2+1\times30000^2+1\times100000^2}=93455$$

$$\overline{M}_\eta=\left(\frac{\sum n_iM_i^{\alpha+1}}{\sum n_iM_i}\right)^{\frac{1}{\alpha}}=\left(\frac{1\times10000^{1.8}+1\times30000^{1.8}+1\times100000^{1.8}}{1\times10000+1\times30000+1\times100000}\right)^{\frac{1}{0.8}}=76534$$

由此可见，对于分子量不均一（即多分散体系）的高分子来说，则有 $\overline{M}_n<\overline{M}_\eta<\overline{M}_w<\overline{M}_z$，若分子量为均一（即单分散体系）的高分子则四种平均分子量都相等，即 $\overline{M}_n=\overline{M}_\eta=\overline{M}_w=\overline{M}_z$。

【例 2-1】 假定 PMMA 样品由分子量 100000 和 400000 两个单分散组分以 1∶2 的质量比组成，求该试样的 $\overline{M}_n$、$\overline{M}_w$、$\overline{M}_\eta$（假定 $\alpha=0.5$），并比较它们的大小。

解： $N_1=\frac{1}{100000}=1\times10^{-5}$

$$N_2=\frac{2}{400000}=0.5\times10^{-5}$$

$$\overline{M}_n=\frac{\sum n_iM_i}{\sum n_i}=\frac{(1\times10^{-5})(1\times10^5)+(0.5\times10^{-5})(4\times10^5)}{1\times10^{-5}+0.5\times10^{-5}}=2.0\times10^5$$

$$\overline{M}_w=\sum\left(\frac{W_i}{W}\right)M_i=\frac{1}{3}\times(1\times10^5)+\frac{2}{3}\times(4\times10^5)=3.0\times10^5$$

$$\overline{M}_\eta=\left\{\sum\left(\frac{W_i}{W}\right)M_i^\alpha\right\}^{\frac{1}{\alpha}}=\left\{\frac{1}{3}\times(1\times10^5)^{0.5}+\frac{2}{3}\times(4\times10^5)^{0.5}\right\}^{\frac{1}{0.5}}=2.8\times10^5$$

可见 $\overline{M}_n<\overline{M}_\eta<\overline{M}_w$。

高分子试样的多分散性也可采用多分散系数 HI 来表征，即：

$$HI=\frac{\overline{M}_w}{\overline{M}_n}\ \left(\text{或}\frac{\overline{M}_z}{\overline{M}_w}\right)\tag{2-6}$$

当 $HI=1$，表明体系为单分散；当 $HI>1$，表明体系为多分散。

【例 2-2】 假定高分子试样中都含有三个组分，其分子量分别为 10000、100000 和 1000000，相应的质量分数分别为 0.2、0.5 和 0.3，试计算该试样的多分散系数。

解： 已知 $W_1=0.2$，$M_1=10000$，$W_2=0.5$，$M_2=100000$，$W_3=0.3$，$M_3=1000000$

$$\overline{M}_n=\frac{\sum n_iM_i}{\sum n_i}=\frac{1}{\sum W_i/M_i}=3.95\times10^4$$

$$\overline{M}_w=\frac{\sum w_iM_i}{\sum w_i}=\sum W_iM_i=3.52\times10^5$$

$$\overline{M}_z=\frac{\sum Z_iM_i}{\sum Z_i}=\frac{\sum W_iM_i^2}{\sum W_iM_i}=8.67\times10^5$$

$$HI=\frac{\overline{M}_w}{\overline{M}_n}=\frac{3.52\times10^5}{3.95\times10^4}=8.91$$

或 $HI=\frac{\overline{M}_z}{\overline{M}_w}=\frac{8.67\times10^5}{3.52\times10^5}=2.46$

二、高分子分子量的测定方法

高分子的分子量对高分子的性能有着重要的影响，正确测定高分子的分子量对合成中控制高分子的分子量并得到满足一定性能要求的高分子制品具有重要的指导意义。

测定数均分子量的常用方法有端基分析法、沸点升高法、冰点降低法、气相渗透压法和膜渗透压法等；测定重均分子量的常用方法有光散射法、小角激光光散射法和超速离心沉降法等；测定 Z 均分子量的常用方法有超速离心沉降等；测定黏均分子量的方法有稀溶液黏度法。分子量的分析方法见表 2-1。

表 2-1 分子量的分析方法

测定方法	分子量范围	平均值
端基滴定	3×10^4 以下	数均
沸点升高	3×10^4 以下	数均
冰点下降	3×10^4 以下	数均
蒸气压渗透	3×10^4 以下	数均
膜渗透压	$3\times10^4\sim1.5\times10^6$	数均
光散射	$1\times10^4\sim1\times10^7$	重均
超离心沉降速度	$1\times10^4\sim1\times10^7$	各种
超离心沉降平衡	$1\times10^4\sim1\times10^6$	重均、Z 均
黏度	$1\times10^4\sim1\times10^7$	黏均
凝胶色谱	$1\times10^2\sim1\times10^7$	各种
场流技术	$1\times10^3\sim1\times10^{12}$	各种

下面将分别介绍最常用的几种测定高分子平均分子量的方法。

1. 端基分析法

对于线型高分子，如果已知每个高分子链末端带有同样数目的某种可用定量化学分析鉴定的基团，那么确定一定质量的高分子试样中被分析的末端基团的物质的量，便可确定高分子链的物质的量，从而可求得高分子的平均分子量 $\overline{M}$。

$$\overline{M}=\frac{W}{n}=\frac{W}{n_g/x_g} \tag{2-7}$$

式中 W——高分子试样的质量；

n——高分子试样的物质的量；

n_g——高分子试样中被分析的末端基团物质的量；

x_g——高分子试样中每个高分子所含被分析的末端基团数。

用端基分析测得的高分子试样的平均分子量为数均分子量，测定分子量上限一般为 3×10^4。

【例 2-3】 用醇酸缩聚法制得的聚酯，每个分子有两个可分析的羧基，现滴定 1.0g 的聚酯用去 0.1mol/L 的 NaOH 溶液 1.0mL，试求聚酯的数均分子量。

解：$\overline{M}_n=\frac{W}{n}=\frac{1.0}{0.1\times1.0\times10^{-3}\div2}=2\times10^4$

2. 沸点升高和冰点下降法

由于溶液中溶剂的蒸气压低于纯溶剂的蒸气压，所以溶液的沸点高于纯溶剂的沸点，溶液的冰点低于纯溶剂的冰点。通过热力学推导，可以得知，溶液的沸点升高值 ΔT_b 和冰点降低值 ΔT_f 正比于溶液的浓度，而与溶质的分子量成反比，即：

$$\Delta T_b=K_b\frac{C}{M} \tag{2-8}$$

$$\Delta T_f=K_f\frac{C}{M} \tag{2-9}$$

式中 K_b，K_f——沸点升高常数和冰点降低常数；

C——溶液浓度。

对于小分子的稀溶液，利用上式即可直接计算分子量，但高分子稀溶液的热力学性质与理想溶液有很大偏差，只有在无限稀释的情况下才符合理想溶液的规律。因此，必须在各种浓度下测定沸点升高或冰点降低的 ΔT 值，然后以 $\Delta T/C$ 对 C 作图，并外推浓度为零，从 $\left(\frac{\Delta T}{C}\right)_{C\to0}$ 的值计算高分子的分子量。该法测得的高分子平均分子量为数均分子量。

【例 2-4】 某沸点升高仪采用热敏电阻测定温差 ΔT，检流计读数 Δd 与 ΔT 成正比，用该仪器和溶剂测聚二甲基硅氧烷的分子量，K 值为 5.84×10^8，浓度和 Δd 的关系如下表所示，试计算该试样的分子量。

$C\times10^3$/(g/mL)	5.10	7.28	8.83	10.20	11.81
Δd	311	527	715	873	1109

答：$\left(\frac{\Delta T}{C}\right)_{c\to0}=\frac{K}{M}$，即 $\left(\frac{\Delta d}{C}\right)_{c\to0}=\frac{K}{M}$，则

$C\times10^3$/(g/mL)	5.10	7.28	8.83	10.20	11.81
$\Delta d/(C\times10^3)$	60.98	72.39	80.97	85.59	93.90

以 $\frac{\Delta d}{C}$ 对 C 作图，外推到 $C=0$

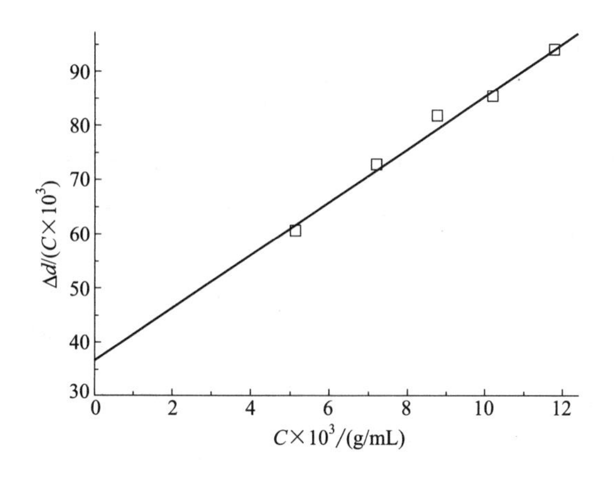

$$\left(\frac{\Delta d}{C}\right)_{c\to 0}=\frac{K}{M}=36.78\times 10^{3}$$

故 $\overline{M}_{n}=\dfrac{5.84\times 10^{8}}{36.78\times 10^{3}}=15878$

3. 气相渗透压法

气相渗透压法是一种通过间接测定溶液的蒸气压降低值而得到溶质分子量的方法，其原理如图 2-2 所示。

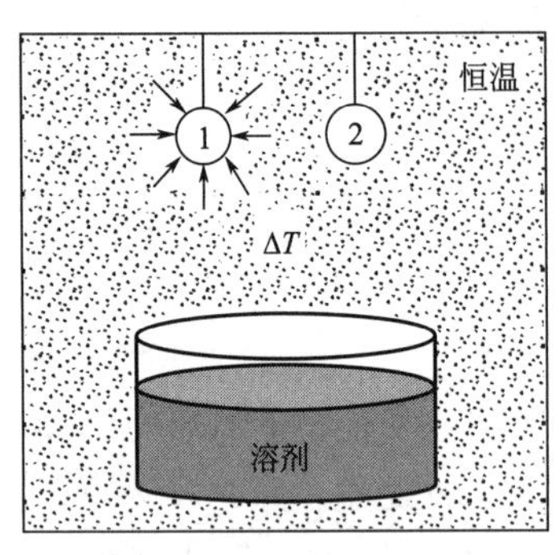

图 2-2 气相渗透压法原理

1—溶液滴；2—溶剂滴

设在一恒温密闭的容器内，充有某种挥发性溶剂的饱和蒸气，此时，如置入一不挥发性溶质的溶液滴和一纯溶剂滴同时悬浮在饱和蒸气中，由于溶液中溶剂的蒸气压较低，就会有溶剂分子从饱和蒸气相凝聚到溶液滴上，并放出凝聚热，使溶液滴的温度升高。

当纯溶剂的表面在一定的温度下，溶剂分子挥发速率与凝集速率成动态平衡时，温度不发生变化。此时若溶液滴与溶剂滴之间产生了温差，当温差建立起来后，通过传导、对流及辐射作用会向蒸气相及测温元件传热而损失一部分热量，系统到达定态时，测温元件所反映出的温差不再增高，这时溶液滴和溶剂滴之间的温差 ΔT 和溶液中溶质的摩尔分数 x_2 成正比，即：

$$\Delta T=Ax_{2} \tag{2-10}$$

式中 A——常数；

x_2——溶液中溶质的摩尔分数。

对于稀溶液：

$$x_{2}=\frac{n_{2}}{n_{1}+n_{2}}\approx\frac{n_{2}}{n_{1}}=\frac{m_{2}M_{1}}{m_{1}M_{2}}=C\,\frac{M_{1}}{M_{2}} \tag{2-11}$$

式中 n_1，n_2——溶剂、溶质的物质的量；

M_1，M_2——溶剂、溶质的分子量；

m_1，m_2——溶剂、溶质的质量；

C——溶液的质量浓度，$\dfrac{m_2}{m_1}$。

可得：

$$\Delta T=A\,\frac{M_{1}}{M_{2}}C \tag{2-12}$$

通常，为了校正高分子和溶剂之间的相互作用，也需要在不同的浓度下进行测定，并外推至浓度为零，用此值计算高分子的数均分子量，其中，$A'=AM_1$。

$$\left(\frac{\Delta T}{C}\right)_{C\to 0}=\frac{A'}{M} \tag{2-13}$$

4. 膜渗透压法

在高分子分子量的测定方法中，膜渗透压法是用来直接测定高分子数均分子量的最有效的方法。其测定原理可利用图 2-3 来说明。

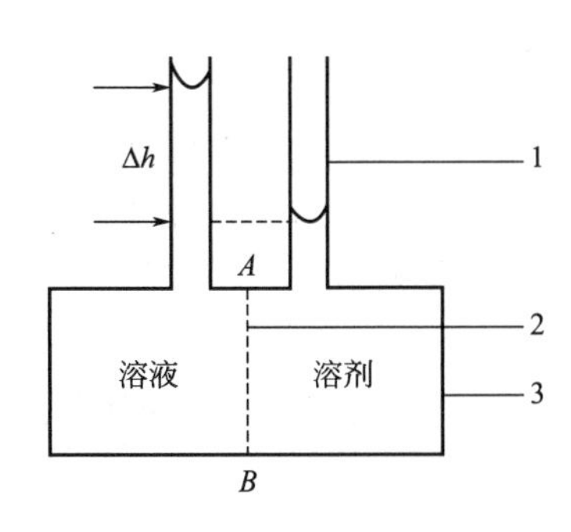

图 2-3 膜渗透压原理
1—毛细管；2—半透膜；3—渗透池

当溶液和纯溶剂利用一层只有溶剂分子能通过而溶质分子不能通过的半透膜隔开时，由于半透膜一边的纯溶剂化学位高于半透膜另一边的溶液中的溶剂化学位，就会驱使纯溶剂池中的溶剂分子通过半透膜渗透进入溶液池。溶液池上毛细管的液面升高，半透膜两边的液体静压力产生差异，当达到平衡时，这个压差就是渗透压，使半透膜两边液体的偏摩尔自由能相等。

当高分子溶液浓度很稀时，渗透压与数均分子量有以下关系：

$$\frac{\pi}{C}=RT\left(\frac{1}{M}+A_2C+A_3C^2+\cdots\right) \qquad (2\text{-}14)$$

式中 π——渗透压；

C——高分子溶液的浓度；

M——高分子的分子量；

R——气体常数；

T——热力学温度；

A_2，A_3——第二、第三维利系数，都表示高分子溶液与理想溶液的偏差。

一般来说，A_3 及更高次的系数很小，可忽略，因此，式（2-14）可简化为：

$$\frac{\pi}{C}=RT\left(\frac{1}{M}+A_2C\right) \qquad (2\text{-}15)$$

用膜渗透压法测定高分子的分子量，需在一定温度下，分别测定几个不同浓度的高分子稀溶液的渗透压 π，以 π/C 对 C 作图得一直线，将直线外推至 $C=0$ 处得到直线截距值 $(\pi/C)_{c\to0}$ 可求出高分子的分子量 M，从直线的斜率求得第二维利系数 A_2。$A_2>0$ 表明聚合物分子与溶剂分子间吸引作用大，高分子线团松散，高分子链呈伸展状；$A_2=0$ 表明高分子的内聚力与溶剂的溶剂化作用相等，高分子链呈蜷曲状；$A_2<0$ 表明溶剂的溶剂化作用比高分子的内聚力小，高分子链为蜷缩状。

【例 2-5】 在 25℃的 θ 溶剂中，测得浓度为 7.36×10^{-3} g/mL 的聚氯乙烯溶液的渗透压为 0.248g/cm^2（$1\text{g/cm}^2\approx0.1\text{kPa}$），该聚氯乙烯试样的分子量是多少？[θ 溶剂中 $A_2=0$，R 值为 $8.314\times10^4\,\text{g}\cdot\text{cm/(mol}\cdot\text{K)}$]

答：已知 $\frac{\pi}{C}=RT\left(\frac{1}{\overline{M}_n}+A_2C\right)$

在 θ 溶剂中 $A_2=0$，则 $\frac{\pi}{C}=RT\left(\frac{1}{\overline{M}_n}\right)$

$T=273.15+25=298.15\text{K}$

故 $\overline{M}_n=\frac{RTC}{\pi}=\frac{8.314\times10^4\times298.15\times7.36\times10^{-3}}{0.248}=7.36\times10^5$

用渗透压法测定分子量还应注意半透膜的选择。半透膜的孔径要很小，不能使待测聚合物分子透过，且与该高分子和溶剂不发生反应；半透膜上的孔密度要高，保证溶剂的透过率要足够快，从而缩短达到渗透平衡的时间；另外，半透膜要和溶剂（溶液）有较好的浸润性，同时具有良好的耐溶剂性。常用的半透膜材料有纤维素、纤维素衍生物、聚氯乙烯、聚三氟氯乙烯等。

5. 光散射法

光散射是指当光束通过介质（气体、液体或溶液）时，绝大部分光沿原方向继续传播，而在入射光方向以外的各个方向可观察到微弱的光现象。在日常生活中所观察到的许多自然现象，如蓝天白云、彩虹等都与光的散射密切相关。目前，光散射法已成为测定高分子重均分子量的重要方法。

利用光被胶体粒子所散射而浑浊，浑浊的程度由粒子大小所决定的原理测定高分子的重均分子量。

$$\frac{HC}{\tau}=\frac{1}{M_w}+2A_2C \tag{2-16}$$

$$H=\frac{32\pi^3}{3}\times\frac{r^2}{N_A\lambda^4}\left(\frac{n-n_0}{C}\right)^2 \tag{2-17}$$

式中 τ——浊度；

C——高分子稀溶液浓度；

π——渗透压；

n——溶液的折射率；

n_0——溶剂的折射率；

λ——入射光的波长；

N_A——阿伏伽德罗常数；

A_2——第二维利系数；

M_w——高分子重均分子量；

H——当高分子-溶剂一定，温度、入射光波长固定时为一常数。

由上式可知，只要在一定的温度下，分别测定一系列不同浓度的溶液的浊度，把$\frac{HC}{\tau}$对C作图可得一线性关系，如图 2-4 所示，则直线截距为$\frac{1}{M_w}$，可求出高分子的分子量，直线斜率为 $2A_2$，可求出溶液的第二维利系数。

6. 黏度法

黏度法是一种测定高分子分子量的相对方法。此外，黏度法还可用于研究高分子在溶液中的尺寸、形态、高分子溶度参数和高分子支化度等，因此，黏度法在高分子的科学研究和实际生产中都有广泛的应用。

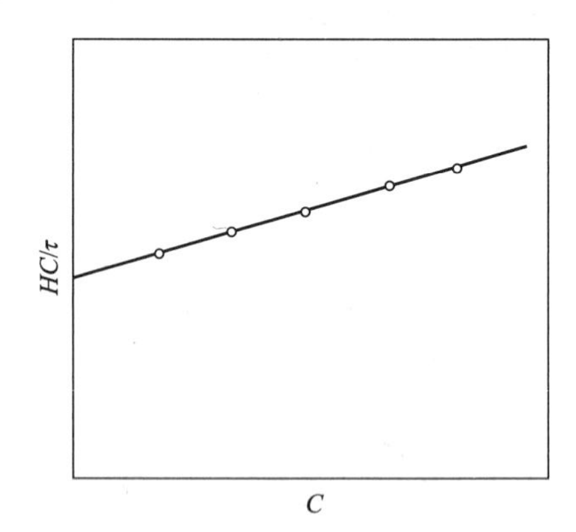

图 2-4 高分子稀溶液的 HC/τ 对 C 关系图

高分子稀溶液的黏度通常用毛细管黏度计测定，其中最常用的是乌氏黏度计，如图 2-5 所示。乌氏黏度计由三支玻璃管组成，其特点是具有一根内径为 R、长度为 L 的毛细管（B 管），毛细管下端连接 C 管与大气相通，因此黏度计中液体的体积对数据测定没有影响，便于溶液的稀释，适合高分子稀溶液黏度的实验测定。

毛细管上端有一个体积为 V 的小球，小球上、下有刻度线 a 和 b。待测液体自 A 管加入，经 B 管将其吸至 a 刻度线以上，再使 C 管通大气，任其自然流下，记录液面流经 a 及 b 线的时间 t。这样外加的力就是高度为 h 的液体自身的重力 P。

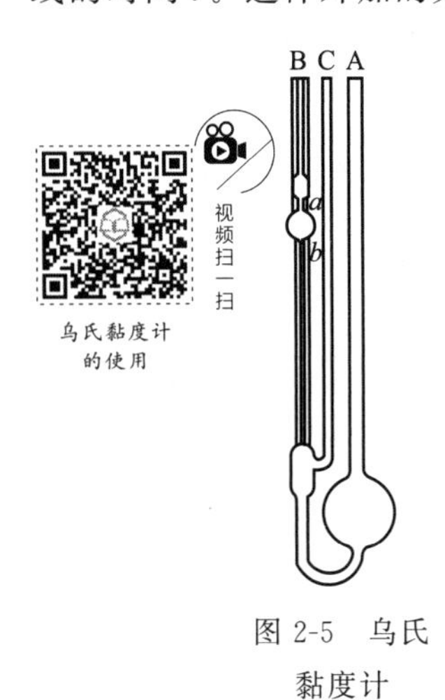

图 2-5 乌氏黏度计

假定液体流动时外加力 P 全部用以克服液体对流动的黏滞阻力，则可将牛顿黏性流动定律用于液体在毛细管中的流动，得到泊肃叶定律。

$$\eta=\frac{\pi PR^4t}{8LV}=\frac{\pi hg\rho R^4t}{8LV}=A\rho t \tag{2-18}$$

式中 A——仪器参数（一般黏度计出厂有标定值）；

ρ——流体的密度；

g——重力加速度。

由于温度对黏度影响很大，所以要严格控制测定的温度，一般要求恒温（±0.02℃）。在实验时，用同一支乌氏黏度计测定几种不同浓度的溶液和纯溶剂的流出时间 t 及 t_0，当溶液浓度很稀时，溶液和溶剂的密度近似相等，即 $\rho\approx\rho_0$，所以：

$$\eta_r=\frac{A\rho t}{A\rho_0t_0}\approx\frac{t}{t_0} \tag{2-19}$$

式中 t，t_0——溶液和纯溶剂流经 a、b 两刻度线的时间。

这样，由纯溶剂的流出时间 t_0 和溶液流出时间 t 即可求出溶液的相对黏度 η_r，进而可以计算出增比黏度 η_{sp}，并得到对应的 η_{sp}/C 和 $\ln\eta_r/C$ 的值。

根据高分子稀溶液黏度与溶液浓度依赖关系的 Huggins 方程式：

$$\frac{\eta_{sp}}{C}=[\eta]+K'[\eta]^2C \tag{2-20}$$

和 Kraemer 方程式：

$$\frac{\ln\eta_r}{C}=[\eta]-K''[\eta]^2C \tag{2-21}$$

以 η_{sp}/C 对 C 作图和以 $\ln\eta_r/C$ 对 C 作图，得两条直线，如图 2-6 所示，外推至 $C=0$ 处的截距即为 $[\eta]$，从两条直线的斜率可分别求出 Huggins 方程常数 K' 和 Kraemer 方程常数 K''。

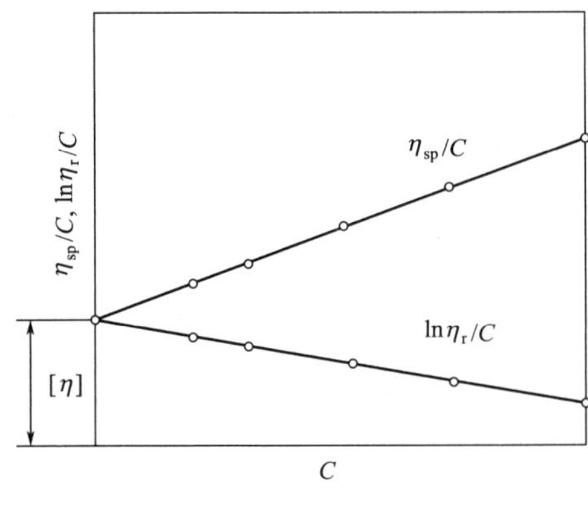

图 2-6 η_{sp}/C 和 $\ln\eta_r/C$ 对 C 关系

以上浓度外推求出 $[\eta]$ 值的方法称为"稀释法"或"外推法"。第一次测定用浓度较大的少量溶液，然后依次将一定量的溶剂加入黏度计中，稀释成不同浓度的溶液，这样可以减少洗涤黏度计的次数。有时测定一个浓度的高分子溶液黏度即可得高分子的特性黏度值，而不需要作浓度外推，这种方法俗称"一点法"。

【例 2-6】 用黏度法测定某一聚苯乙烯的分子量，在 30℃条件下将聚苯乙烯溶解于苯溶剂中，配置成密度为 0.55g/mL 的聚苯乙烯-苯溶液，用移液管移取 10mL 纯溶剂苯注入毛细管黏度计，测得纯溶剂苯的流出时间 $t_0=106.8$s，用移液管移取 10mL 聚苯乙烯-苯溶液注入，取另一支毛细管黏度计，测得流出时间 $t_1=241.6$s，然后依次加入纯溶剂苯 5mL、5mL、10mL、10mL 进行稀释，分别测得流出时间 $t_2=189.7$s、$t_3=166.0$s、$t_4=144.4$s 和 $t_5=134.2$s，试计算该苯乙烯试样的黏均分子量。($K=0.99\times10^{-2}$，$\alpha=0.74$)

答：已知聚苯乙烯-苯溶液的初始浓度 $C_1=0.55$g/mL，依次加入纯溶剂苯 5mL、5mL、10mL、10mL 进行稀释后溶液的浓度分别为：

$$C_2=\frac{2}{3}C_1, C_3=\frac{1}{2}C_1, C_4=\frac{1}{3}C_1, C_5=\frac{1}{4}C_1$$

相对黏度 $\eta_r=\frac{t}{t_0}$

分别计算浓度为 $C_1\sim C_5$ 聚苯乙烯-苯溶液的 η_r、$\ln\eta_r$ 和 $\ln(\eta_r/C)$。

同样，增比黏度 $\eta_{sp}=\eta_r-1=\frac{t-t_0}{t_0}$

分别计算浓度为 $C_1\sim C_5$ 聚苯乙烯-苯溶液的 η_{sp} 和 η_{sp}/C，将计算结果列于下表：

C	C_1	C_2	C_3	C_4	C_5
t	241.6	189.7	166	144.4	134.2
η_r	2.262	1.776	1.554	1.352	1.257
η_{sp}	1.262	0.776	0.554	0.352	0.257
$\ln(\eta_r/C)$	0.816	0.862	0.882	0.905	0.915
η_{sp}/C	1.263	1.164	1.108	1.056	1.028

以 η_{sp}/C-C 作图和 $\ln(\eta_r/C)$-C 作图：

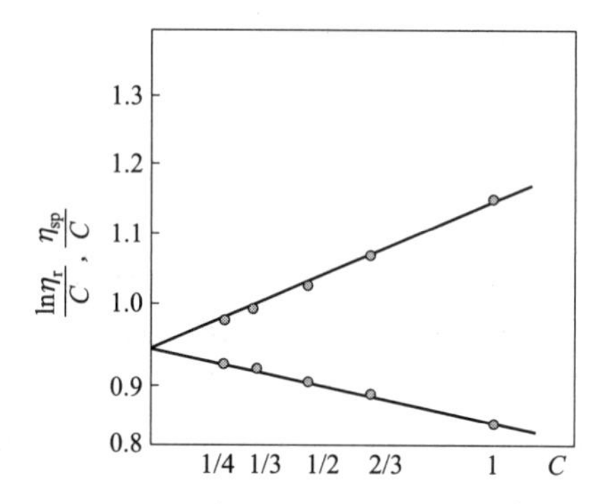

由两直线外推交于一点处的截距得特性黏度 $[\eta]=0.95$

根据特性黏度与黏均分子量之间的关系式 $[\eta]=KM^{\alpha}$

即 $[\eta]=0.99\times10^{-12}\times\overline{M}_{\eta}^{0.74}$

$\overline{M}_{\eta}=5.4\times10^5$

一般对于柔性链线型高分子-良溶剂体系，式 (2-20) 和式 (2-21) 中的 K'、K''能够满足 $K'+K''=1/2$，所以整理得：

$$[\eta]=\frac{\sqrt{2(\eta_{sp}-\ln\eta_r)}}{C} \tag{2-22}$$

只要知道 η_r、η_{sp} 及 C，就可以求出 $[\eta]$。

对于一些支化或刚性高分子，$K'+K''$偏离 1/2 较大，可假设 $K'/K''=\gamma$，则：

$$[\eta]=\frac{\eta_{sp}+\gamma\ln\eta_r}{(1+\gamma)C} \tag{2-23}$$

对于这类高分子-溶剂体系，在某一温度下，用稀释法确定了 γ 值后，即可用一点法计算得到特性黏度值。

在得到特性黏度 $[\eta]$ 值后，通过文献查出 K 和 α 值，可求出黏均分子量，部分高分子材料的 K 和 α 值见表 2-2。

表 2-2 部分高分子材料的 K 和 α 值

高分子材料	溶剂	温度/℃	分子量范围/$\times10^3$	$K\times10^2$	α
聚乙烯	十氢萘	135	30～1000	6.77	0.74
聚丙烯	十氢萘	135	100～1000	1.00	0.80
聚氯乙烯	环己酮	25	19～150	0.204	0.50
聚苯乙烯	苯	20	1.2～540	1.23	0.72
聚异丁烯	环己烷	30	35～700	2.76	0.69
聚丁二烯	甲苯	30	53～400	3.05	0.725
聚甲基丙烯酸甲酯	丙酮	25	40～8000	0.55	0.73
聚丙烯腈	二甲基甲酰胺	25	28～1000	3.92	0.75
尼龙 66	90%甲酸	25	6.5～26	11.00	0.72
聚碳酸酯	四氢呋喃	20	8～270	3.99	0.70
天然橡胶	甲苯	25	0.4～1500	5.02	0.67
丁苯橡胶	甲苯	30	26～1740	1.65	0.78

第二节 高分子的分子量分布

高分子的分子量是多分散性的，前面介绍的测定高分子分子量的方法得到的均为平均分子量。要全面掌握高分子的分子量的情况，除了要测定平均分子量，还需要测定高分子的分子量分布。

高分子的分子量分布是影响高分子各种物理性能的重要参数，同时高分子分子量的多分散性是在合成过程中受多种因素影响造成的，因此，高分子分子量的分布情况也是高分子合成中需要控制的重要参数。

测定高分子的分子量分布的方法大体可归纳为以下三类：

① 利用高分子溶解度的分子量依赖性，将试样分成分子量不同的级分，从而得到试样的分子量分布。例如，沉淀分级、柱上溶解分级和梯度淋洗分级。

② 利用高分子在溶液中的分子运动性质差异，得到分子量分布。例如，超速离心沉降速度法。

③ 利用不同分子量的高分子尺寸不同，其流体力学体积不同，从而得到高分子的分子量分布。例如，凝胶渗透色谱法和电子显微镜法，其中凝胶渗透色谱法是目前使用最多的分子量分布测定方法。

一、基于溶解度的分级

基于高分子溶解度的分级方法有：沉淀分级和溶解分级两种方法。

1. 沉淀分级

根据高分子溶解度随温度而变化的规律，通过改变温度或改变溶剂与沉淀剂的比例来控制高分子的溶解能力。

在一定温度下，将沉淀剂加入高分子稀溶液中，使高分子溶液分相，待相分离后，移出的浓相可以得到较高的分子量分级。留下的稀溶液中逐次滴加沉淀剂，使其再分相，依次重复，可将试样分成分子量由小到大的 10～20 个级分，这个过程就是通过改变溶剂与沉淀剂的比例来达到沉淀分级，此法又称为逐步加沉淀剂沉淀分级。

选择一个合适的高分子-溶剂体系，当高分子溶液温度降到临界共溶温度以下时，溶液分成两相，待相分离后，移出的浓相可以得到较高的分子量分级。留下的稀溶液继续冷却，又会分离出新的浓相和稀相，如此重复，可以依次得到分子量由大到小的各个级分，这就是通过改变温度来达到沉淀分级的过程，此法又称为降温沉淀分级。

用逐步沉淀分级法研究聚酯型嵌段聚氨酯（PSEU）的分子量分布，结果如图 2-7 所示。以丁酮为溶剂将样品树脂配制成质量浓度约 5%的溶液，于 25℃逐步滴加沉淀剂甲醇，使溶液逐步沉淀，分离得到分子量由大到小，而重量大体均衡的 7 个级分，由沉淀分级的数据，经常规方法处理，可画成累积重量分布曲线（I_i-$[\eta]$）和微分重量分布曲线（$dI_i/d[\eta]_i$-$[\eta]_i$ 曲线）。

2. 溶解分级

溶解分级与沉淀分级的过程相反，它采用逐步加良溶剂（提高溶剂溶解能力）或逐步升高温度的方法，使高分子中分子量较低的先溶解，而分子量较高的后溶解，从而得到分子量由小到大的各个级分。

通过以上两种方法可得到各级分的质量和平均分子量，由这些数据可以画出阶梯形的分级曲线，如图 2-8 所示。

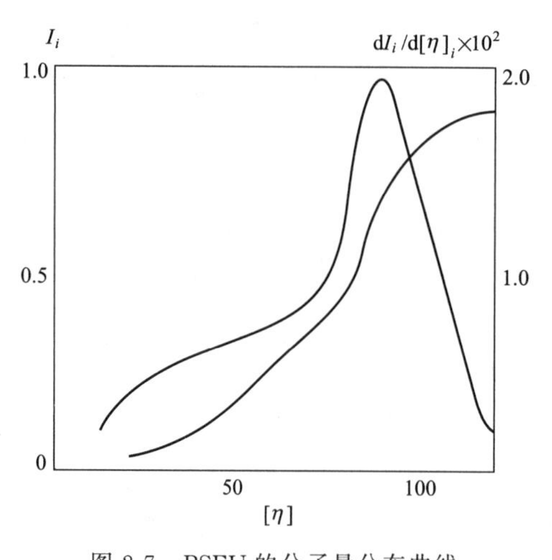

图 2-7 PSEU 的分子量分布曲线

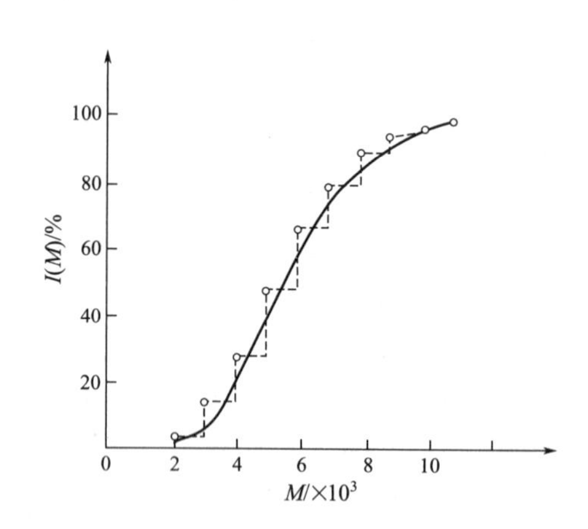

图 2-8 分级曲线和积分分布曲线

二、凝胶渗透色谱法

凝胶渗透色谱（gel permeation chromatography，GPC），也称体积排斥色谱（SEC），利用多孔性物质按分子体积大小进行分离，凝胶渗透色谱在工业、农业、医药、卫生、国防以及日常生活的各个领域得到了广泛的应用。从 20 世纪 60 年代诞生并发展至今，已成为应用最广泛、精确且非常有效的高分子分子量分布的测定方法。

凝胶渗透色谱是一种液体色谱，其原理是：根据高分子溶质的体积不同而引起的在凝胶色谱柱中体积排除效应即渗透能力的差异进行分离的，色谱柱装填的是多孔性微球凝胶，如交联聚苯乙烯、甲基丙烯酸甲酯、聚丙烯酸酰胺、双甲基丙酸乙二酯共聚物以及多孔硅球和多孔玻璃球等。

溶质高分子经过多孔性微球凝胶过程

高分子溶液被溶剂淋洗进入色谱柱时，溶质高分子体积越大，其渗透进入固定相的程度越低，被淋洗出色谱柱的淋洗体积就越小；反之，溶质高分子体积越小，其渗透进入固定相的程度越高，被淋洗出色谱柱的淋洗体积就越大。因此，当高分子被淋洗经过色谱柱时，是按高分子的体积即分子量的大小由大到小的先后顺序被淋洗出来的，从而达到按高分子的体积大小进行分离的目的，如图 2-9 所示。

凝胶渗透色谱按分子分离示意

各级分溶质的浓度可以用光谱、折射率或浊度等进行测定，洗涤体积 V 与分子量 M 的关系取决于高分子的性质、所采用的凝胶性质以及其他因素，所以要用已知分子量的高分子对所用色谱柱定出 $\lg M$-V 校正曲线，才能用于测定高分子分子量及其分布。

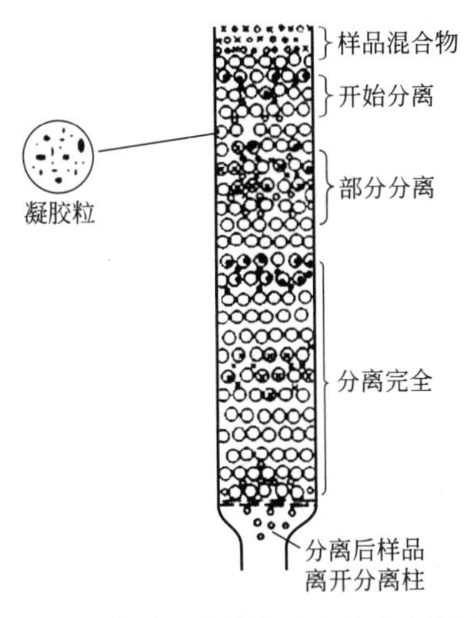

图 2-9 凝胶渗透色谱按分子体积分离原理

○—比凝胶粒的最大孔要大的分子；

×—能渗入凝胶粒的较大孔但不能渗入凝胶粒较小孔的较大分子；

●—能渗入填料较小孔的较小分子

目前，人们普遍采用市售的单分散标样来作为第一种高分子，然后查取（或采用其他的实验方法测得）标样及被测样品在测定条件下的 K 值和 α 值，经过上述转换便可求出被测样品的分子量。

数均分子量在凝胶色谱法中是指对高分子中不同分子量的个数进行加权平均后得到的高分子分子量的表征值。重均分子量在凝胶色谱法中是指对高分子中不同分子量进行个数和重量加权平均后得到的高分子分子量的表征值。多分散度又称分布宽度指数即 M_w/M_n。一般用 M_w 来表征聚合物比 M_n 更恰当，因为高分子的性能如强度、熔体黏度更多地依赖于样品中较大的分子。

凝胶渗透色谱得到的是相对分子量，但分子量和保留时间（洗脱体积）并不是一一对应的。即便两个样品 M_w 完全相同，但它们的结构有着本质不同的话，这两个样品在凝胶液相色谱上也能得到完全的分离。GPC 色谱柱和标准品见表 2-3。

表 2-3 GPC 色谱柱和标准品

色谱柱，体系	标准品	检测器	数据处理
水体系	聚甲基丙烯酸钠、聚丙烯酰胺、聚乙二醇、聚氧乙烯、葡聚糖、右旋糖酐、聚丙烯酸钠等	示差折光检测器、蒸发光散射检测器、黏度检测器	普通校正和普适校正；计算高分子的分子量及其分布
非水体系（THF、甲苯、氯仿、DMF、DMSO 等）	聚苯乙烯、溴化聚苯乙烯、聚碳酸酯、聚氯乙烯、聚乙烯、聚乙烯对苯二甲酯、聚丙烯腈、聚乳酸、聚己内酰胺、聚己二酰己二胺及纤维等		

用 GPC 法测定含氟高分子的重均分子量及其分布，以已知分子量的聚苯乙烯为标准样品，绘制重均分子量的对数与保留时间的标准曲线，测试结果如图 2-10～图 2-12 所示。图 2-10 是聚苯乙烯标样的标准曲线，图 2-11 是样品的 GPC 色谱图与标准校正曲线对比图，图 2-12 是分子量微分分布曲线和积分分布曲线。

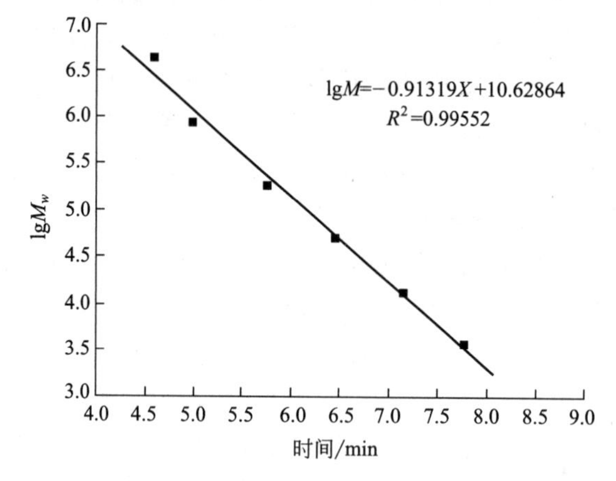

图 2-10 聚苯乙烯标样的标准曲线

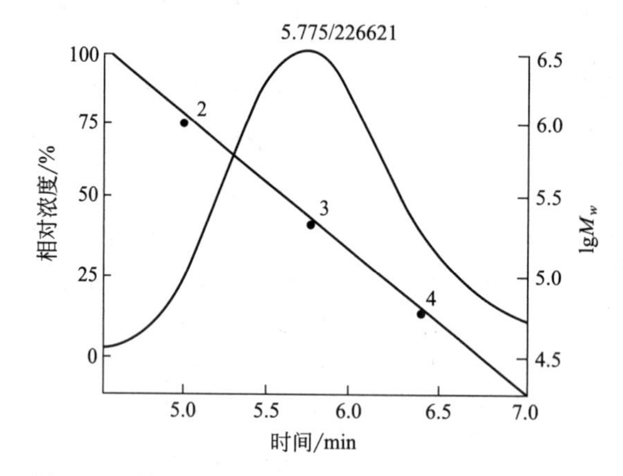

图 2-11 样品的 GPC 色谱图与标准校正曲线对比图

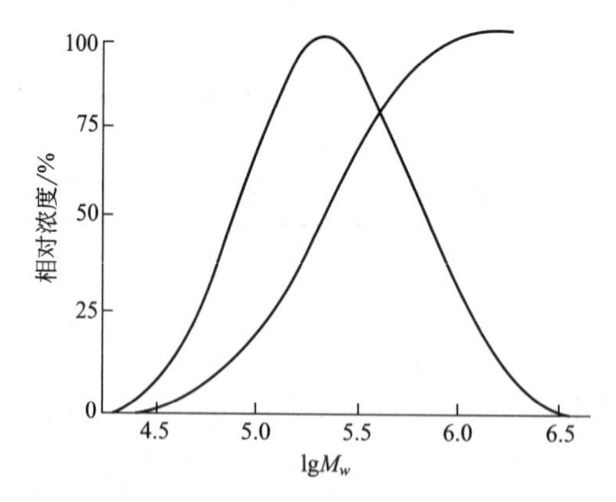

图 2-12 样品的分子量微分分布曲线和积分分布曲线

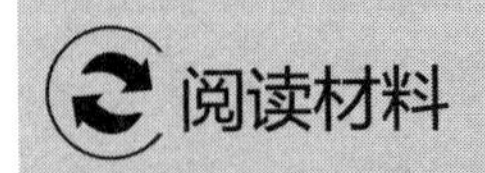

中国高分子化学开创者——王葆仁

王葆仁（1907.1.20—1986.9.12），化学家，江苏扬州人。1927 年毕业于国立东南大学化学系，1935 年获英国伦敦大学帝国学院博士学位，1936 年回国创建同济大学理学院和化学系。先后任中国科学院上海有机化学所研究员兼副所长、化学所研究员、研究室主任、学术委员会主任等职，1958 年在中国科技大学创建高分子化学与物理系，1981 年当选为中国科学院学部委员（中国科学院院士）。

王葆仁是我国最早从事高分子科学研究的化学家之一，是我国高分子化学的主要开创者。1956 年国务院制订《十二年科技发展远景规划》，王葆仁负责“高分子与重有机合成”重点项目及高分子科学的学科规划，1962 年他参加全国科技发展十年规划的制定工作；1963 年王葆仁当选为中国化学会理事会常务理事，并长期兼任该会高分子委员会主任委员；1980 年，他担任《中国大百科全书》化学卷高分子化学分支的主编。

王葆仁对高分子化学的学术思想是挑选课题必须从有利于国计民生出发，坚持基础研究与生产实际结合的方向。他主张高分子科研工作必须与我国石油化工的生产实践相结合，必须为生产服务。几十年来，王葆仁领导化学研究所高分子化学研究室出色地完成多项任务，他在完成任务的同时，还提出自己的学术见解，促进学科发展。他在研制尼龙 9 过程中，提出不沿用传统合成方法，建立了以蓖麻油为原料，经由癸二酸、癸二酸单酰胺重排制备尼龙 9 的简捷合成路线；王葆仁在聚酰胺化缩聚反应动力学的研究中，澄清了国际上多年来的不同论点，解决了缩聚反应级数的问题。

王葆仁是我国有机硅化学及聚合物研究的创始人之一。他认为我国的硅资源丰富，应加以利用。早在 1954 年，他就领导开展了有机硅单体，以及硅油、硅橡胶、硅树脂等的研制工作，还完成了耐高温硅胶的军工任务，为我国早期发展有机硅工业打下了基础。他还抓住有机硅化学的一些基本问题进行探索性的研究，提出了许多独创的真知灼见。

为了交流高分子科研工作经验和尽快将科研成果公之于世，1957 年王葆仁创办了中国第一种高分子学术期刊《高分子通讯》，1983 年创办该刊的英文版；1981 年倡议筹备《高分子通报》，并于 1988 年正式创刊试发行。

1985 年 8 月 24 日在中国化学会祝贺他从事化学工作 60 年的大会上，他将晚年疾病缠身、奋力疾书写出的《有机合成反应》一书（上下两册）的稿酬及平日节余，共计一万元人民币捐赠给中国化学会，设立了“中国化学会高分子基础研究王葆仁奖金”基金，这是王葆仁对发展祖国高分子事业所做的最后贡献，真可谓鞠躬尽瘁，殚精竭虑，为高分子科学献出了毕生精力。

王葆仁是国际高分子学术界享有盛誉的化学家。1956 年他作为中国高分子代表团团长应邀出席在莫斯科举行的全苏联第九次高分子论文报告会；1957 年作为国家科技代表团顾问，赴莫斯科谈判 132 项中苏科技协作项目中有关高分子方面的具体内容，同年，他任中国高分子代表团团长赴布拉格参加国际纯粹与应用化学联合会（IUPAC）高分子学术会议；1979 年筹办和主持了在北京举行的“中美双边高分子化学和物理论文报告会”；

1981年率团赴东京参加"中日双边高分子科学技术论文报告会"；1982年赴美国参加国际纯粹与应用化学联合会高分子学术会议。他在国际高分子学术界着力宣传我国高分子的成就，积极推动广泛的友好联系，他的杰出贡献受到海内外学者的推崇和赞誉。

王葆仁是一位热爱祖国、衷心拥护中国共产党的知识分子，他将毕生精力奉献给祖国的教育事业与科研工作，为我国科技人才的培养和高分子化学的发展，做出了卓越的贡献。

资料参考：

[1] 王东．中国高分子化学开创者王葆仁先生[J]．高分子通报，2016（09）：1-2.

[2] 纪念王葆仁先生诞辰100周年[J]．高分子通报，2007（12）：1-2.

思考题

1. 解释下列名词

统计平均分子量　微分分子量分布函数　分子量分布宽度　多分散系数　增比黏度　特性黏度

2. 高分子分子量分布的表示方法有哪些？

3. 高分子分子量的分布宽窄如何表征？

4. 试举例说明高分子的分子量和分子量分布对物理机械性能及加工成型的影响。

5. 试述三种测定分子量分布的方法，简要说明该方法的实质，并比较各自的优缺点。

6. 当高分子用沉淀法从溶液中分离时，它的分子量分布是否可能发生改变？

7. 试述沉淀分级（冷却法沉淀、溶剂挥发沉淀法、加非溶剂沉淀）三种方法的优缺点。

8. 试推导一点法测定特性黏度的公式。

9. 简要说明GPC测定高分子分子量分布的基本原理。

10. 分子量相同的线型分子和支化的分子哪个先流出色谱柱？

习题

1. 写出聚丙烯、聚氯乙烯、聚甲基丙烯酸甲酯、聚对苯二甲酸乙二酯的结构式，并指出其单体名称、结构单元、重复结构单元。

2. 常用聚苯乙烯的分子量为$10\times10^4\sim30\times10^4$，计算其聚合度。

3. 假定A与B两聚合物试样中都含有三个组分，其分子量分别为1万、10万和20万，相应的质量分数分别为：A是0.3、0.4和0.3，B是0.1、0.8和0.1，计算此二试样的$\overline{M}_n$、$\overline{M}_w$和$\overline{M}_z$，并求其分布宽度指数σ_n^2、σ_w^2和多分散系数d。

4. 用醇酸缩聚法制得的聚酯，每个分子中有一个可分析的羧基，现滴定1.5g的聚酯用去0.1mol/L的NaOH溶液0.75mL，试求聚酯的数均分子量。

5. 为什么膜渗透压法测定高分子的分子量不能太高，也不能太低？

第三章
高分子链的结构

高分子链的结构是指单个分子的结构和形态，它研究的是单个分子链中原子或基团的几何排列情况，包含一级结构和二级结构。高分子的一级结构，研究的是高分子的组成和构型，指的是单个高分子内一个或几个结构单元的化学结构和立体化学结构，故又称化学结构或近程结构；高分子的二级结构，研究的是整个分子的大小和在空间的形态（构象），这些形态随着条件和环境的变化而变化，故又称远程结构。

第一节　高分子链的化学结构及构型

一、组成和构造

通常，合成高分子是由单体通过聚合反应连接而成的链状分子，称为高分子链。高分子链中重复结构单元的数目称为聚合度（n）。

高分子链的化学组成不同，它对聚合物的基本性能具有决定性的影响，化学组成一旦确定，聚合物的基本性能也就随之确定。按化学组成不同聚合物可分为下列四类。

（1）碳链高分子　分子主链全部由碳原子以共价键相连接。如：聚苯乙烯（PS）、聚氯乙烯（PVC）、聚丙烯（PP）、聚丙烯腈（PAN）、聚甲基丙烯酸甲酯（PMMA）。它们大多由加聚反应制得。一般可塑性较好，化学性质稳定，但强度一般，耐热性较差，一般作为通用高分子使用。

（2）杂链高分子　分子主链上除含碳原子以外，还含有氧、氮、硫等两种或两种以上的原子并以共价键相连接。如聚甲醛、聚酰胺和聚砜等。这类聚合物是由缩聚反应和开环聚合反应制得的。由于主链上带有极性，所以较易水解。但是，耐热性、强度均较高，故通常用作工程塑料。如：聚酯、聚醚、聚酰胺、聚芳胺、聚砜。

（3）元素有机高分子　主链中含有硅、硼、磷、铝、钛、砷、锑等元素以共价键结合而成的高分子。主链不含碳原子，而是由上述元素和氧组成，侧链含有机取代基等。该类聚合物具有较好的可塑性和弹性，还具有优异的耐热性，可以在一些特殊场合使用，但强度较低，脆性大。例如：聚二甲基硅氧烷。

（4）无机高分子　无机高分子大分子链（主链和侧基）完全由无机元素组成，没有碳原子。例如，常见的玻璃和用作阴离子絮凝剂的聚合氯化铝（PAC）、聚合硫酸铝（PAS）、聚合硫酸铁（PFS）、聚合氯化铁（PFC）、聚合氯化硫酸铁（PFCS）、聚磷氯化铁（PPFC）等都属于无机高分子。无机高分子一般具有极好的耐热性，强度低。

另外，除了结构单元的组成外，在高分子链的末端，通常含有与链的组成不同的端基。

高分子链很长，端基含量很少，却直接影响聚合物的性能，尤其是热稳定性。因为聚合物的降解一般从分子链的端基开始，如聚甲醛（POM）的端羟基受热后容易分解释放出甲醛，所以聚甲醛合成需要用乙酸酐进行酯化封端，从而消除端羟基，提高热稳定性；聚碳酸酯（PC）的端羟基和酰氯端基都可以促使聚碳酸酯在高温下降解，如果用苯酚进行封端则可以明显提高 PC 的耐热性。

二、高分子链的构型

构型是指分子中由化学键所固定的原子在空间的排列。这种排列是稳定的，要改变构型，必须经过化学键的断裂和重组。构型不同的异构体主要有键接异构体、几何异构体和旋光异构体。

1. 键接异构

键接结构是指结构单元在高分子链中的连接方式。它是影响性能的主要因素之一。

在缩聚和开环聚合中，结构单元的键接方式是确定的。但在加聚过程中，单体的键接方式可以有所不同。

例如：单烯类单体聚合时，结构单元之间的连接方式除了主要的头-尾键接外，还有一定比例的头-头、尾-尾键接方式。如：

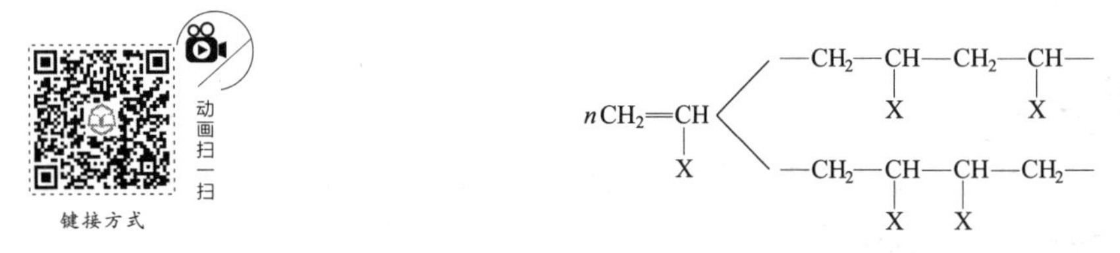

头-头结构比例有时相当大。例如核磁共振测定，自由基键合的聚偏氟乙烯中，头-头结构有 10%～20%；在聚氟乙烯中，也达 6%～10%。通常，当位阻效应很小、链端共振稳定性很低时，会得到较大比例的头-头或尾-尾结构。一般头-尾键接占主导优势，而头-头（或尾-尾）键接所占比例较低。

双烯类烯烃的加成聚合键接方式更复杂。异戊二烯在聚合过程中可能的异构体如下：

$$-CH_2-\underset{\underset{\underset{CH_2}{\|}}{CH}}{\overset{CH_3}{\overset{|}{C}}}-$$

1,2加成键接异构

$$-CH-CH_2- \quad (\text{CH 上连 } C(-CH_3)=CH_2)$$

3,4加成键接异构

$$-CH-\underset{CH_3}{\underset{|}{C}}=CH-CH_2-$$

1,4加成键接异构

对于 1,2 加成或 3,4 加成，可能有头-尾、头-头、尾-尾三种键接方式；对于 1,4 加成中也有头-尾和头-头键接的问题。

单体单元的键接方式对聚合物的性能特别是化学性能有很大的影响。例如：作为纤维的聚合物，一般要求分子链的单体单元排列规整，以提高聚合物的结晶性能和力学强度。又如，维纶生产只有聚乙烯醇头-尾键接才能与甲醛缩合生成聚乙烯醇缩甲醛。如果是头-头键接，羟基就不易缩醛化，产物中仍存在较多的羟基，这是聚乙烯醇缩甲醛纤维缩水性较大的根本原因。

2. 几何异构

当主链上存在双键时，由于双键碳原子上的取代基不能绕双键旋转，当组成双键的两个碳原子同时被两个不同的原子或基团取代时，即可形成顺式、反式两种构型，它们称作几何异构。例如：异戊二烯加聚的双烯类聚合物中，内双键上基团在双键一侧的为顺式，在双键两侧的为反式，即：

$$\cdots CH_2-CH{=}C(CH_3)-CH_2-CH_2-CH{=}C(CH_3)-CH_2\cdots \quad (8.1\text{Å})$$

顺式聚异戊二烯

$$\cdots CH_2-CH{=}C(CH_3)-CH_2-CH_2-CH{=}C(CH_3)-CH_2\cdots \quad (4.7\text{Å})$$

反式聚异戊二烯

动画扫一扫
分子的构象模型

对于顺式聚异戊二烯等，周期为 8.1 Å（1 Å＝10^{-10}m），分子容易内旋转，具有较好的弹性，但规整性差，不易结晶，熔融温度约 30℃；反式聚异戊二烯等，周期为 4.7 Å，分子不易内旋转，没有弹性，规整性好，较易结晶，熔融温度约 70℃。

3. 旋光异构

正四面体的中心原子（如：碳、硅、P^+、N^+）上 4 个原子或基团相连，如果四个基团都不相同时，则可能产生异构体。例如：结构单元为—CH_2—C^*HX—的聚合物，由于 C^* 两端的链节不完全相同，C^* 是不对称碳原子，这样每个链节就有两种旋光异构体、三种键接方式。

若将 C—C 链拉伸放在一个平面上，则 H 和 X 分别处于平面的上下两侧。当取代基全部处于主链平面的一侧或者高分子全部由一种旋光异构单元键接而成时，则称全同（或等规）立构；两种旋光异构单元交替键接，称为间同（间规）立构；两种旋光异构单元完全无规键接时，称为无规立构（见图 3-1）。

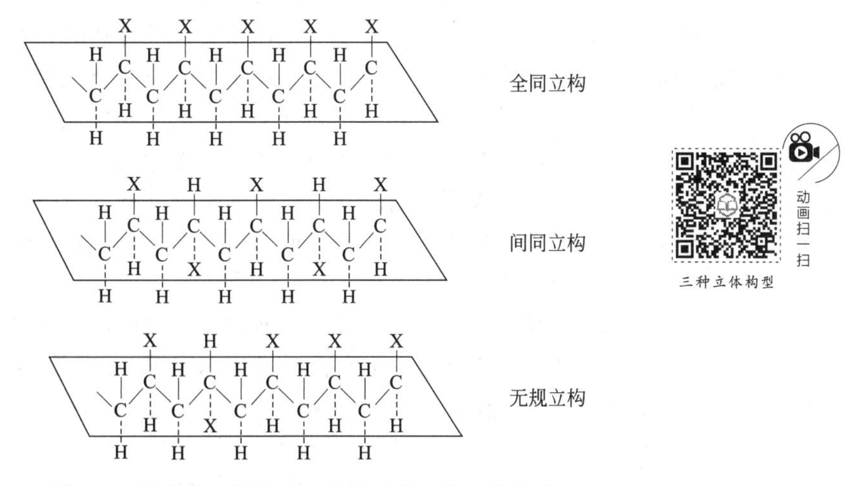

图 3-1 取代的乙烯类聚合物分子的三种立体构型

对于小分子物质，不同的空间构型有不同的旋光性。高分子链虽然含有许多不对称碳原子，但由于内消旋作用，即使空间规整性很好的聚合物，也没有旋光性。因此对高分子来说，关心的不是具体构型（左旋或右旋），而是构型在分子链中的异同，即全同（等规）、间同（等规）或无规。全同立构和间同立构的聚合物统称为等规聚合物。等规聚合物具有很好的立构规整性，能够满足分子链三维有序排列的要求，所以等规聚合物可以结晶。规整度越高，结晶度就越高。而无规聚合物由于规整性较差，一般不会结晶。

4. 分子构造

所谓分子构造，就是指聚合物分子的各种形状。高分子链分子的构造主要有线型、支化和交联三种（见图 3-2）。

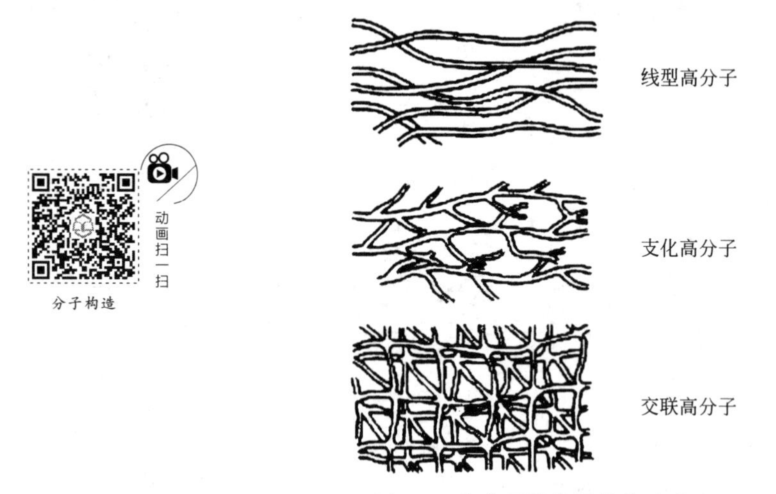

图 3-2 高分子链分子的构造类型

(1) 线型高分子 线型高分子是由含二官能团的反应物反应的，如前所述的聚苯乙烯和聚酯，分子长链可以蜷曲成团，也可以伸展成直线，这取决于分子本身的柔顺性及外部条件。

高分子链间没有化学键结合，所以在受热或受力情况下分子间可以互相移动（流动），因此线型高分子可在适当溶剂中溶解，加热时可熔融，易于加工成型。

(2) 支化高分子 根据支链的长短，可以分为短支链支化和长支链支化两种类型的支化高分子。其中短支链的长度处于低聚物分子水平，长支链长度达聚合物分子水平。

根据支化规律又可分为梳型、星型和无规支化等类型。由于加聚过程中有自由基的链转移发生，常易产生支化高分子，支化分子对高分子材料的使用性能有一定的影响。例如，低密度聚乙烯是乙烯自由基加聚产物，分子链中存在短支链和长支链，破坏了分子规整度，结晶度下降，柔顺性增加，可用作薄膜制品的原料。支化程度通常可以支化因子（支化高分子链的均方半径与线型高分子链的均方半径的比值）、单位分子量支化数目或两个相邻支化点之间链的平均分子量来表示。

(3) 交联高分子 交联高分子是分子链之间通过化学键或链段连接成一个三维空间网状的大分子。多官能团单体的逐步缩聚、多官能团单体的加聚，以及线型或支化分子的交联反应均可形成无规交联聚合物。例如：热固性酚醛塑料、环氧树脂、不饱和聚酯、硫化橡胶、交联聚乙烯等均为交联高分子。

三维交联网的结构可以用交联度、交联点密度来表征。交联度用相邻两个交联点之间的链的平均分子量来表示，交联点密度为交联的结构单元占总结构单元的分数，即每一个结构单元的交联概率，交联度可以采用溶胀度的测定或力学性能测定来估算。

与无规交联结构高分子不同，有序的网状结构高分子可以通过立体定向聚合或者刚性多官能团缩聚反应而得。主链由两条分子链平行排列，两条链间有一系列化学键连接即形成梯形高分子，例如，碳纤维是由梯形结构聚丙烯腈纤维加热、升温后，结构中环化、芳构化形成梯形高分子；以双股螺旋形式排列即为双螺旋形高分子。

分子构造对聚合物性能有很大影响。

线型分子可以在适当的溶剂中溶解，加热时可以熔融，易于加工成型，可反复加工应用，如一些合成纤维与热塑性塑料。

支化聚合物的化学性质与线型聚合物相似，但支化对其物理力学性能、加工流动性能等的影响显著。短支链支化破坏了分子结构的规整性，降低了晶态聚合物的结晶度。长支链支化严重影响聚合物的熔融流动性能。

梯形聚合物程度不太大时，才能在溶剂中溶胀；热固性树脂因其具有交联结构，表现出良好的强度、耐热性和耐溶剂性；硫化后的橡胶为轻度交联高分子，交联点之间链段仍然能够运动，但大分子链之间不能滑移，具有可逆的高弹性能。

5. 共聚物的序列结构

(1) 共聚物序列结构类型　如果高分子由两种以上的单体组成，则高分子链的结构更加复杂，将有序列分布问题。由两种以上的单体聚合形成的聚合物称为共聚物。

以 A、B 两种不同结构单元构成的二元共聚物，可以分为无规型、交替型、接枝型和嵌段型四种共聚物，结构示意图如图 3-3 所示。

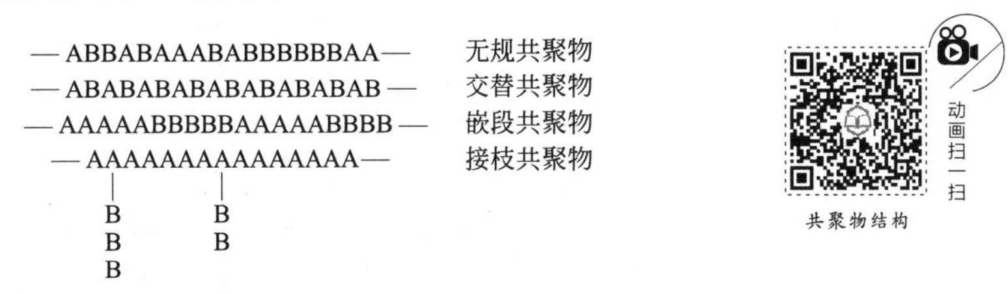

图 3-3　二元共聚物类型

无规共聚物是统计共聚物中的一个特殊类型，两种结构单元的排列完全无规。交替聚合物中，两种结构单元交替排列。它们都属于短序列共聚物。嵌段共聚物和接枝共聚物是通过连续而分别进行的两步聚合反应得到的，所以，称为多步聚合物。它们都属于长序列共聚物，即其中任一组分长度达到聚合物分子的水平。

要确定共聚物的结构是很费事的，其平均成分（如苯乙烯-甲基丙烯酸甲酯共聚物中甲基丙烯酸甲酯的含量）可用化学法（元素分析、官能团测定等）、光谱法（红外 IR、紫外 UV、核磁共振 NMR 等）、同位素活性测定以及固体试样的折射率等方法来测定。成分不均匀可用分级法、平衡离心分离法和凝胶渗透色谱法（GPC）来研究。此外，对于嵌段共聚物，尚需了解嵌段长度；对于接枝共聚物，要研究接枝点密度和支链长度。

(2) 共聚物结构对材料性能的影响　不同类型的共聚物结构对材料性能的影响也各不相同。

以乙烯、丙烯的聚合产物为例，聚乙烯、聚丙烯两种均聚物通常被用作塑料，但当乙烯和丙烯两种单体无规则聚合生成丙烯-乙烯共聚物，则作为橡胶使用。

甲基丙烯酸甲酯一般采用本体聚合方法加工成透明性优良的板材、棒材、管材。由于本体法聚合产物的分子量大，流动性差，不宜采用注射成型方法加工。如果将甲基丙烯酸酯与少量苯乙烯无规共聚物共聚，则可以获得流动性高、可用于注射法成型的树脂。

ABS树脂除共混型之外，大多数是丙烯腈、丁二烯和苯乙烯的三元共聚物。ABS兼有三种组分的特性：丙烯腈有CN基，使聚合物耐化学腐蚀，提高拉伸强度和硬度；丁二烯使聚合物呈现橡胶态韧性，提高抗冲性能；苯乙烯的高温流动性好，便于加工成型，而且可以改善制品光洁度。ABS可以是以丁苯橡胶为主链，将苯乙烯和丙烯腈接在支链上；也可以丁腈橡胶为主链，将苯乙烯接在支链上；也可以苯乙烯-丙烯腈为主链，将丁二烯和丙烯腈接在支链上等等。

SBS树脂是苯乙烯与丁二烯的三嵌段共聚物，是一种热塑性弹性体。分子链中段是聚丁二烯，两端是聚苯乙烯。SBS树脂在120℃可熔融，可用于注塑成型，当冷却到室温时，由于PS的玻璃化转变温度高于室温，分子两端的PS变硬，而中间的PB玻璃化转变温度低于室温，仍具有弹性，显示高交联橡胶的特性。

图3-4为聚（丁二酸对苯二甲酸丁二醇酯）共聚物（PBST）的X射线衍射（WARD）图谱，从图中可得到共聚物的晶体结构及结晶度信息。同时可以了解聚丁二酸丁二醇酯（PBS）、对苯二甲酸丁二醇酯链段（BT）、聚对苯二甲酸丁二醇酯（PBT）介入对共聚物合成及其性能的影响。从图中可以看到，PBS的衍射峰2θ为19.6°（020）、21.5°（021）、22.5°（110）、28.7°（111）。随着共聚物中BT单元结构的增加，晶体结构逐渐由PBS的单斜晶系占主导地位转变为PBT的三斜晶系占主导地位，BT含量小于20%时几乎看不到PBT三斜晶系衍射峰的影响；BT含量为30%时，晶体衍射峰开始发生变化；BT含量为50%时，PBT晶系的特征已十分明显，可以观测到该晶系的一些特征峰：16.1°（011）、17.4°（010）、20.7°（101）、23.5°（100）、25.2°（111）。

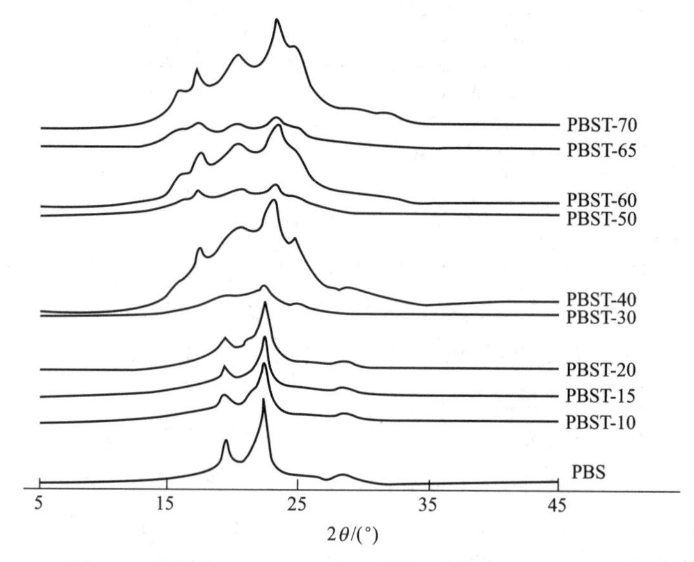

图3-4 共聚物（PBST）的X射线衍射（WARD）图谱

第二节 高分子的构象

一、高分子链的内旋转构象

链状高分子链的直径为零点几纳米，链长则为数百、数千万至数万纳米，它就像一根直径1mm而长达数十米的钢丝，若没有外力作用，它不能保持直线形状而易蜷曲，在空间上呈现各种形态。高分子链有蜷曲的倾向是因为单键是 σ 键，电子云的分布具有轴形对称，以 σ 键相连的两个原子可以相对旋转（内旋转）而不影响其电子云的分布。构象是单键内旋转的结果（见图 3-5），即分子内与这两个原子相连的原子或基团在空间的位置发生变化。

当 C 原子上没有任何其他原子或基团的时候，C—C 键的内旋转是完全自由的，没有位阻效应，键角保持不变，C—C 键角 109°28′。大多数高分子主链中存在许多的单键（例如：聚乙烯、聚丙烯的主链是 100％的单键，PB 聚异戊二烯主链上也有 75％是单键）。理想情况下，任何单键均可以进行自由内旋转。因此，高分子的构象更适合的定义为由于单键的内旋转而产生的分子在空间的不同形态。

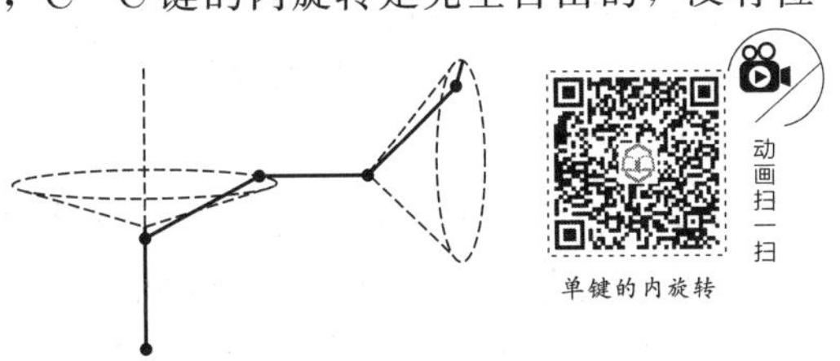

图 3-5 单键的内旋转

一个高分子链比作一根摆动着的绳子，是由许多个可动的段落链接而成的。同理，高分子链中单键旋转时相互牵制，一个键转动，要带动附近一段链一起运动，这样，每个键不能成为一个独立运动的单元。高分子链中的单键离第一个键越远，其空间位置的任意性越大，两者空间位置的相互关系越小，可以想象从第 $i+1$ 个键起，其空间取向与第一个键完全无关了。把若干键组成的一段链作为一个独立运动的单元，称为链段，它是高分子物理学中的一个重要概念。

高分子链上单键数目越多，内旋转越自由，则高分子链的形态（构象）越多，链段数也越多，链段长度越小，链的柔顺性越好。

二、高分子链的柔顺性

高分子链的内旋转不能完全自由旋转。高分子所谓的柔顺性，是指高分子链能够通过内旋转作用改变其构象的性能。通常高分子内旋转的单键数目越多，内旋转阻力越小，构象数越大，链段越短，柔顺性越好。聚合物分子的结构对链的柔顺性有很大的影响。

（一）聚合物分子结构的影响

1. 主链结构

若主链完全由单键组成，一般链的柔顺性较好。例如：聚乙烯（PE）、聚丙烯（PP）、乙丙橡胶（EPR）等。但是相同的单键，柔顺性也不同，当主链中含 C—O、C—N、Si—O 键时，柔顺性好，这是因为 O、N 原子周围的原子比 C 原子少，内旋转的位阻小，而 Si—O—Si 的键角也大于 C—C—C 键，因而其内旋转位阻更小，即使在低温下也具有良好的柔顺性；聚乙二酸己二醇酯分子链的柔顺性好，聚二甲基硅氧烷的柔顺性更好，前者可用作涂料，后者分子量很大时可用作橡胶。

当主链中含有孤立双键时，虽然双键本身不会内旋转，但却使相邻单键的非键合原子间距增大使内旋转较容易，柔顺性好。

如果主链为共轭双键，由于共轭双键因电子云重叠不能内旋转，因而柔顺性差，分子链呈刚性，如聚乙炔、聚苯等聚合物。

在主链中引入不能内旋转的芳环、芳杂环等环状结构，可提高分子链的刚性。主链含有芳杂环结构时，由于芳杂环不能自由内旋转，故这样的分子链柔顺性更差，例如芳香尼龙的分子链刚性更大。再如淀粉、纤维素等，由于分子中存在大量的氢键，链的刚性大，而蛋白质、核酸分子采取单螺旋、双螺旋的构象，螺圈之间存在大量的氢键，因此链的刚性更强。

2. 取代基

取代基的极性越大，极性基团数目越多，相互作用越强，单键内旋转越困难，分子链柔顺性越差。例如：聚氯乙烯分子链的柔顺性较氯化聚乙烯差，氯化聚乙烯分子链的柔顺性较聚乙烯差。

分子链中极性取代基的分布对柔顺性也有影响，如聚异丁烯大于聚丙烯的柔顺性，这是由于取代基对称排列，可使分子链间的距离增大，相互作用减弱导致的。

非极性取代基对柔顺性的影响表现为两个方面：

① 取代基体积越大，空间位阻越大，内旋转越困难，柔顺性越差。

② 取代基的存在又增大了分子间的距离，削弱了分子间作用力，使柔性增强。如聚苯乙烯分子链的柔顺性比聚丙烯小。

3. 支化、交联

短支链使分子链间距离加大，分子间作用力减弱，从而对链柔顺性具有一定的改善作用；若长支链，则起到阻碍单键内旋转的作用，导致链柔顺性下降。

对于交联结构，当轻度交联时，交联点之间的距离比较大，如果仍大于大分子中链段的长度，链段的运动仍然能够发生，链柔顺性不会受到明显影响；当重度交联时，交联点之间的距离较小，若小于大分子链段的长度，链段的运动将被交联化学键所冻结，链柔顺性变差，而刚性变大。

4. 链的长短

一般高分子的链越长，分子构象数目越多，链的柔顺性越好。

5. 分子链的规整性

分子结构越规整，则结晶能力越强，而高分子一旦结晶，则柔顺性大大下降，因为分子中原子和基团都被严格固定在晶格上，内旋转变得不可能。如聚乙烯（PE），易结晶，柔顺性表现不出来，呈现刚性。

6. 分子间作用力与氢键

分子间作用力大，柔顺性差。分子间的作用力随着主链或侧基的极性增强而增大，但如果分子内或分子间有氢键生成，则氢键的影响要超过任何极性基团，可大大增加分子的刚性。

高分子链的柔顺性与实际材料的刚柔性不能混为一谈，两者有时是一致的，有时却不一致。判断聚合物材料的柔顺性，需同时考虑分子内的相互作用、分子链之间的相互作用和凝聚状态三个方面的因素。

（二）外界因素的影响

温度升高，内旋转容易，柔顺性增加。如聚苯乙烯，在室温下柔顺性差，用作塑料，但加热到100℃以上，也呈现出一定柔性；顺式聚-1,4-丁二烯，室温下柔顺性比较好，作为橡胶使用，但冷却至−120℃，就变得又硬又脆。

当外加力作用的速度缓慢时，高分子链表现出柔性，作用速度快，高分子链来不及通过内旋转而改变构象，分子链显得僵硬。

溶剂和高分子链之间的相互作用力对高分子的形态也有着重要的影响。

三、高分子链的构象统计

高分子链的内旋转情况复杂，不能像小分子一样用位能的数据来表示柔顺性。无规线团状高分子是瞬息万变的，具有许多不同的构象，只能用统计的方法表征高分子的分子尺寸。表征高分子分子尺寸的方法很多，对于线型分子常用“均方末端距”表示其分子的尺寸。所谓末端距是指线型高分子链的一端至另一端的直线距离，以 $\boldsymbol{h}$ 表示，如图 3-6 所示。由于构象随时在改变，所以末端距也在变化，只好求平均值，但由于末端距方向任意，所以平均值必为零，因此，先将其平方再平均，就有意义了，这是一个标量，用 h^2表示。

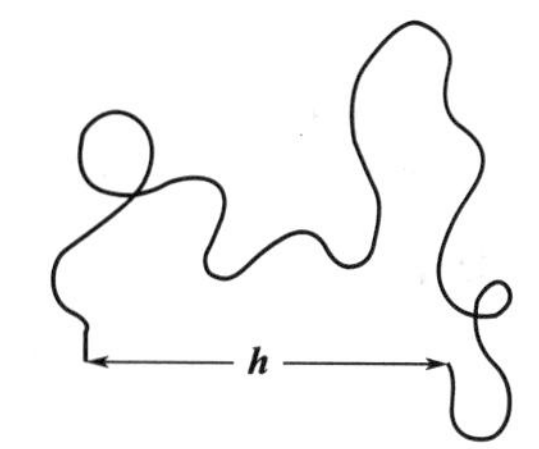

图 3-6 高分子链的末端距

对于支化的聚合物，可以采用“均方旋转半径”来表征，旋转半径（$\boldsymbol{\rho}$）是指从大分子链的质量中心到各个链段的质量中心的距离，它是一个向量。而均方旋转半径（$\boldsymbol{\rho}^2$）的定义如下：假设高分子链中包含许多个链单元，每个链单元的质量为 m_i，设从高分子链的质心到第 i 个链单元的距离为$\boldsymbol{\rho}_i$。则全部链单元的 $\boldsymbol{\rho}^2$ 的质量平均值为：

$$\boldsymbol{\rho}^2=\frac{\sum_{i=1}^{Z} m_i \boldsymbol{\rho}_i^2}{\sum_i m_i} \tag{3-1}$$

对于柔性分子，$\boldsymbol{\rho}^2$ 值依赖于链的构象。将 $\boldsymbol{\rho}^2$ 对分子链所有可能的构象取平均，即得到均方旋转半径$\overline{\boldsymbol{\rho}}^2$。均方旋转半径越小，高分子链越柔顺。

对于“高斯链”，当分子量很大时，其“无扰均方末端距”和“无扰均方旋转半径”之间存在如下关系：$\overline{\boldsymbol{h}}^2=6\,\overline{\boldsymbol{\rho}}^2$。

均方末端距离是单个分子的尺寸，必须把高分子分散在溶液中才能进行测定，随溶剂和温度的不同将产生干扰。通过选择合适的溶剂和温度，创造一个特定的条件，使溶剂分子对高分子的构象所产生的干扰可忽略不计，这一条件称为 θ 条件。在 θ 条件下测得的高分子尺寸称为无扰尺寸。实测均方末端距一定要在 θ 条件下测定。

四、柔顺性的表示方法

为了定量地表征链的柔顺性，通常采用由实验测定的刚性因子、链段长度和极限特征比等参数来表征。

1. 刚性因子

刚性因子又称空间位阻参数，刚性比值。当键数和键长一定时，链越柔顺，其均方末端距越小。因此，可以用实测的无扰均方末端距$\overline{\boldsymbol{h}}_0^2$ 与自由旋转链的均方末端距$\overline{\boldsymbol{h}}_{f,r}^2$ 之比作为分子链柔顺性的量度，即：

$$\sigma=[\overline{\boldsymbol{h}}_0^2/\overline{\boldsymbol{h}}_{f,r}^2]^{1/2} \tag{3-2}$$

链的内旋转阻碍越大，分子尺寸越扩展，刚性因子值越大，柔顺性越差；反之，刚性因子值越小，柔顺性越好。该参数表征的柔顺性较为准确可靠。

2. 链段长度

若以等效自由连接链描述分子尺寸，则链越柔顺，链段越短，因此链段长度也可以表征链的柔顺性。链段长度越大，柔性越差。

3. 极限特征比 C_n

在高分子链柔顺性的表征中，经常采用无扰链与自由连接链均方末端距的比值来表示，即极限特征比。其表达式为：

$$C_n = \overline{h}_0^2 / nl^2 \tag{3-3}$$

对自由连接链：

$$C_n = \overline{h}_0^2 / nl^2 = 1 \tag{3-4}$$

对完全伸直链：

$$C_n = \overline{h}_0^2 / nl^2 = n \tag{3-5}$$

假如将特征比 C_n 看作 n 的函数，当 $n \to \infty$ 时，对应的 C_n 可定义为 C_∞。对于自由连接链，$C_\infty = 1$，而对于完全伸直链，$C_\infty \to \infty$。因而，C_n 对 n 的依赖性的大小，也是链柔顺性的一种反映。并且 C_n 越小，链的柔顺性越好。

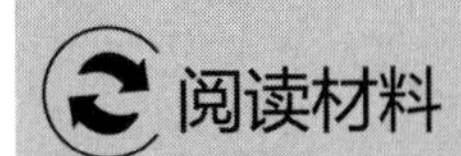

高分子化学和高分子物理学家——钱保功

钱保功（1916.3.18—1992.3.17），江苏江阴人，我国杰出的高分子化学和高分子物理学家。早年毕业于武汉大学化学系，1947 年赴美深造获高分子硕士学位，中华人民共和国成立后，他毅然回国支援祖国的现代化建设。回国后，任中国科学院长春应用化学研究所研究员、副所长，1981 年调中国科学院武汉分院任院长兼湖北化研所所长等职。他是《中国科学》《科学通报》《应用化学》《高分子材料与工程》、国际《应用高聚物杂志》等期刊的编委。

钱保功穷尽毕生精力，致力于我国高分子领域的研究。新中国成立之初，我国天然橡胶资源匮乏，橡胶制品完全依赖进口，而合成橡胶则无论是技术研究还是工业生产在国内皆属于空白。钱保功充分利用自己的专业优势，于 1950 年开始着手合成橡胶的研究工作，他参与并组织中国科学院长春应用化学研究所合成橡胶研究课题，在他的带领下，科技团队率先在国内开展了酒精制备丁二烯及乙苯脱氢制备苯乙烯的研究项目，并由实验室进中试到批量生产，成功解决当时丁苯供应的不足，奠定了我国合成橡胶研究的基础。

对于科技和工业基础几乎为零的新中国，自力更生成为了那个时代最鲜明的烙印。“一五”计划期间，长春应用化学研究所临危受命，自力更生，终于攻克了催化剂这一技术难关。同时还通过应用新的聚合体系，将质量较差的“硬丁苯”改进为性能良好的“软丁苯”，取得了巨大的技术突破。20 世纪 60 年代，钱保功在长春应用化学研究所组织领导了顺丁橡胶的研究。经过一系列的技术攻关，在大量催化聚合配方的筛选后，终于研究推出镍催化体系，我国自主生产的橡胶性能也达到了世界先进水平。随着万吨级顺丁橡胶的投产，不仅解决了国内急需，而且部分产品出口创汇，同时他对顺丁胶的表征，包括顺式结构的含量、分子量、分子量分布、支化度等以及黏弹性能和加工行为的影响、有关结构参数的控制方法，在生产实践中都得到了应用，顺丁橡胶也成为我国第一个自行研究、设计和生产的通用合成橡胶品种。

钱保功领导的许多研究成就在世界高分子领域都是零的突破。他领导建立顺丁橡胶的10种表征方法，全面阐述了顺丁橡胶的相关性能，填补了国际高分子科学界对高分子材料重大品种表征的空白。长春应用化学研究所在稀土合成橡胶研究工作的进展，在国际高分子界被誉为新的突破。钱保功作为高分子领域的杰出科学家，其取得的成就得到了世界同行的广泛赞誉，自此，中国合成橡胶的科学研究终于屹立于世界科学之林。

钱保功具有非常活跃的学术思想，他不仅能及时抓住新课题和新的研究方向，同时还非常重视具有应用前景的基础性课题的研究。他率先将新兴的交叉学科——“高分子辐射化学”引入国内，并在长春主办了全国第一届辐射化学学术会议，确立了我国高分子辐射化学科学研究在国际上的地位。不仅如此，他在基础研究方面的研究也是硕果累累，如高分子的结晶动力学、高分子黏弹性的研究，成就了一大批具有影响力的经典著作。

钱保功一贯重视人才培养，他开创的分支学科均后继有人，他是中国高分子学术界永远值得人们怀念的科学家，像众多为新中国的科技事业默默付出的学者一样，他留下的卓越成就，将化作永远的丰碑！

资料参考：

[1] 沉痛悼念钱保功先生[J]. 高分子学报，1992（05）：513-514.

[2] 钱保功，余赋生，程镕时，等. 稀土催聚的顺-1，4-聚丁二烯的表征[J]. 中国科学（B辑），1982（04）：297-310.

思考题

1. 解释下列名词

构型　构象　全同立构　间同立构　接枝聚合物　嵌段共聚物　链段　链的柔性

2. 什么是共聚物的一次结构、二次结构和三次结构？

3. 表征聚合物链柔性的参数有哪些？

4. 常温下聚乙烯为什么是塑料而不是橡胶？

5. 举例说明高分子链的结构单元、单体单元、重复单元。

6. 根据高分子链的结构，分析下列各组聚合物的性能差异。

①无规立构聚丙烯与等规立构聚丙烯；②碳纤维与聚丙烯；③顺式1,4-聚异戊二烯与反式1,4-聚异戊二烯；④高密度聚乙烯、低密度聚乙烯与交联聚乙烯

7. 线型结构、支化结构和交联结构的高分子性能有什么不同？橡胶为什么必须硫化后才能使用？

8. 以硫化橡胶和热固性聚合物为例说明交联对聚合物性能的影响。

9. 说明高分子链内旋转对高分子结构和性能的作用。

10. 影响聚合物链柔顺性的因素有哪些？

习题

1. 什么叫构型和构造？写出聚氯丁二烯的各种可能构型，举例说明高分子链的构造。

2. 构象与构型有什么区别？聚丙烯分子链中碳-碳单键是可以旋转的，通过单键的内旋

转是否可以使全同立构聚丙烯变为间同立构聚丙烯？为什么？

3. 哪些参数可以表征高分子链的柔顺性？如何表征？

4. 从结构出发，简述下列各组聚合物的性能差异。

（1）聚丙烯腈与碳纤维

（2）无规立构聚丙烯与等规立构聚丙烯

（3）顺式聚 1,4-异戊二烯（天然橡胶）与反式聚 1,4-异戊二烯

（4）高密度聚乙烯、低密度聚乙烯与交联聚乙烯

第四章
高分子的聚集态结构

第一节　分子间作用力与聚集态

一、分子间作用力

分子间作用力是分子聚集的基本作用力，也是聚集态形成的根源。任何质点间的相互作用都包含着引力和斥力。如果将原子或分子看成这样的质点，那么，原子或分子间的相互作用是以引力为主，还是以斥力为主，关键取决于原子或分子间的距离。

一般而言，当两个原子或分子分开 3～4 倍原子或分子直径的距离时，以引力为主；当两个原子或分子间距离非常小时，则以斥力为主。当原子或分子间的引力或斥力相等（即相互作用为零）时，原子或分子之间的几何排列处于平衡状态，其结构就是分子结构或聚集态结构（aggregated structure），体系处于能量最低的稳定状态。

处于平衡状态分子中的键合原子间的强烈相互作用称为化学键（chemical bond，又称为主价力）。它又包括共价键、离子键、配位键等，其作用能（键能）高，一般在 10^2kJ/mol 数量级。

非键合原子间、基团之间或分子之间的相互作用称为分子间作用力（intermolecular force，简称分子间力或次价力），它又包括范德华力（Van der Waals' force）和氢键（hydrogen bond，简称 H-bond）。分子间作用力作用能较弱，一般为 0.1～40kJ/mol。其中，范德华力又包括静电力、诱导力和色散力三种，它们既没有方向性也没有饱和性，随分子间距离的增大而显著降低。

1. 静电力

静电力（orientation force）是极性分子永久偶极之间的静电相互作用产生的引力，其本质是静电引力，见图 4-1。它只存在于极性分子间，与分子的偶极矩的平方成正比，即分子的极性越大，静电力越大。同时，还随着温度的升高、分子间距离的增大而显著降低。静电力的大小为 21～42kJ/mol。

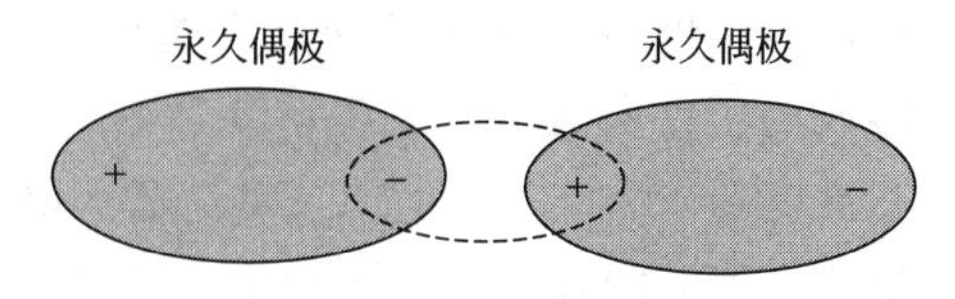

图 4-1　静电力作用原理

2. 诱导力

极性分子的永久偶极与它在其他分子（极性分子或非极性分子）上通过诱导作用产生的诱导偶极间的相互作用力称为诱导力（induction force），它存在于含极性分子的体系中，见

图 4-2。诱导力的本质与静电力类似，也是静电引力，与偶极的大小、分子间距离相关，但与温度无关，大小为 6～12kJ/mol。

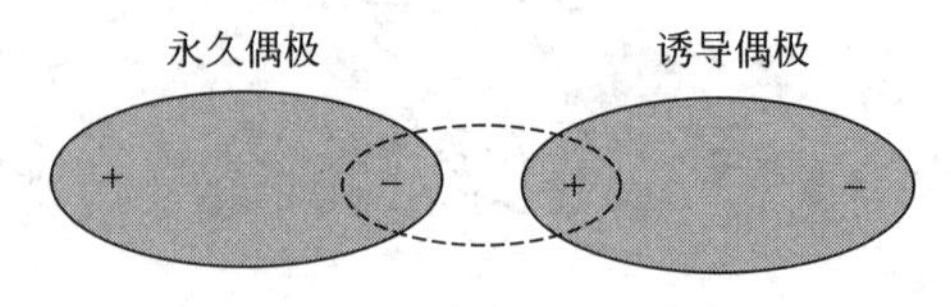

图 4-2 诱导力作用原理

3. 色散力

无论是极性分子还是非极性分子，由于电子的运动会产生瞬时偶极，这种瞬时偶极会诱导邻近分子也产生和它相互吸引的瞬时偶极，这种瞬时偶极间的相互作用力就是色散力（dispersion force），见图 4-3。

色散力具有普遍性，存在于所有极性和非极性分子间，但在极性分子中占有比例小，在非极性分子中占分子间力总值的 80%～100%。它也随分子间距离增大而显著降低，但与温度无关。与静电力和诱导力相比，色散力较弱，大小为 0.8～8.4kJ/mol。

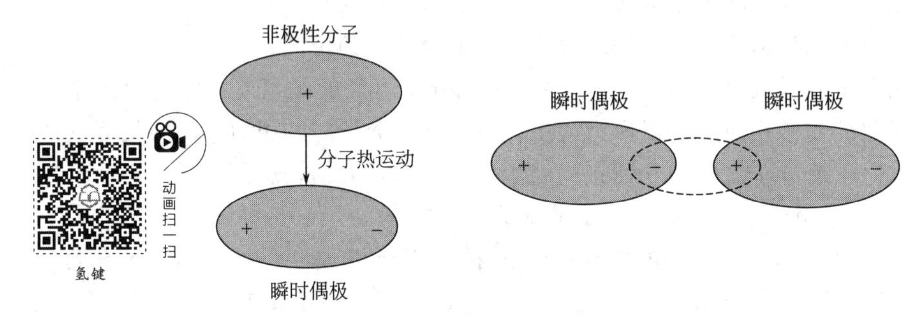

图 4-3 非极性分子间色散力产生原理

4. 氢键

氢键（hydrogen bond，H-bond）是一种特殊的分子间作用力。它是与电负性较强的原子（X）结合的氢原子（X—H）与另一个电负性较强的原子（Y）之间的相互作用力，以 X—H…Y 表示。这种电负性较强的原子可以是 N、O 和卤素原子等。

氢键的作用能普遍高于各种范德华力，为 21～42kJ/mol。并且 X、Y 原子的电负性越强，则相应的氢键越强。同时又与 Y 原子的半径有关，Y 的半径越小，越能接近 H—X，所形成的氢键也越强。

几种常见氢键的强弱顺序如下：

F—H…F>O—H…O>O—H…N>N—H…N

与范德华力显著不同的是，氢键既具有方向性又具有饱和性。氢键可以在分子间形成，也可以在分子内形成。前者形成的氢键称为分子间氢键，后者称为分子内氢键。

能形成分子间氢键的低分子有水（见图 4-4）、乙醇、氨水等，高分子有蛋白质、纤维素、聚丙烯酸、聚乙烯醇、聚酰胺等，见图 4-5。

由于长链高分子是由数目很大的小单元（链节或链段）组成的，所以高分子中的分子间力不仅存在于不同的高分子链间，也存在于同一高分子链内不同的链节或链段的单元之间；另外，由于高分子链很长，所含链节数多，各链节间所产生的分子间作用力加和远大于化学

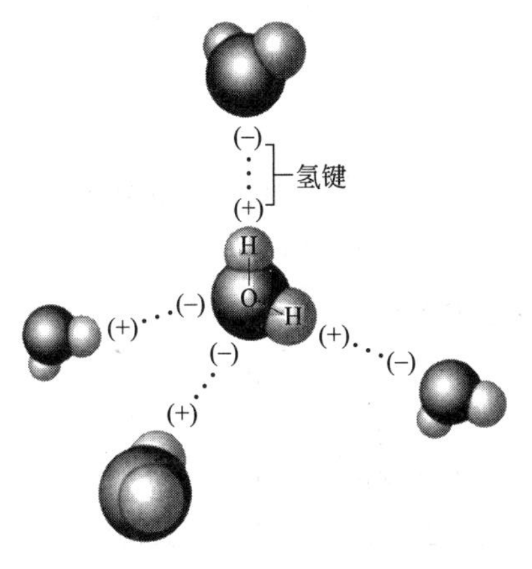

图 4-4 水分子间氢键形成原理

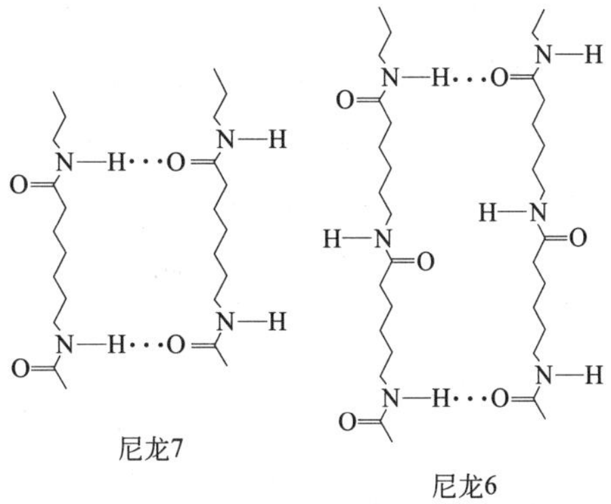

尼龙7

尼龙6

图 4-5 聚酰胺分子间氢键形成原理

键的键能，因此，在克服所有分子间作用力之前，化学键已经断裂而发生化学变化，即不可能汽化，故高分子没有气态，只有固态和液态。

二、内聚能密度

内聚能（cohesive energy）是指克服分子间作用力，把 1mol 物质聚集在一起的总能量，即相当于把 1mol 物质汽化所需要的能量。内聚能密度（cohesive energy density，简称 CED）是指单位体积的内聚能。

部分高分子材料的内聚能密度如表 4-1 所示。

表 4-1 部分高分子材料的内聚能密度

高分子材料	内聚能密度/(J/cm^3)	高分子材料	内聚能密度/(J/cm^3)
聚乙烯(PE)	259	聚醋酸乙烯酯(PVAc)	368
聚异丁烯(PIB)	272	聚氯乙烯(PVC)	380
聚异戊二烯(PIP)	280	涤纶树脂(PET)	477
聚苯乙烯(PS)	309	尼龙 66(PA66)	773
有机玻璃(PMMA)	347	聚丙烯腈(PAN)	991

由表 4-1 可知，高分子材料的内聚能密度在 $290J/cm^3$ 以下，说明分子间作用力较小，分子链比较柔顺，容易变形，具有较好的弹性，通常可作为橡胶使用；内聚能密度较高的高分子材料，分子链刚性较大，属于典型的塑料；当内聚能密度达到 $400J/cm^3$ 以上时，则具有较高的强度，一般可作纤维使用。

由此可知，分子间作用力是使高分子聚集而成聚集态的主要原因之一，分子间作用力的大小也决定高分子的类型和使用性能。但是，生成聚集态还与高分子的各层次结构有密切关系，因此也不能简单地依照内聚能密度数值作为高分子分类的唯一判据。例如，聚乙烯的内聚能密度比较小，似应归于橡胶类，但由于其分子结构简单和规整，易于结晶，弹性反而不好，而是典型的热塑性塑料。

三、聚集态和相态

1. 低分子的聚集态和相态

低分子按分子运动形式和力学特征，可分为气态、液态和固态三种宏观聚集形态，即通常所说的“力学三态”。按组成物质质点（原子、离子和分子）堆砌排列方式，又可分为气相、液相和晶相三种热力学相态。

2. 低分子的聚集态和相态之间的关系

低分子化合物可根据外界条件的变化（如温度），在三种聚集态或三种相态间相互转变，并且三种聚集态和三种相态之间存在着一定的对应关系，如表4-2所示。

表4-2 低分子的聚集态和相态之间的关系

聚集态	晶相	液相	气相
固态	+(晶体)	+(无定形体,固体)	−
液态	+(液晶)	+(无定形体,液体)	−
气态	−	−	+(气体)

注：“+”表示二者间有对应关系，括号内为相应的综合名称；“−”表示二者间无对应关系。

3. 高分子的聚集态和相态

高分子化合物具有特殊的长链结构，使得其聚集态和相态与低分子化合物相比，有较大的差别，高分子的聚集态有结晶态、玻璃态、高弹态、黏流态、取向态和液晶态。

① 高分子无气态，只有固态和液态，无气相，只有晶相和液相。

② 对于结晶高分子，由于种种原因而结晶并不完全，因此，结晶高分子是由晶相、非晶相共同组成的体系，为了叙述方便，仍用“结晶高分子”来描述。故按照能否结晶，可将高分子划分为结晶高分子和非晶高分子两大类。

③ 对于非晶高分子，从相态角度而言属于液相。但在不同的外界条件下可呈现出玻璃态、高弹态和黏流态三种不同的力学状态。

④ 高分子长链分子具有明显的几何不对称性（L/D很大），在外力作用下可呈现出低分子物所没有的取向态。

⑤ 部分高分子化合物由于结构的特殊性，在特定条件下可形成液态晶体，即液晶态。

第二节 高分子的结晶态

与低分子化合物类似，有些高分子化合物在适当条件下能够结晶而形成结晶态。

一、晶体的基本概念

对于低分子化合物而言，结晶是一种较为普遍的现象，并且很多低分子化合物通常即以结晶的形式存在，如氯化钠、冰、干冰（CO_2）、蔗糖、水晶（SiO_2）、钢铁等。根据形成晶体的质点不同，低分子晶体有离子晶体（如氯化钠等）、分子晶体（如冰、干冰、蔗糖等）和原子晶体（如钢铁等）等不同的类型。

1. 晶胞和晶系

所谓晶胞，就是构成晶体的最小重复单元，为平行六面体状。根据立体几何可知，决定一个平行六面体的形状与大小需要六个参数，分别是三条棱长（用a、b、c表示）和三条棱所形成的三个夹角（用α、β、γ表示），称为晶胞参数。

几何结晶学表明，形成晶胞的平行六面体共有七种类型，即立方、四方、斜方（正交）、单斜、三斜、六方、三方（菱方），也称为七大晶系。尽管结晶物质有成千上万种，但是它们的晶胞都在此七大晶系之内，具有相同晶胞形状的晶体属于同一晶系。

不同晶系的晶胞及其参数见相关参考书，此处不再赘述。

2. 高分子的晶胞

（1）分子链在晶体中的构象　作为结晶的基本要求，高分子的分子链在结晶时需要满足两个基本要求，即规整有序与能量最低。

在高分子结晶中，高分子长链为满足排入晶格的要求，一般都采用比较伸展的构象，彼此平行排列，使位能最低，才能在结晶中作规整的紧密堆积。平面锯齿形（全反式）和螺旋形是结晶高分子链的两种基本构象形式。

对于不带取代基或取代基体积小的高分子，采取全反式的平面锯齿形构象，如聚乙烯（PE）、聚乙烯醇（PVAL）、聚甲醛（POM）等；对于带有较大侧基的高分子，为了减小空间位阻以及降低势能，以旁式构象或反式、旁式相间构象而形成螺旋状，如聚丙烯（PP）、全同立构聚苯乙烯等。聚乙烯和等规聚丙烯的构象见图 4-6。

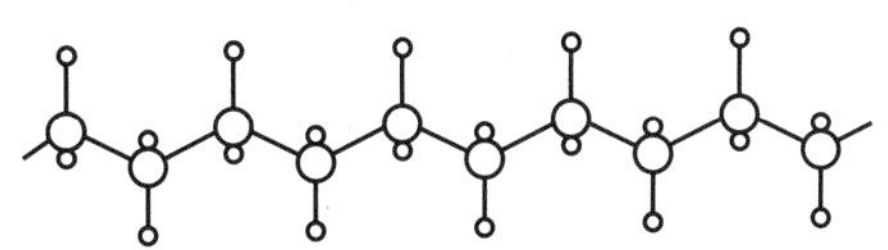

(a) 聚乙烯的平面锯齿形构象

(b) 等规聚丙烯的螺旋形构象

图 4-6　聚乙烯和等规聚丙烯的构象

（2）高分子晶胞的特点　高分子晶胞上的质点不是整条分子链，而只是分子链上的一个或几个链节，与低分子的分子晶体有所差别。因为结晶高分子为各向异性晶体，因此晶胞的主链中心轴互相平行，为主轴方向，在此方向上原子间以共价键相连；而在其他两个方向上，只有范德瓦尔斯力作用。高分子的晶胞参数并非一成不变，当高分子受热到一定程度或有溶剂作用时，晶胞轴会遭到破坏，从而表现为熔融或溶解行为。

二、高分子的结晶能力与结构的关系

与低分子化合物大多能结晶相比，高分子化合物的结晶并不普遍，只有具有一定结构的高分子才能在适当条件下结晶形成结晶态。判定一种高分子是否具有结晶能力，最主要的依据有以下几个方面。

1. 分子链的对称性

具有对称性结构的高分子链，具有一定的结晶能力，并且对称性越好，结晶能力越强。

常见的具有对称链结构的高分子有：聚乙烯（PE）、聚四氟乙烯（PTFE）、聚异丁烯（PIB）、聚偏二氯乙烯（PVDC）、聚甲醛（POM）及常见的线型缩聚物如聚己二酰己二胺（PA66）、聚己内酰胺（PA6）、聚对苯二甲酸乙二酯（PET）、聚对苯二甲酸丁二酯（PBT）等，它们均能在适当条件下结晶，特别是对称性很高的聚乙烯、聚四氟乙烯的结晶能力很强。

2. 分子链的规整性

对于非对称链高分子而言，若具有规整性，同样亦具有一定的结晶能力，并且规整性越高，结晶能力越强。通过定向聚合的规整性聚合物具有结晶能力，如等规聚丙烯（PP），顺式、反式聚丁二烯（PB）等聚合物。

对于非对称非规整性聚合物（无规立构）而言，若取代基体积大，则不能结晶，如自由基聚合的聚氯乙烯（PVC）、聚苯乙烯（PS）、聚甲基丙烯酸甲酯（PMMA）；若取代基体积小，对对称性影响小，仍然可以结晶，如聚氟乙烯（PVF）、聚乙烯醇（PVA）等。

3. 共聚结构

（1）无规共聚　无规共聚的产物大多不能结晶。如氯乙烯-醋酸乙烯酯共聚物（VC-VA）、苯乙烯-丁二烯共聚物（SBR）、乙丙无规共聚物。但也有少数无规共聚物由于某一单体的均聚物结晶能力强并且含量较多，亦具有一定的结晶能力，如乙烯-醋酸乙烯酯共聚物（EVA）当乙烯链节含量较高时仍可结晶，但由于链的规整性下降，结晶能力远低于聚乙烯，并且组成比越接近 1，结晶能力越低。

（2）嵌段或接枝共聚　嵌段或接枝共聚物能保持各嵌段、主链与支链的结晶能力。如乙丙嵌段共聚物，其中乙烯链节分子段与丙烯链节分子段均能按照聚乙烯和聚丙烯的结晶特性进行结晶，因而用作塑料，而乙丙无规共聚物由于不能结晶，并且分子链柔顺性好，故用作橡胶，称为乙丙橡胶。

4. 支化

支化（支链）的存在，会使得链的对称性与规整性均有所下降，从而使结晶能力降低。如低密度聚乙烯（LDPE）与高密度聚乙烯（HDPE）相比，前者支链多且长，故结晶能力相对较弱，密度低。

5. 链的柔性与分子间力

一般而言，在适当的柔性范围内，链的柔性好，能提高结晶能力。相反，若在主链中引入苯环，则分子链刚性增大，结晶能力降低。如 PET 的结晶能力低于 PE，脂肪族聚酯、脂肪族聚酰胺的结晶能力高于芳香族聚酯与芳香族聚酰胺。

如果分子链刚性很大且重复单元长，则结晶能力很弱甚至不结晶。如聚碳酸酯（PC），从分子结构看属于对称性链，但由于分子链刚性大，故而为不结晶的透明高分子材料。从分子间力的角度看，分子间作用力强，能使结晶结构更加稳固。

三、高分子的结晶形态

1. 高分子结晶的不完善性

对于具有结晶能力的高分子而言，在适当条件下能够结晶形成结晶态，但高分子结构的特点，决定了高分子的结晶并不完善，或者说不能完全结晶。主要有以下几个方面的原因。

① 高分子长链结构特点，以及实际结晶条件（温度、压力、时间等）的限制，使得高分子结晶时，分子链来不及调整构象，做到规整排列，即结晶也是松弛过程。

② 随着结晶过程的进行，体系黏度急剧升高，晶区间干扰越来越大，更加妨碍继续结晶，即结晶的继续进行愈加困难。

③ 由于高分子结构的多分散性，高分子链总有或多或少、这样那样的不规整部分，必然造成晶体的缺陷。当不规整部分十分严重时，也就发展为非晶区。

综上所述可知，高分子结晶具有不完善性，即只能部分结晶，实际上，高分子结晶形成的结晶态是晶相与非晶相共存的体系。

2. 结晶高分子的结构模型

随着人们对高分子结晶认识的逐渐深入，在已有实验事实的基础上，人们提出了各种各样的结构模型，试图解释观察到的各种实验现象，进而探讨结晶结构与高分子性能之间的关系。由于历史条件的限制，各种模型难免带有或多或少的片面性，不同观点之间的争论仍在进行，尚无定论，下面介绍两种基本的结构模型。

（1）缨状胶束模型（fringed micellar model） 即两相结构模型，由杰尔格斯-赫尔曼（Gerngress-Herrmann）早在 20 世纪 40 年代提出。这种模型认为，晶区和非晶区互相穿插，晶区呈分散相，非晶区呈连续相；非晶区由无规蜷曲的分子链组成，晶区中分子链相互平行排列，紧密堆砌进入晶格；一条分子链可贯穿几个晶区和非晶区，如图 4-7 所示。

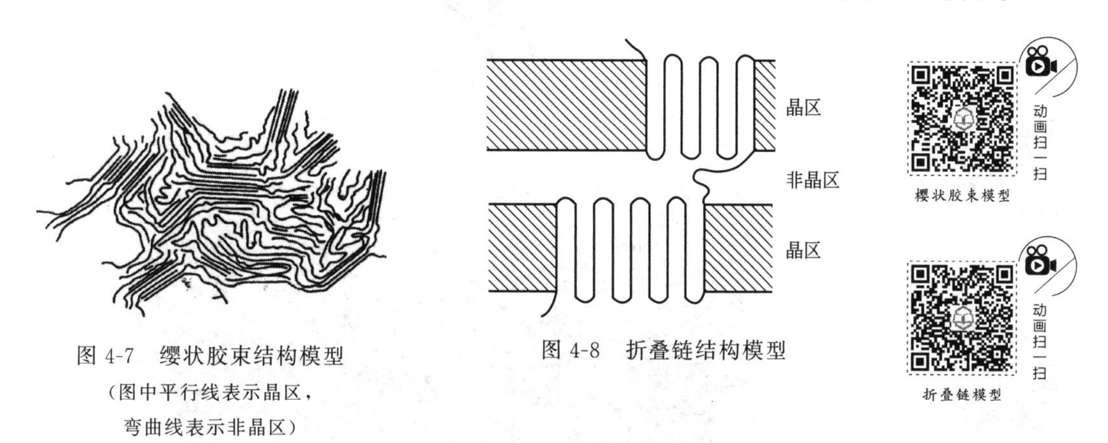

图 4-7 缨状胶束结构模型
（图中平行线表示晶区，
弯曲线表示非晶区）

图 4-8 折叠链结构模型

动画扫一扫
樱状胶束模型

动画扫一扫
折叠链模型

（2）折叠链结构模型（folded chain lamellae structure model） 该模型由凯勒（Keller）、费希尔（Fischer）、弗洛里（Flory）等人分别提出，其共性是：在晶体中大分子可以不改变原来的键角、键长而很有规律地反复折叠成链带；分子链垂直于晶面（薄片平面），其厚度相当于折叠周期，大约为 10nm，与分子链长无关；折弯部分及链端形成晶体的缺陷，如图 4-8 所示。

3. 高分子的结晶形态

（1）单晶（mono-crystal） 单晶是在极稀的高分子溶液（浓度低于 0.01%）或加热到高分子的熔点后，经过缓慢降温进行结晶培养条件下生成的，如图 4-9 所示。

动画扫一扫
单晶的生长

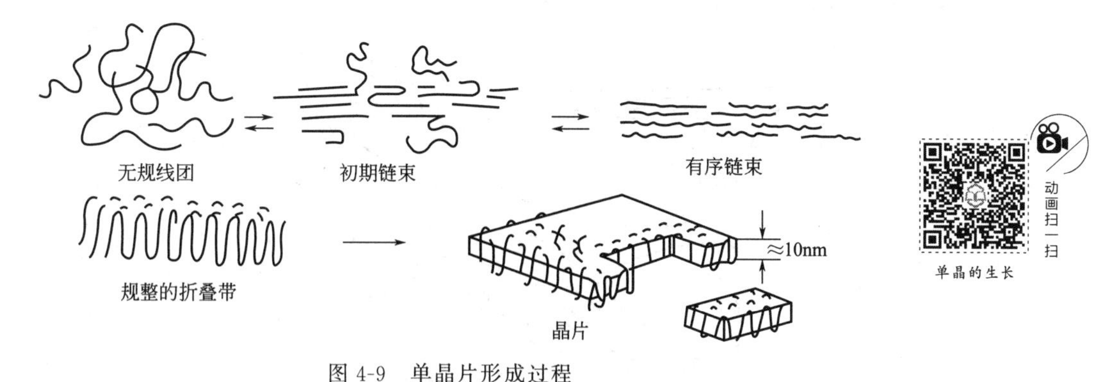

图 4-9 单晶片形成过程

单晶是由规则的多边形晶片层叠而成的，如聚乙烯、尼龙 6 的单晶片呈菱形，聚甲醛的单晶片呈六边形。单晶片的厚度约为 10nm，与高分子的分子链长无关，晶片中的分子链垂直于晶面，因此，可以认为单晶片中分子链是折叠排列的。

通过电子显微镜可以观察单晶，较大的单晶也可在偏光显微镜下观察到，如图4-10即为聚乙烯单晶。聚双（对甲苯磺酸）-2,4-己二炔-1,6-二醇酯（PTS）宏观单晶体见图4-11。

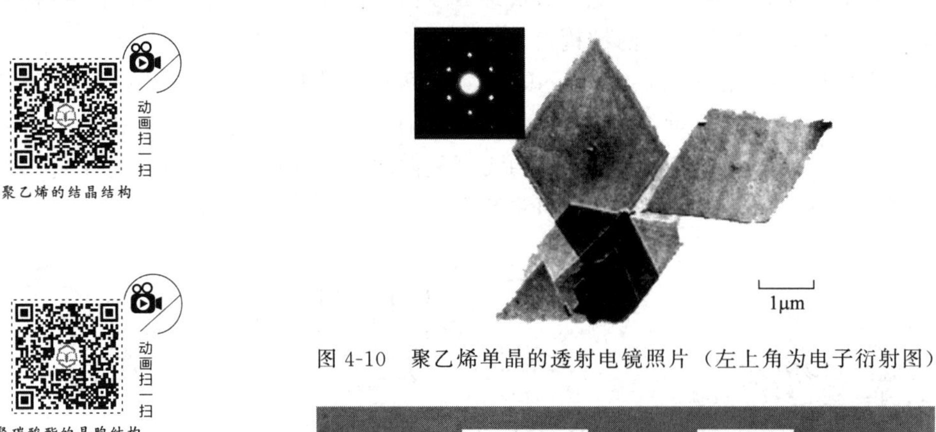

图 4-10 聚乙烯单晶的透射电镜照片（左上角为电子衍射图）

动画扫一扫

几种物质的分子链在结晶中的构象

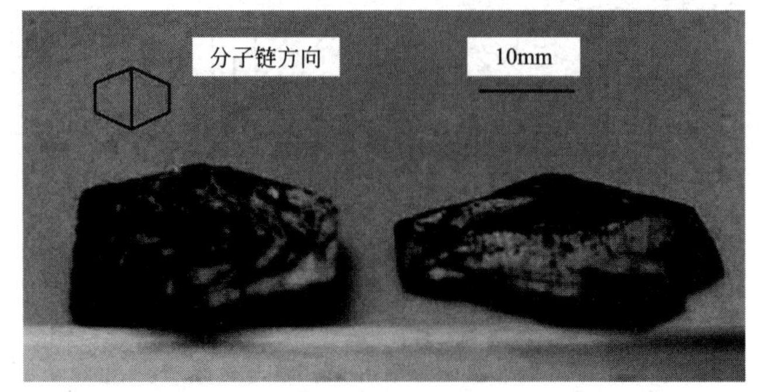

图 4-11 聚双（对甲苯磺酸）-2,4-己二炔-1,6-二醇酯（PTS）宏观单晶体

（2）球晶（spherulite） 高分子浓溶液或熔体自然冷却时，形成的不是单晶，而是形成多晶的聚集体，通常呈圆球形的称为球晶。

球晶一般较大，最大的可达厘米数量级。其形成过程可概括为：先形成晶核，然后以核为中心，分子链折叠并向外形成许多扭曲的长晶片（又称为球晶纤维）。晶核与球晶纤维构成球晶，如图4-12～图4-14所示。

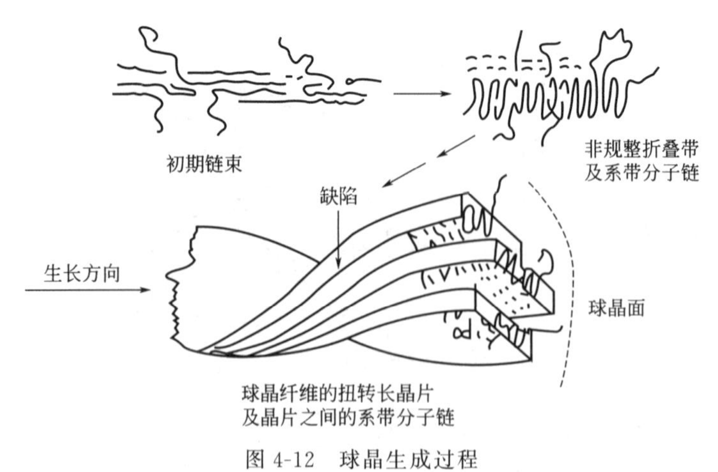

图 4-12 球晶生成过程

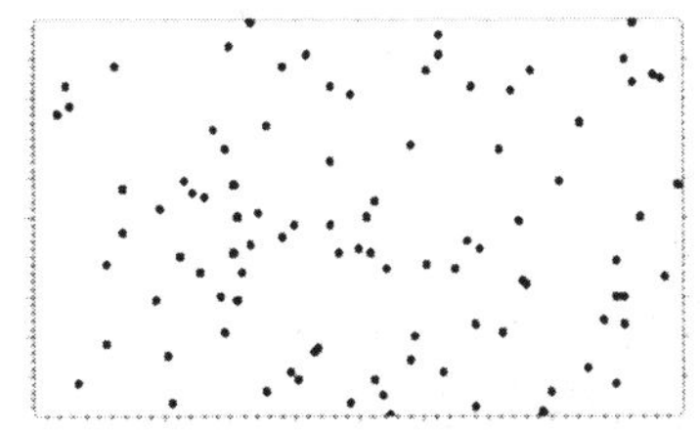
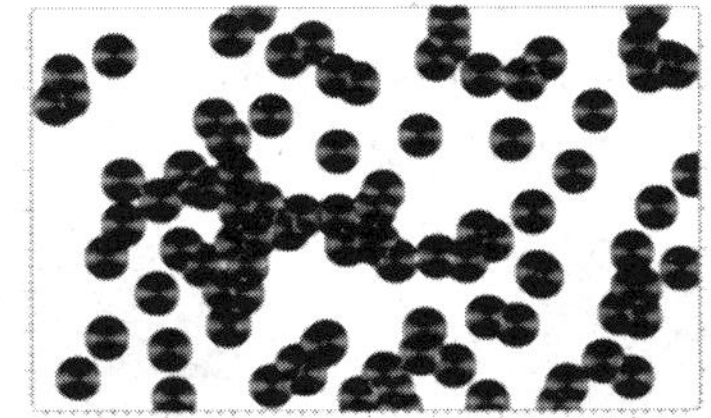
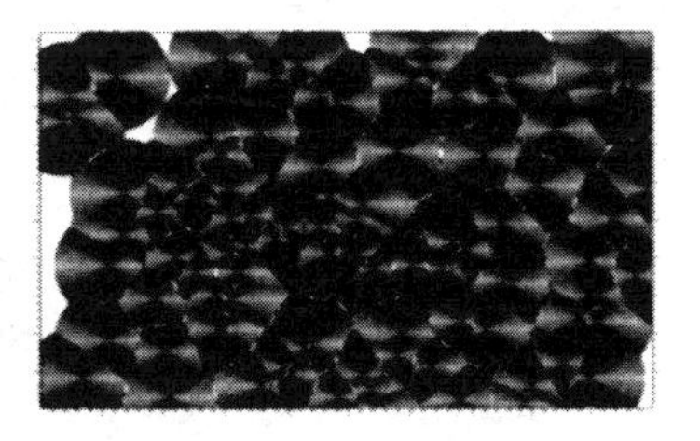

图 4-13 不同生长阶段球晶的形态

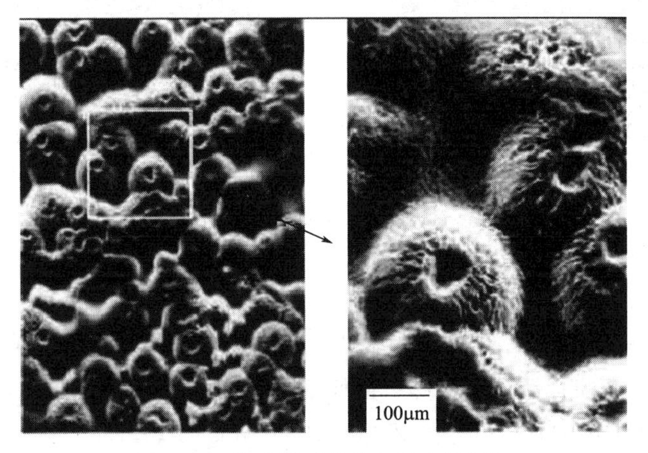

图 4-14 聚乙烯球晶的扫描电镜照片

球晶内部有许多呈径向散射状的扭曲长晶片（球晶纤维）；球晶纤维之间夹着非晶态的非晶区；球晶纤维内分子链轴方向与纤维轴向（径向）垂直，随着温度的进一步降低，晶核数量进一步增加，晶粒更加细化，结晶程度进一步提高（在正交偏光场中形成黑十字消光图案，见图 4-15）。

(a) 常见球晶偏光显微镜照片

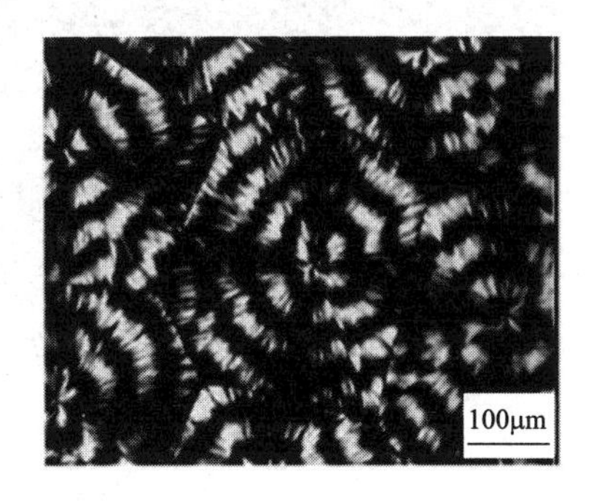

(b) 聚乳酸单环带球晶偏光显微镜照片

图 4-15 球晶的偏光显微镜照片

制备方法也影响晶体形态。多流体多次注射成型（MFMIM）是由传统注射成型（CIM）发展而来的一种新型聚合物成型方法，还有气体辅助注射成型（CAIM）。图 4-16（a）为 CIM 制品次表层（距模壁约 200μm 处）的 SEM 照片，在 CIM 中剪切最强的次表层处只是形成了无规排列的普通球晶，并未观察到显著的取向晶体，说明 CIM 试样的整个横截面均表现为球晶结构。图 4-16（b）为 MFMIM 制品次表层的 SEM 照片，与 CIM 制品形成普通球晶不同，在 MFMIM 皮层主要形成的是环带球晶体。

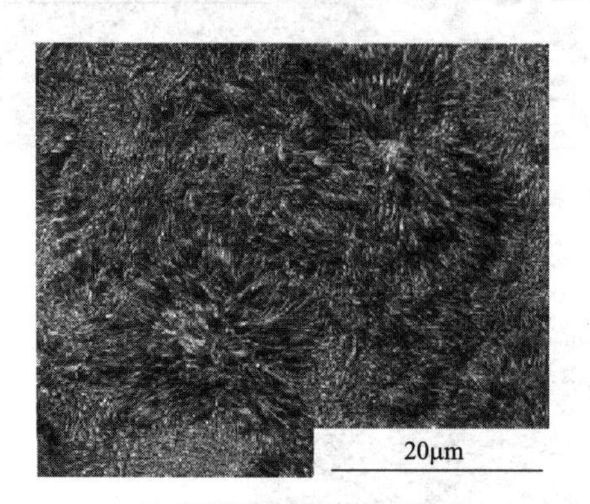

(a) CIM制品次表层的SEM照片

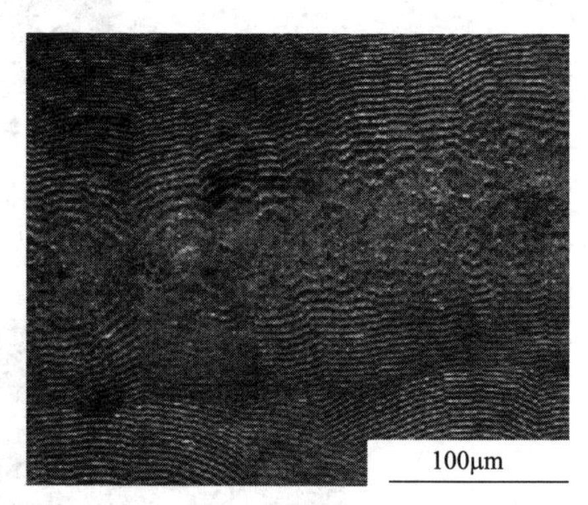

(b) MFMIM制品次表层的SEM照片

图 4-16 注射成型 HDPE 制品的结晶形态

（3）伸直链晶（extended chain crystal） 高分子熔体在极高的压力下缓慢结晶，可以得到完全由伸直链组成的晶片，称为伸直链晶，其晶片厚度与分子链长相当。完全由伸直链组成的晶体很脆，甚至可以用研钵研碎，但伸直链的存在可提高制品的拉伸强度。

图 4-17（a）为在 300MPa、613K 和 6h 条件下制备的 PET-PC 共混物样品断裂表面的典型二次电子像，从中可以看到楔形伸直链晶体簇的分布较为密集，共混物中的弯曲伸直链晶体应该是由多个不同尺寸的伸直链晶体通过酯交换反应连接到一起逐步构筑的，而并非一次生成。相似的形貌在 PE 高压结晶样品中也可以观察到，如图 4-17（b）所示。

(a) PET-PC共混物样品伸直链晶体簇

(b) PE高压结晶样品

图 4-17 伸直链晶体的电镜照片

（4）纤维状晶（fibrous crystal） 纤维状晶又称为串晶，是高分子熔体在挤出、吹塑、拉伸等应力下而形成的结晶类型。它由两部分组成，其中心为伸直链所形成的微纤束结构（轴），周围串着许多折叠链晶片（片），故形象地称其为“糖葫芦”或“羊肉串”结构，如图 4-18 所示。图 4-19 所示为聚乙烯串晶电子显微镜照片。

图 4-18 串晶结构

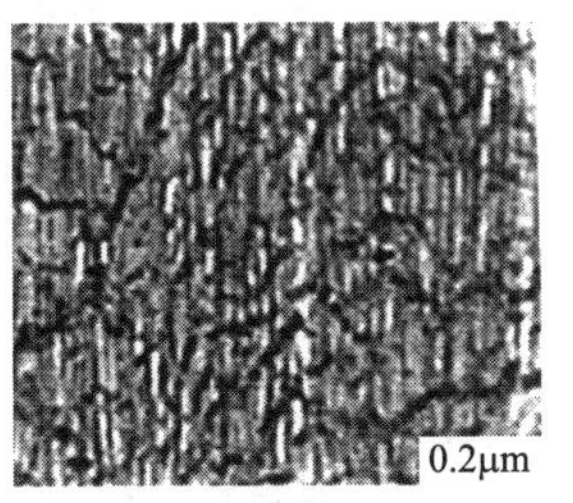

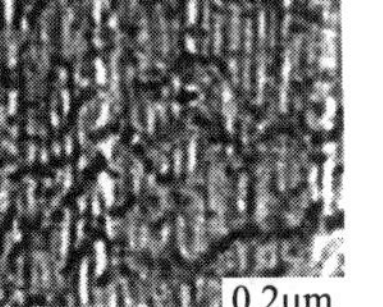

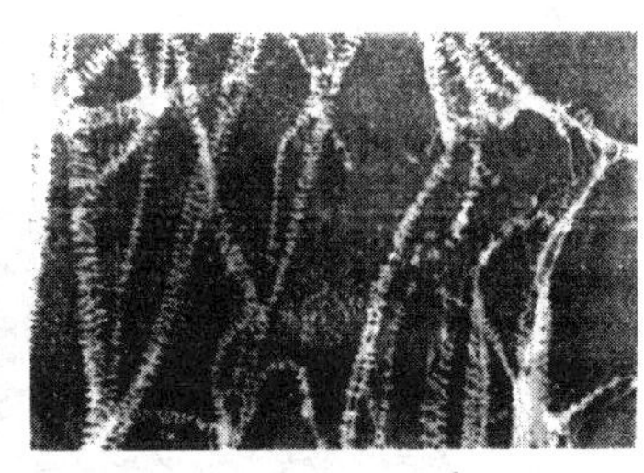

(a) HDPE/UHMWPE高取向薄膜　(b) HDPE注射试样　(c) 线型聚乙烯串晶

图 4-19 聚乙烯串晶电子显微镜照片

（5）柱晶（cylindrulite）　高分子熔体在应力作用下结晶时，若是沿应力方向成行地形成晶核，则四周会生成折叠链片晶。由于晶体生长在应力方向上受到阻碍，不能形成完整球晶，而只能朝垂直于应力方向生长成柱状晶体，因此称为柱晶。当施加的应力较低时，晶片发生扭曲而呈螺旋形生长，应力较高时，形成的晶片互相平行。在纤维和薄膜中可观察到这种晶体。等规聚丙烯柱状晶体的偏光显微镜照片如图 4-20 所示。

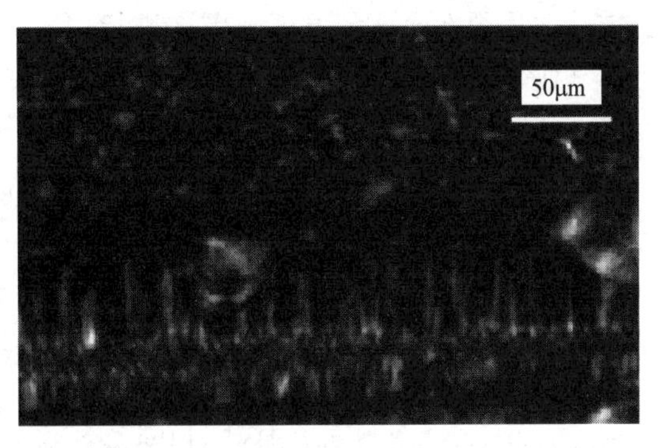

图 4-20 等规聚丙烯柱状晶体的偏光显微镜照片

四、高分子的结晶过程

1. 结晶过程

所谓结晶，就是高分子链或链段借分子间内聚能进行重排，由无序（非晶相）过渡到有序（晶相）的过程。

（1）结晶的步骤（针对生成球晶而言） 高分子的结晶可分为两个步骤进行，即晶核的形成（简称成核）与晶体的生长（简称生长）。

首先，高分子链局部规则地排列起来，形成热力学上稳定的晶核。成核方式有两种，即均相成核和异相成核。均相成核（homogeneous nucleation）就是处于无定形的高分子链借助于热涨落而形成晶核；异相成核（heterogeneous nucleation）则是高分子链吸附在固体杂质（或未被破坏的晶种）表面形成晶核。

随后晶体继续生长，由没有成序的高分子链段向晶核进一步扩散，围绕着晶核作规整堆砌成微晶体；表面再形成晶核，再生长，而形成多晶（球晶）。

（2）高分子结晶过程的宏观表现 高分子的结晶过程是微观状态下分子链进行规整排列的结果，但是可通过一些宏观现象来感知结晶过程的进行，比如材料（或制品）体积收缩，比体积减小，密度增大；硬度、模量会逐渐升高；透明度逐渐下降，最终呈乳白色等，如图4-21所示。

(a) PE瓶

(b) PE管

图 4-21 PE 制品结晶表现（呈现乳白色）

（3）高分子结晶过程的特点 高分子结晶过程与低分子相比，有着完全不同的特点，主要表现为：①高分子结晶过程有明显的过冷现象（即 T_m 附近觉察不出明显的结晶）；②高分子结晶过程须在合适的温度范围内进行（$T_g<T_c<T_m$）；③高分子结晶完成的时间长而不明确（松弛过程）。

2. 影响高分子结晶过程的因素

高分子结晶时，会受到许多因素的影响，如温度、冷却速率、成核剂、应力、溶剂等。

（1）温度 温度对结晶速率的影响如图 4-22 所示，可分成四个区域。

Ⅰ区：T_m 附近（T_m 以下 10～30℃），由于温度高，晶核很难形成，即使成核也会很快被破坏，故结晶极慢，即出现过冷现象，此区域亦相应称为过冷区。

Ⅱ区：Ⅰ区以下 30～60℃，由于温度仍然较高，故能成核但仍很慢，而晶体生长快。在此温度范围内可通过添加成核剂加快成核速率，故称为异相成核区。

Ⅲ区：由于温度降低，成核与生长速率均较高，故结晶速率很大，并出现最大值。结晶速率最大值所对应的温度相应称为最大结晶速率温度（$T_{c,max}$）。

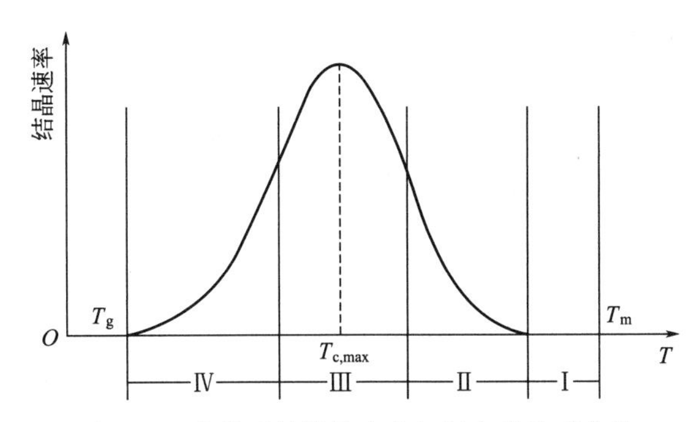

图 4-22 高分子的结晶速率与温度的关系曲线

根据大量实验数据，可归纳出最大结晶速率温度与高分子熔点之间存在一定的关系。通常，$T_{c,max} \approx 0.8 \sim 0.85 T_m$（K）。

最大结晶速率温度对于结晶高分子成型过程中的结晶及后处理均具有重大意义，利用上述的经验关系式可对其进行估算，从而对成型加工起指导作用。

Ⅳ区：由于温度低，成核速率逐步减小，晶体生长已很慢，结晶速率越来越小。在温度还未降到 T_g 时，由于链段运动十分困难，实际结晶速率已非常小。

（2）冷却速率　高分子的结晶为一冷却降温过程，冷却的快慢对结晶同样有着很大的影响。

如果慢速冷却，则在上述快速结晶区域（Ⅲ区）停留时间长，则可充分结晶，结晶度高，球晶尺寸大；如果冷却快，温度快速越过上述Ⅲ区，则结晶速率低，相应地结晶度低，球晶尺寸小。

如果冷却速率极快，即采取急冷（骤冷）措施，则温度快速越过 T_g，完全有可能没有结晶而成为非晶态。

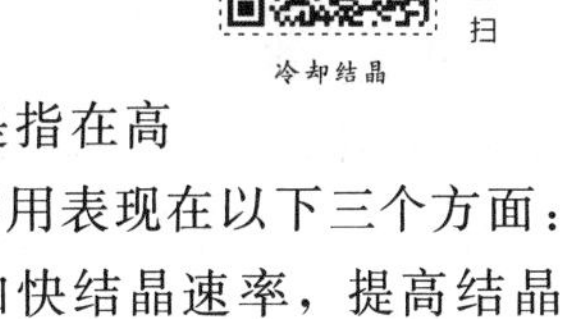

上述影响因素表明，高分子最终是否能结晶并形成结晶态，除了取决于其结构外，外在因素同样起着至关重要的作用。

（3）固体杂质（成核剂）　所谓成核剂（nucleating agent），是指在高分子结晶过程中起晶核作用，从而促进结晶的“杂质”。成核剂的作用表现在以下三个方面：①提高结晶温度，即在较高的温度下有较快的结晶速率；②大大加快结晶速率，提高结晶度；③由于成核加快，晶核数量多，形成的球晶尺寸小。

在采用结晶高分子成型某些制品（如 PP 薄膜）时，添加成核剂可通过减小球晶尺寸的方式来提高制品的透明度。

另外，应力、溶剂等因素对高分子结晶亦有诱导作用。

五、结晶高分子的熔融

高分子的成型加工方法中，很多都是在流动状态下进行的，结晶高分子也不例外。因此，结晶高分子的熔融对于成型加工来说，有着非常重要的意义。

所谓熔融，是指结晶高分子由于分子热运动，从有序的晶相转变为无序的非晶相的过程，即是一个相变过程。宏观上表现为材料从乳白色变为透明。

1. 结晶高分子熔融过程的特点

（1）熔融温度范围宽，熔点不敏锐 对于低分子而言，晶体的熔融发生在极狭窄的温度间隔内（0.2℃），通常可以忽略，因此熔点（T_m）十分明确。而高分子晶体则有着完全不同的表现，其熔融发生在较宽的温度范围内，边升温边熔融，故熔点（T_m）不明确，如图4-23所示。

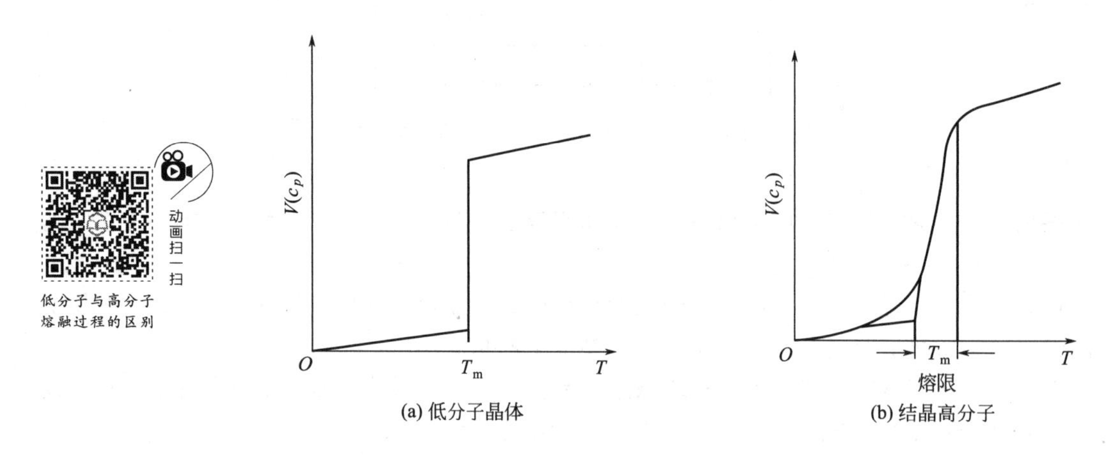

图 4-23 低分子晶体与结晶高分子熔融时的体积（或比热容）-温度曲线

结晶高分子从开始熔融至熔融终了所对应的温度范围，称为熔限（melting range），也称为熔程。结晶高分子熔融终点所对应的温度则称为熔点（melting point 或 melting temperature），用 T_m 表示，一般晶体完整性越好，熔点越高，熔限越窄。

（2）熔融温度明显受结晶历史的影响 结晶历史包括结晶温度（T_c）、结晶的时间（t）、结晶时的冷却速率以及退火等。

退火（annealing）是指在低于 T_m 而高于 T_g 的某一温度下进行的热处理（保温一段时间）措施。通过退火，使原来很不完善的微晶体熔化后重新调整链段排列（构象）而形成较完整的晶体，消除了内应力，增加了晶体的稳定性，因而熔点升高。通过退火，结晶结构趋于均匀化、熔限变窄。总之，退火为链段重排提供了足够的时间，使有序度不断增加，最终提高了结晶的完善性。

（3）熔融温度范围明显与熔融过程的升温速率有关 若升温速率缓慢，则熔限明显变得狭窄，反之则熔限较宽，其原因类似于退火。

2. 分子链结构对熔点的影响

熔点是结晶高分子的一个重要的特征温度，一方面作为材料（或制品）的耐热温度指标；另一方面也是成型加工时的温度下限。而熔点的高低，与高分子结构存在着密不可分的关系。

按相变热力学，在相平衡时：

$$\Delta G=\Delta H-T_m\Delta S=0 \tag{4-1}$$

故：

$$T_m=\frac{\Delta H}{\Delta S} \tag{4-2}$$

式中 ΔG——自由能变化量，kJ/mol；

ΔH——焓变，kJ/mol，取决于分子间作用力大小；

ΔS——熵变，kJ/（K·mol），取决于分子链柔性的大小。

由上可知，高分子的分子间作用力越大，分子链柔性越小（刚性越大），则熔点越高；反之则越低，极性高分子的熔点高，柔性链高分子的熔点低。

六、结晶度及结晶对高分子性能的影响

1. 结晶度的概念

结晶度（degree of crystallinity）即结晶的程度，是指结晶高分子中，晶区部分所占的百分比，用 f 表示，其计算公式如下：

$$f_w=\frac{W_c}{W_c+W_a}\times 100\%$$

$$f_v=\frac{V_c}{V_c+V_a}\times 100\% \qquad (4\text{-}3)$$

式中 W_c，W_a——晶区部分的质量，非晶区部分的质量；

V_c，V_a——晶区部分的体积，非晶区部分的体积。

前者用质量所占百分比表示，称为质量结晶度；后者用体积所占百分比表示，称为体积结晶度。通常所说的结晶度若无特殊说明，均指质量结晶度。

在此需要特别指出的是，由于结晶高分子的晶区和非晶区难以分离且没有明显的界线，故不同测定方法对晶区与非晶区的认定存在差异，因而测出的数值必然会不同。故通常讲到结晶度时，均需指出相应的测定方法。

较为常用的测定方法有密度法，此外还有 X 射线衍射法、量热法、红外光谱法等。这些方法分别在某种物理量和结晶程度之间建立了定量或半定量的关系，故可分别称之为密度结晶度、X 射线结晶度等，可用来对材料的结晶程度作相对的比较。

下面着重介绍一下密度法。

该法的基本依据是分子链在晶区规整堆砌，故晶区密度（ρ_c）大于非晶区密度（ρ_a）。部分结晶高分子的密度 ρ 介于 ρ_c 和 ρ_a 之间。

假定试样的体积 V 等于晶区 V_c 和非晶区 V_a 体积的线性加和，即

$$V=V_c+V_a$$

将 $V=M/\rho$、$V_c=Mf_m/\rho_c$、$V_a=M(1-f_m)/\rho_a$ 代入得：

$$\frac{1}{\rho}=\frac{f_m}{\rho_c}+\frac{1-f_m}{\rho_a}$$

整理可得质量结晶度为：

$$f_m=\frac{\rho_c(\rho-\rho_a)}{\rho(\rho_c-\rho_a)} \qquad (4\text{-}4)$$

假定试样的质量等于晶区和非晶区质量的线性加和，即

$$M=M_c+M_a$$

将 $M=V\rho$、$M_c=V_c\rho_c=Vf_v\rho_c$、$M_a=V_a\rho_a=V(1-f_v)\rho_a$ 代入得：

$$\rho=f_v\rho_c+(1-f_v)\rho_a$$

整理可得体积结晶度为：

$$f_v=\frac{\rho-\rho_a}{\rho_c-\rho_a} \tag{4-5}$$

由式（4-4）与式（4-5）可知，为了求得试样的结晶度，需要知道试样的密度 ρ、晶区的密度 ρ_c 与非晶区的密度 ρ_a。试样密度可用密度梯度管进行实测，晶区和非晶区的密度分别认为是高分子完全结晶和完全非结晶时的密度。许多高分子的 ρ_c 和 ρ_a 都已由前人测定过，可以从手册或文献中查取。表 4-3 列出了几种结晶高分子的密度值。

表 4-3 几种结晶高分子的密度

高分子材料	ρ_c/(g/cm^3)	ρ_a/(g/cm^3)	高分子材料	ρ_c/(g/cm^3)	ρ_a/(g/cm^3)
聚乙烯	1.014	0.854	聚丁二烯	1.01	0.89
聚丙烯(全同)	0.936	0.854	天然橡胶	1.00	0.91
聚氯乙烯	1.52	1.39	尼龙 6	1.230	1.084
聚苯乙烯	1.120	1.052	尼龙 66	1.220	1.069
聚甲醛	1.506	1.215	涤纶树脂	1.455	1.336
聚丁烯	0.95	0.868	聚碳酸酯	1.31	1.20

【例 4-1】 某聚丙烯的密度为 0.900g/cm^3，求该聚丙烯的体积结晶度。

解：由文献查得聚丙烯的 $\rho_c=0.936$g/cm^3，$\rho_a=0.854$g/cm^3，将其代入式（4-5）可得：

$$f_v=\frac{\rho-\rho_a}{\rho_c-\rho_a}=\frac{0.900-0.854}{0.936-0.854}=\frac{0.046}{0.082}=0.561$$

即该聚丙烯的体积结晶度为 56.1%。

2. 结晶及结晶度对高分子性能的影响

（1）结晶对密度的影响　非晶态高分子，大分子链无规堆砌排列，结构较为松散，密度小；而结晶高分子的晶区，分子链规整紧密排列，因而密度大。所以，结晶高分子的密度随着结晶度的提高而增大。如聚丙烯结晶度为 70%时，密度为 986kg/m^3；结晶度为 95%时，密度为 993kg/m^3。聚乙烯的密度与结晶度的关系如表 4-4 所示。

表 4-4 聚乙烯密度与结晶度的关系

聚乙烯品种	低密度聚乙烯(LDPE)	中密度聚乙烯(MDPE)	高密度聚乙烯(HDPE)
密度/(g/cm^3)	0.9～0.925	0.926～0.940	0.941～0.965
结晶度/%	60～70	70～80	80～95

（2）结晶对力学性能的影响　结晶高分子的力学性能与结晶度及晶粒尺寸密切相关。结晶使分子间作用力增大，故其拉伸强度随结晶度的提高而提高；晶区的分子链在熔点以下不能运动，故结晶度提高，其硬度亦会相应增大，形变能力下降。而如果晶粒尺寸过大，聚集态的结构更不均匀，受力时更易造成应力集中，使拉伸强度、冲击强度降低。

实际应用中，对塑料制品除要求一定的拉伸强度外，也要求有一定的冲击强度。因此，在成型过程中，通过对工艺条件的调节，控制产品的结晶度及晶粒尺寸，可以使制品的性能满足使用要求。

（3）结晶对产品尺寸稳定性的影响　结晶高分子在成型过程中，随结晶度的提高制品的预收缩率增大，故制品在使用过程中的尺寸稳定性提高。但如果在成型过程中，定型时冷却速度快，之后也不进行退火处理，得到的制品没有达到应用的结晶度，这样的制品在使用过程中，会因继续结晶而使制品发生收缩变形。

（4）结晶对渗透性和溶解性的影响　高分子的渗透和溶解，都是低分子物向高分子之间浸入扩散的过程。渗透性和溶解性除了与高分子与低分子物两者间的相容性有关外，还与高分子的结晶度有关。结晶高分子的晶区部分，分子链紧密堆砌，按一定的晶格有序排列，这种密实的结构使小分子不能浸入，也就无法透过，自然也就不能溶解。由此可见，结晶高分子的渗透性和溶解性均随结晶度的提高而降低。

（5）结晶对光学性能的影响　无定形高分子一般都是透明的，如聚氯乙烯、聚苯乙烯、聚甲基丙烯酸甲酯（有机玻璃）、聚碳酸酯等皆为均相物质。受光照射时，可见光在其内部的传播不发生光散射现象，因此可以直接透过。而结晶高分子为两相共存的非均相体系，可见光照射时在其内部发生折射和散射现象，从而透光率会大大降低。可见，结晶度提高，结晶高分子的透光率会降低，并且晶粒尺寸越大越明显。但是，当晶粒的尺寸小于可见光波长的一半时，即使结晶也仍然透明。

（6）结晶对耐热性的影响　结晶高分子的熔点随结晶的完善程度及结晶度的提高而升高，从而其耐热性亦得以增强。另外，高分子结晶后，晶区链段不能运动，分子间作用力增大，因而提高了抵抗热运动的破坏能力；同时，结晶是热力学稳定体系，结晶需要吸收大量的热能，同样也可提高抵抗热破坏能力。总之，随结晶度提高，高分子的耐热性也随之提高。

第三节　高分子的非晶态

如前所述，有些高分子由于结构上不满足结晶的要求而不能结晶，这样的高分子就呈非晶态结构，称为非晶高分子的非晶态。另外，对于能够结晶的某些高分子而言，如果外界条件不适宜，也不会结晶，从而也会以非晶态的形式呈现出来，而称其为结晶高分子的非晶态。尽管这两种情况下都会形成非晶态，但二者之间仍存在着巨大的差别，后者如果条件适宜的话可以继续结晶而转变为结晶态。

一、非晶高分子的结构模型

1. 无规线团模型

弗洛里用统计热力学理论推导出无规线团模型，认为非晶高分子的本体中，分子链的构象与在溶液中一样，呈无规线团状，线团分子之间是无规的相互缠结。因而非晶高分子在聚集态结构上为均相，犹如羊毛杂乱铺成的毛毡，不存在任何有序结构区域。无规线团模型如图 4-24 所示。

这一模型得到许多实验事实的支持，可以解释橡胶弹性等许多其他行为，中子小角散射实验也证明，非晶高分子本体中的分子形态与溶液中的相同，是无规线团。

但是，无规线团模型难于解释如下的实验事实：①有些聚合物（如聚乙烯）几乎能瞬时结晶，很难设想，原来杂乱排列无规缠结的高分子能在如此短的时间内达到晶态规则排列；②根据无规线团模型，非晶态的自由体积应为 30%，而事实上，非晶态只有大约 10%的自由体积，相差甚远。因此，很多人对无规线团模型表示异议，提出了局部有序的结构模型。

2. 两相球粒结构模型

两相球粒模型认为非晶高分子不是完全无序的，是存在着局部有序区域的，就是说它包含着有序和无序两个部分。一部分是由高分子链折叠而成的“球粒”或“链结”，其尺寸为 3～10nm。在这种“颗粒”中，折叠链的排列比较规整，但比晶态的有序性要小得多。另一部分是球粒之间的区域，是完全无规的，其尺寸为 1～5nm。这种模型可以解释非晶高分子密度比完全无规的同系物高，以及高分子结晶相当快等实验事实，两相球粒结构模型如图 4-25 所示。

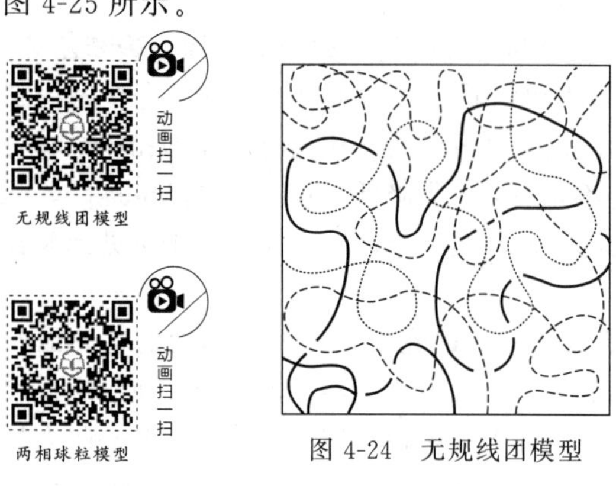

图 4-24 无规线团模型

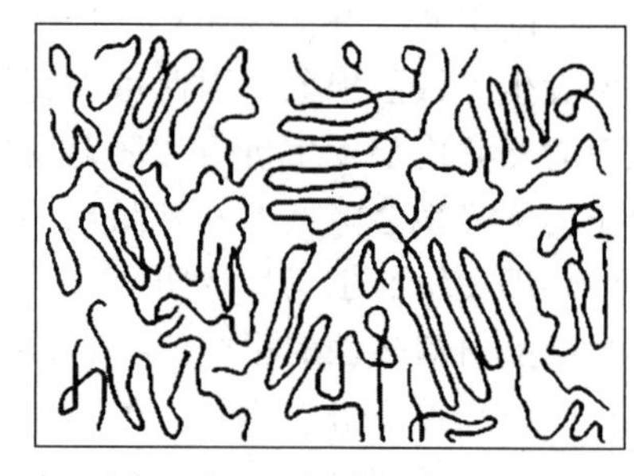
图 4-25 两相球粒结构模型

二、线型非晶高分子的力学状态

在一定应力作用下，线型非晶高分子由于温度改变可呈现出三种不同的力学状态，即玻璃态、高弹态和黏流态，主要取决于不同温度下大分子链及链段的运动情况。这些状态的变化可通过温度-形变曲线（又叫热力学曲线）表现出来。

1. 非晶高分子的温度-形变曲线

利用热天平仪或自动记录温度-形变仪可测出非晶高分子在一定应力作用下产生的形变随温度变化的过程并绘制出温度-形变曲线，如图 4-26 所示。

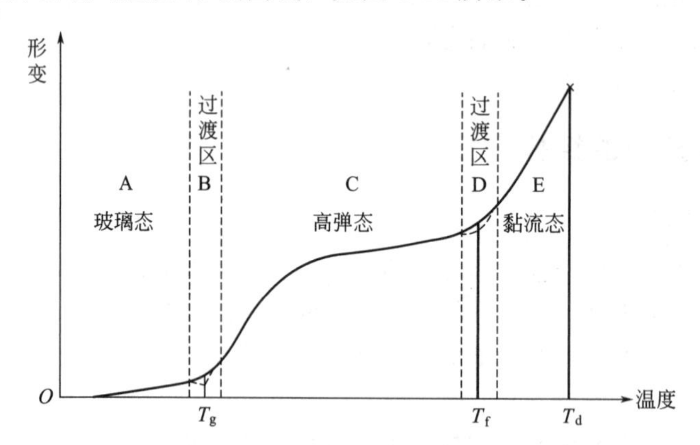

图 4-26 线型非晶高分子的温度-形变曲线

2. 线型非晶高分子的力学状态

（1）玻璃态（$T<T_g$）（A 区） 非晶高分子处于玻璃态（glassy state），由于温度较低，分子热运动的能量很低，在受外力作用时，一般只发生键长、键角或基团的运动，而链段及大分子链的运动均被“冻结”。此时高分子的宏观力学性能表现为形变量很小，为 0.1%～1%，难以用肉眼观察，且为可逆的普弹形变，具有一般固体的普弹性能。

玻璃态高分子的应力-应变关系可用虎克定律来描述，玻璃态区的弹性模量比其他区大，

模量值为 $10^9 \sim 10^{10}$Pa，具有一定的力学性能，如刚性、硬度、拉伸强度等。在强力作用下，可以发生强迫高弹形变或发生断裂，不能发生强迫高弹形变的温度上限，称为脆化温度 T_b。在常温下处于玻璃态的高分子材料，一般作塑料使用，如 PS、PMMA，其使用范围一般在 T_b 和 T_g 之间。

(2) 玻璃化转变区（B 区） B 区是 A 区向 C 区转变的过渡区域。转变区对应的温度称为玻璃化转变温度（通常以切线法求出），用 T_g 表示。这一温度可定义为：高分子从玻璃态向高弹态转变时，链段刚好能运动时的温度；或高分子从高弹态向玻璃态转变时，链段运动刚好被冻结时的温度。T_g 以下链段不能运动（被冻结），T_g 以上链段能够运动，随着温度的升高，分子热运动能量增大，部分链段运动被激发，但整个分子链还不能运动。该区域内材料形变迅速增大，其他物性如比体积、热膨胀系数、模量、折射率、介电常数也发生突变。

玻璃化温度是非晶高分子的一个非常重要的特征温度，在实际应用中意义重大。

一方面，可利用玻璃化温度的范围，判断材料的基本用途。即若一种非晶高分子的 T_g 高于室温，在室温下即处于不易变形的玻璃态，故可用作塑料或纤维；若 T_g 远低于室温，则在室温下即处于高弹态，则此材料可用作橡胶。

另一方面，玻璃化温度也是塑料的耐热性或橡胶的耐寒性指标。即 T_g 越高于室温，则此塑料在越高的温度下依然处于不易变形的玻璃态，故耐热性越好；若 T_g 越低于室温，则此橡胶在越低的温度下依然处于良好弹性的高弹态，故耐寒性越好。

(3) 高弹态（C 区） 由于温度升高，体积膨胀，分子间作用力相应减小，热运动能量可以使链段克服位阻而运动，但整个大分子链还不能相对移动。此时，高分子显得柔韧而有弹性，当受外力作用时，除了因键长、键角改变引起的普弹形变外，由于链段运动改变大分子构象而引起更大的形变，其形变量可达 100%～1000%；外力消除后，这种大的形变迟早会回复，故称为可逆的高弹形变，此时的力学状态称为高弹态。

在高弹态，形变-温度曲线上出现平台区，这是由于随着温度升高，一方面链段运动能力增加，形变增大，另一方面大分子链柔顺性增加，蜷曲程度增加，两种因素共同作用的结果，形变大小不随温度变化而变化。其弹性模量比塑料小两个数量级，所以比塑料软，高弹性材料的使用温度范围在 T_g 和 T_f 之间。在常温下处于高弹态的高分子，一般都可以作弹性体使用，如顺式 1,4-聚丁二烯、聚氯丁二烯等。

(4) 黏流转变区（D 区） 当温度进一步升高时，高分子在外力作用下开始发生黏性流动，达到形变迅速增大的过渡区即黏流转变区。从 C 区向 E 区转变的温度，称为黏流温度，用 T_f 表示，这一温度可定义为：高分子从高弹态向黏流态转变时，整个分子链刚好能运动时的温度；或高分子从黏流态向高弹态转变时，整个分子链运动刚好被冻结时的温度。T_f 以下分子整链不能运动（被冻结），T_f 以上分子整链能够运动。一般过渡区温度区间有 20～30℃以上，而确定转折点又有各种不同的方法，所以文献中同一高分子往往有不同的 T_g 和 T_f 值。

黏流温度（T_f）是非晶高分子另一个非常重要的特征温度。它既是非晶高分子作塑料使用时加工温度的下限温度，又是非晶高分子作橡胶使用时的耐热温度指标。

(5) 黏流态（$T_f \sim T_d$） 随着温度的进一步升高，热运动能量不仅使更多的链段运动，而且通过链段的协同运动与扩散作用，可使整个大分子的重心产生相对移动，产生不可逆的永久变形，这种形变又称为塑性形变或黏流形变，这时的力学状态相应称为黏流态（viscous flowing state）。

处于黏流态的高分子，分子间力仍然很大，因而黏度很高，流动阻力也很大。温度高于T_f的情况下，在受外力作用时，通过链段的协同运动，可以实现整个大分子的位移。此时，在作用力下形变量非常大，模量很低，为$10^2 \sim 10^4$Pa，形变为不可逆形变。这种力学性能称为黏性（或塑性），黏性（或塑性）这一力学状态叫作黏流态。对于高分子材料的加工，如挤出、注塑，必须加热到T_f以上，使材料达到黏流态。

除此以外，还有一个重要的转折温度，即分解温度（decomposition temperature），它是高分子链中化学键因热作用而开始分解（断裂）时的温度，用T_d表示。此温度也是非晶高分子成型加工温度的上限温度，超过此温度，高分子就会断链分解。在实际加工中，为了安全起见，通常最高加工温度至少比T_d低20～30℃。

而常温下处于黏流态的高分子材料可作黏合剂、油漆、涂料等使用，其使用温度范围在T_f和T_d（化学分解温度）之间。

非晶高分子的三种力学状态，从分子运动的本质来认识，链段运动被冻结的状态是玻璃态，链段可以自由运动而分子整链不能相对移动的状态是高弹态，大分子整链可以产生位移的状态是黏流态。

如果将非晶高分子的温度-形变曲线与低分子物相比较，可知低分子物只呈现出两种状态，即玻璃态和黏流态，低分子没有高弹态。其根本原因在于低分子物没有可产生链段运动的结构特征。由此可见，高弹态是高分子所特有的力学状态。

实验证明，非晶高分子力学状态的转变，不是突变过程，而是在一定的温度范围内完成的。

需要说明的是，有些非晶高分子的黏流温度比分解温度高，实际上在进入黏流态之前就已经分解了。没有黏流态，也就不能热塑成型，如聚丙烯腈、聚四氟乙烯等。此类高分子只能采用特殊的方法成型，如聚四氟乙烯的烧结成型、聚丙烯腈的溶液纺丝。

第四节　高分子的取向态

高分子的长链结构，由于具有高度的几何不对称性，故可在外力作用下进行取向形成取向态。取向也是高分子材料成型加工和使用过程中经常遇到的问题。高分子材料取向以后，在力学性能、热学性能和光学性能等方面均与未取向前的材料有着显著的差异。正确利用材料的取向效应，可以提高制品的使用性能。

一、取向的基本概念

1. 定义

取向（orientation）是指在外力作用下，高分子链沿外力场方向舒展并有序排列的现象（或过程）。解取向（disorientation）则是指热运动力图使取向排列的大分子链回复到无规蜷曲状态的现象（或过程）。

2. 取向与结晶的比较

从表面上看，取向与结晶都是分子链进行有序排列的过程。但实际上，二者间存在着本质上的差异，表4-5对二者进行了比较。

表 4-5 结晶与取向的比较

聚集态	有序程度	过程特点		产物/特点
结晶	三维有序	相变过程	自发过程	晶体，热力学稳定
取向	一维或二维有序	形变过程	被动过程	取向态，热力学不稳定

二、取向的类型

1. 单轴取向

单轴取向（uniaxial orientation）是高分子链或链段倾向于沿一个方向（拉伸方向）排列。从宏观上看，材料沿一个方向被拉伸，长度增加，宽度减小。例如扁丝、纤维等属于典型的单轴取向制品。

2. 双轴取向

双轴取向（biaxial orientation）是高分子链或链段倾向于与拉伸平面平行排列。从宏观上看，材料沿两个互相垂直的方向拉伸，面积增大，厚度减小。例如吹塑薄膜、双向拉伸薄膜等属于典型的双轴取向制品。图 4-27 为理想的高分子取向模型。

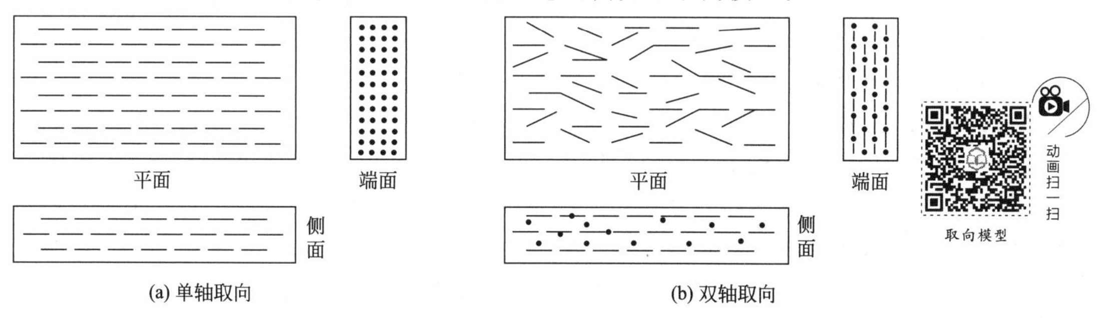

图 4-27 高分子的取向模型

图 4-28（a）是拉伸模拟系统的初始状态，呈现为折叠链构成的晶区与非晶区交杂在一起的结构形态，可以用缨状微束结构模型描述，图 4-28（b）～（d）是拉伸过程中半晶高分子系统的构型演变，分别对应于弹性变形、应变软化和应变强化等变形阶段，单元的方向有序参数将系统划分为晶区和非晶区，其中浅灰色表示晶区单体，深灰色表示非晶区单体，可以看出，在拉伸过程中大部分晶域保持着有序结构，但一些晶域的分子链在拉伸过程中被拉乱，转变为非晶态结构，随着应变的增大，晶域和非晶域分子链都将朝着拉伸方向重新取向。

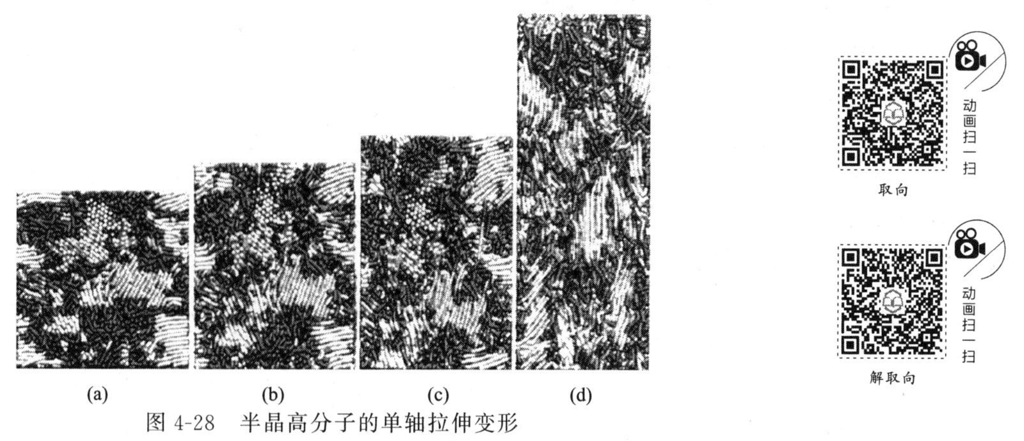

图 4-28 半晶高分子的单轴拉伸变形

三、取向的影响因素

1. 温度

环境温度升高，高分子取向容易，解取向也容易。玻璃化温度（T_g）以下，高分子取向困难，解取向也困难。取向与解取向的相对速度决定了取向的程度，或者说有效取向的程度。

例如，经拉伸后的PVC的热收缩薄膜，为了保持其取向结构，需在完成取向后急冷到室温，热收缩薄膜在室温下不发生收缩，但一旦加热到T_g以上，很快收缩；注射成型制品，熔体高速充模后，若冷却速率过快，则有较多的取向结构被冻结起来，造成制品内应力，使用过程中并可能引起缓慢的解取向而造成收缩、翘曲变形。

2. 高分子结构

（1）分子链柔性　高分子的分子链柔性好，取向容易，解取向也容易（除非取向形成结晶）；分子链刚性大，取向困难，解取向也困难。如PC、PS等刚性链材料成型时，在流动过程中造成的取向，在冷却时易被冻结下来，造成内应力，因此应该进行适当后处理。

（2）结晶高分子的结晶度　高分子结晶度越低，取向越容易，解取向也越容易；反之，则取向与解取向也越困难。

例如，HDPE、PP扁丝生产及纤维生产中，熔体挤出后要急冷，拉伸时再升温，完成拉伸后在保持张力下在最大结晶速率温度区进行热定型，从而可减少后收缩；PE、PP注射成型时，熔体在充模流动过程中造成取向，在冷却过程中未能充分结晶或充分解取向，而它们的T_g低于室温，故在室温下继续结晶或继续解取向，从而造成收缩或翘曲变形；纤维大多采用高结晶性的高分子，如PA6、PA66、PP、PET等。

3. 低分子物（溶剂）

高分子中加入溶剂，会使分子间力减小，松弛加快，取向与解取向均容易。

在合成纤维工业中，溶液纺丝前加入溶剂配成高分子浓溶液（易于取向），纺丝后需经处理除去溶剂（防止解取向）。

四、取向对高分子性能的影响

1. 取向使材料呈现各向异性

（1）光学各向异性（optical anisotropy）　即光学双折射（optical birefringence），表现为光在平行于取向方向与垂直于取向方向上的折射率出现差别。通常将两个方向的折射率差值称为双折射率。

$$\Delta n = n_{//} - n_{\perp} \tag{4-6}$$

Δn越大，表明取向程度越高；$\Delta n=0$，表明各向同性，无取向。因此，可采用双折射法测定高分子的取向度。

（2）力学各向异性（mechanical anisotropy）　具体表现为平行于取向方向的强度有很大提高，而垂直于取向方向的强度则会降低。

（3）线膨胀系数（coefficient of linear expansion）各向异性　具体表现为垂直于取向方向的线膨胀系数为平行方向的4倍左右，存在着明显的差异。

$$LE_{\perp} \approx 4LE_{//} \tag{4-7}$$

2. 取向可显著提高力学强度

高分子拉伸取向过程是高分子借分子间作用力进行重排结晶的过程，只有在热运动能与内聚能之间有一定比值时，才可能重排，且结晶作用只有在玻璃化温度以上与熔融温度以下才能进行。另外，取向过程是材料在外力的作用下从无序向有序的转变过程，没有外力，就不能实现取向，但外力作用是有条件的，只有材料温度上升到玻璃化温度以上，处在外力场中的才能获得满意的取向。

因此，取向后的材料在平行于取向方向上的强度有很大提高，具体原因可归纳为以下三个方面：①取向后分子链能协同抵抗外力的破坏作用，即在取向方向上有更多的分子链一起承受外力；②取向能使材料结构有序化，减少了结构的不均匀性，也就是减少了结构的缺陷和薄弱点；③取向能阻止裂纹发展，并有使裂纹自愈的作用，从而防止了裂纹的进一步扩大而导致材料破坏。

五、取向的常见应用实例

材料性能内增强的方法很多，拉伸取向是一项有效的措施，通过单轴或双轴拉伸加工来增大结晶度、取向度或者改善结晶和取向结构，从而大大提高材料的强度及模量。

1. 单轴取向的应用

冷拉伸导致高分子强度和刚度明显增强。由应力-应变曲线可知，当冻结取向度接近一平台区时，屈服强度随拉伸比增大而呈线性增大。扁丝、单丝、纤维、捆扎绳、打包带等制品，均属于典型的单轴取向制品（图 4-29）。

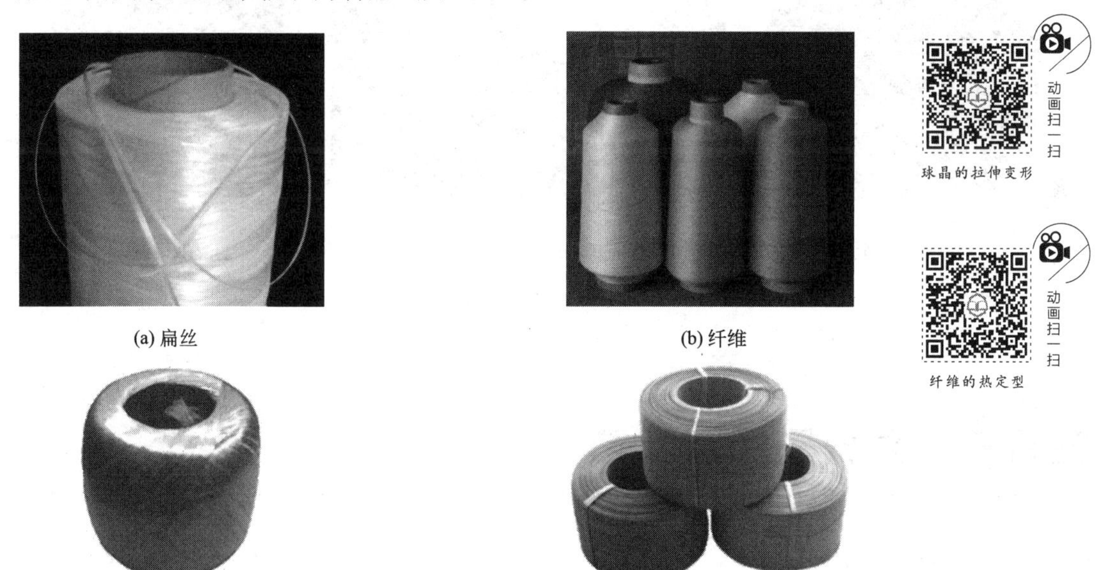

(a) 扁丝 (b) 纤维

(c) 捆扎绳 (d) 打包带

图 4-29 常见的单轴取向制品

2. 双轴取向的应用

注-拉-吹成型的饮料瓶、薄膜（PE、PETP、PS）均属于双轴取向制品。用普通挤出方法挤出的管材，由于分子取向其轴向强度大于周向强度，这种强度分配对于输送压力流体的管材非常不合理，近年来广泛使用双轴取向管，也是因为双轴取向管比普通管的强度高、力学性能好，并且有较好的阻透性。典型的双轴取向制品见图 4-30。

(a) 饮料瓶

(b) 农用聚乙烯薄膜

图 4-30 典型的双轴取向制品

3. 热收缩薄膜、热收缩套管、接头

如果将高分子材料薄膜加热到玻璃化温度以上、熔融温度以下并靠近玻璃化温度的某一温度范围内，借助于外力进行单向或双向拉伸，使非晶区大分子链沿外力方向充分地进行舒展和取向，接着将它快速冷却，使取向的高分子结构“冻结”。这种强迫高弹形变具有热收缩的“记忆效应”，当把这种薄膜再加热到拉伸温度以上时，被冻结了的高分子取向结构开始松弛，宏观上表现为薄膜开始收缩。研究表明，薄膜的热收缩主要来源于取向的无定形部分。图 4-31 所示的热收缩薄膜、热收缩套管、热收缩接头都是利用了这个原理。

(a) 热收缩薄膜

(b) 热收缩套管

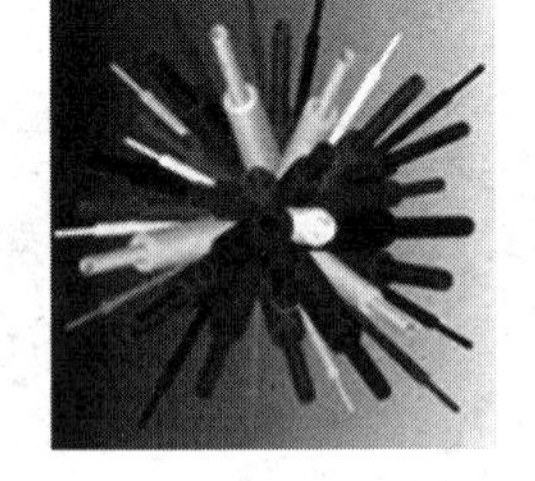
(c) 热收缩接头

图 4-31 典型的热收缩类制品

第五节 高分子的液晶态

一、液晶态和液晶

在液晶态被发现之前，物质分为三态，即固态、液态和气态。按照以往的一般认识，晶体总是固态，分子的排列紧密而规整。液态物质的分子排列总是无序的。然而，有一类物质，在熔融状态或溶液状态下，仍然部分地保存着晶态物质分子的有序排列，且物理性质呈现各向异性，成为一种具有和晶体性质相似的液体，这种固、液之间的中间态称为液态晶体，简称为液晶（liquid crystal）。

人们发现最早和研究得较多的是天然或生物液晶。1888 年奥地利植物学家 F. Reintizer 在研究胆固醇苯甲酯时首次观测到胆固醇酯具有双熔点现象，145℃变为浑浊液体，179℃变清亮。之后德国物理学家 Lehmann 发明了带有热台的偏光显微镜，并对其进行了进一步的研究，提出了“液晶”的术语。研究表明，液晶是介于液体和晶体之间的一种特殊的热力学稳定相态，它既具有晶体的各相异性，又有液态的流动性。

1937 年 Bawden 和 Pirie 在研究烟草花叶病病毒时，发现其悬浮液具有液晶的特性，这是人们第一次发现生物高分子的液晶特性。1950 年，Elliott 与 Ambrose 第一次合成了高分子液晶，溶致液晶的研究工作至此展开。最引人注目的合成液晶是芳香族聚酰胺，特别是它的液晶纺丝技术的发明及高性能纤维的问世，大大刺激了液晶的发展与工业化。20 世纪 50～70 年代，美国杜邦（DuPont）公司投入大量人力财力进行高分子液晶方面的研究，取得了巨大成就。

二、液晶的类型与性能

液晶包括液晶小分子和液晶高分子。液晶高分子与液晶小分子相比，具有高分子量和高分子化合物的基本特性；与其他高分子相比，又有液晶相所特有的分子取向序和位置序。

（1）按液晶分子的形状分类　按液晶分子的形状（棒状、盘碟状）、排列方式和有序性的不同，分为近晶型、向列型、胆甾型以及后来发现的盘状液晶，如图 4-32 和图 4-33 所示。

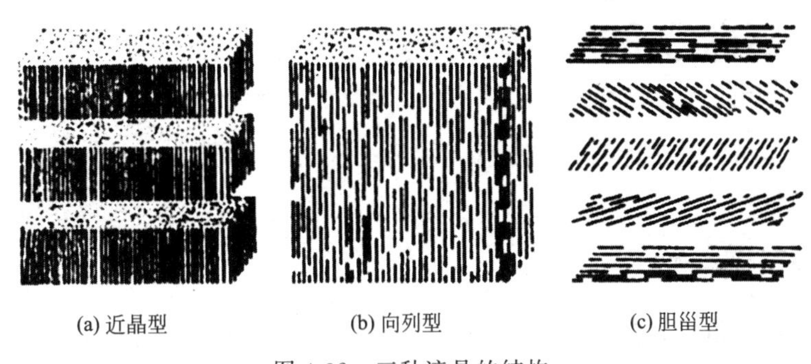

(a) 近晶型　(b) 向列型　(c) 胆甾型

图 4-32　三种液晶的结构

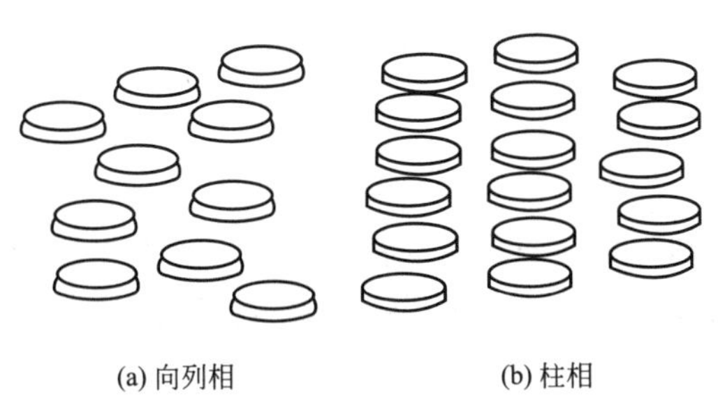

(a) 向列相　(b) 柱相

图 4-33　盘状液晶

① 近晶型，又称为层列型。液晶分子呈棒状或近似棒状构象，分子间依靠所含官能团提供的垂直分子长轴方向的强有力的相互作用，互相平行排列成二维层状结构，分子的长轴垂直于层片平面。层片之间可以相互滑动，但层内分子排列保持着大量二维团体有序性，分子可以在本层内活动，但不能来往于各层之间。

② 向列型，有序度最低，虽棒状分子相互间保持着近晶型的平行，但只是一维有序，其重心位置无序，在外力作用下，棒状分子很容易沿流动方向取向，并可在流动取向中相互穿越。

③ 胆甾型，分子呈细长扁平状，依靠端基的相互作用，平行排列成层状结构（类似近晶型），但分子的长轴平行于层片平面，层内分子排列与向列型相似。

④ 盘状液晶，盘状分子指具有大环、平面盘状堆砌结构的分子，其轴向垂直于分子平面。此分子的特殊形状决定了其可能形成液晶的基本类型为向列相和柱状相。在向列相中，盘状分子仅具有方向上的有序性，分子质心无序。在柱状相中，盘状分子堆积成有序度不同的柱状结构。

（2）按液晶形成的条件分类　溶致液晶，一定浓度的溶液中呈现液晶性的物质。如核酸，蛋白质，芳族聚酰胺 PBT、PPTA（Kevlar）和聚芳杂环 PBZT、PBO 等。热致液晶，一定温度范围内呈现液晶性的物质，如聚芳酯 Xydar、Vector、Rodrum。

以上是最常见的两种类型，后来人们又发现了感应液晶和流致液晶。感应液晶，是指在外场（力、电、磁、光等）作用下进入液晶态的物质；流致液晶，是通过施加流动场而形成液晶态的物质。

高分子量和液晶相序的有机结合，赋予液晶高分子独特的性能，从而在很多领域有着非常重要的应用。例如，液晶高分子具有高强度、高模量，可用于制造防弹衣、缆绳及航天航空器的大型结构件，还可用于新型的分子及原位复合材料。

第六节　高分子的织态结构

高分子的织态结构，又称为高次结构，属于三次结构的再组合，主要涉及高分子混合物即高分子复合材料。

一、高分子混合物

高分子混合物是指以高分子为主体的多组分混合体系。根据其混合组分的不同可分为三大类。

1. 增塑高分子

增塑高分子是增塑剂与高分子的混合物。例如增塑后的聚氯乙烯既可改善其成型性，又可使制品变得柔韧。

2. 填充高分子

填充高分子是指填充剂与高分子的混合物。例如炭黑增强的橡胶、纤维增强的塑料等。这类混合物根据填充剂品种的不同，可实现降低成本、改善力学性能甚至使高分子具有特定功能等目的。

3. 共混高分子

共混高分子是指将两种或两种以上性质不同的高分子进行复合而形成的多组分高分子材料，它兼有各组分原有特性，又具有复合材料的新性能，通常称其为“高分子合金”（polymer alloy）。聚合物共混改性是实现高分子材料高性能化、精细化、功能化和发展新品种的重要途径。许多高分子共混物具有性能优异、加工周期短、价格低廉等特点，已广泛应用于电子设备、家用电器、汽车工业、纺织业、建筑业等方面，发展速度非常快。

高分子混合物按其组分分散程度又可分为均相混合物和非均相混合物。增塑高分子多属于均相混合物，而填充高分子和共混高分子多为非均相混合物。非均相的共混高分子又可分为非晶态-非晶态、晶态-非晶态和晶态-晶态三种不同的共混体系。

二、高分子合金的类型与制备方法

高分子合金又称为多组分聚合物，通常将具有良好相容性的多组分聚合物归于高分子合金之列，体系中存在两种或两种以上不同的高分子组分，不论组分之间是否以化学键相互连接，同时嵌段共聚物和接枝共聚物也包括在内。

典型的高分子合金如图 4-34 所示。其中，互穿聚合物网络（简称 IPN）是用化学方法将两种或两种以上聚合物互相贯穿形成交织网络，两种网络可以同时形成，也可以分步形成。如果聚合物 A、B 组成的网络中，有一种是未交联的线型分子，穿插在已交联的另一种聚合物中，称为半互穿聚合物网络（semi-IPN）。

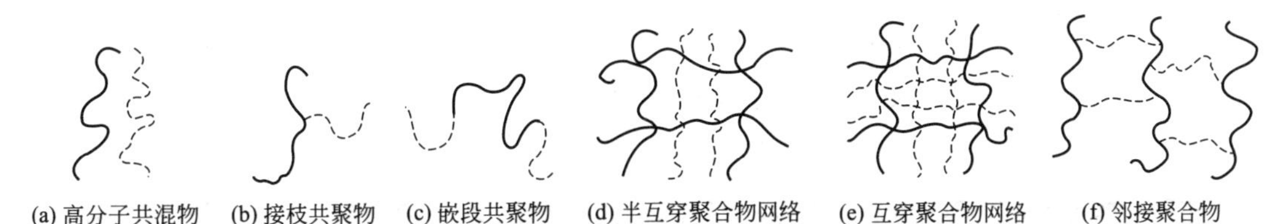

图 4-34 典型高分子合金的基本形式

IPN 的高分子组分之间通常不存在化学键，因而不同于接枝或嵌段共聚物；同时 IPN 的组分高分子之间存在交联网络（包括化学交联和物理交联）的互相贯穿、缠结，因而又不同于机械共混物。

高分子合金的制备方法可分为两类：一类是化学共混，包括接枝共聚、嵌段共聚及互穿网络等；另一类称为物理共混，包括机械共混、溶液浇注共混和胶乳共混等，如图 4-35 所示。

共混高分子的性能取决于聚集体系的区域结构，即共混组分的相容性。若两组分（高分子）完全不相容，则生成两个完全分离的区域结构；若两组分完全相容，则形成完全不分离的区域结构。这两种极端情况下的共混高分子均不具有良好的性能。只有在部分相容的情况下，形成分相而又不分离的结构，才能使共混高分子既保持各组分的原有特性，又赋予复合材料新的性能。

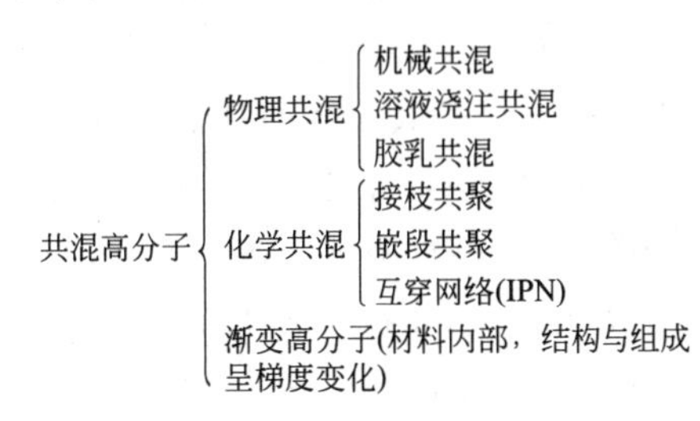

图 4-35 高分子合金的制备方法

三、非均相高分子的聚集态结构

在高分子与填充剂的混合体系中，高分子基材为连续相，而填充剂为分散相，即填充剂分散于高分子中。分散相的形态取决于填充剂本身的形态。有颗粒状或球状（如炭黑、玻璃微珠、碳酸钙粒子等）、片状（如云母）、棒状（如纤维）等。

在非均相的共混高分子中，一般含量少的组分形成分散相，而含量多的组分形成连续相。随分散相含量的逐渐增加，分散相的形态则从球状到棒状到层状逐渐转变，如图 4-36 所示。当两组分形成层状分散时，两组分均成连续相。

多数共混高分子的织态结构比上述模型要复杂得多，也不像模型所示那样有规则，分散相可能同时以球粒、短棒以及不规则的条块状等多种形式存在于同一共混高分子中。

从本质上而言，结晶高分子也是非均相体系，一相是晶区，另一相是非晶区。当结晶度较低时，非晶区为连续相，反之，当结晶度很高时，非晶区又会变成分散相了，而晶区可视为连续相。图 4-37 所示为不同比例下共混高分子状态变化，在高分子共混物中，低含量组分颗粒（白色部分）分散在聚合物基质中。随着低含量组分的增加，（白色）出现了部分连续结构，随着低含量组分进一步增加，（白色）完全共混形成连续结构。

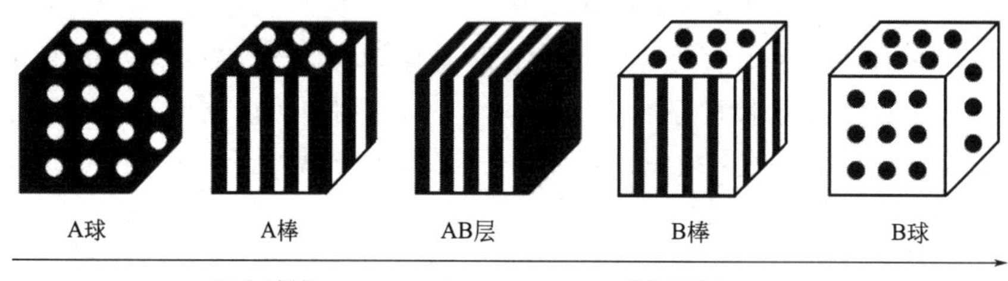

图 4-36 非均相共混高分子的织态结构模型

白色—A 组分；黑色—B 组分

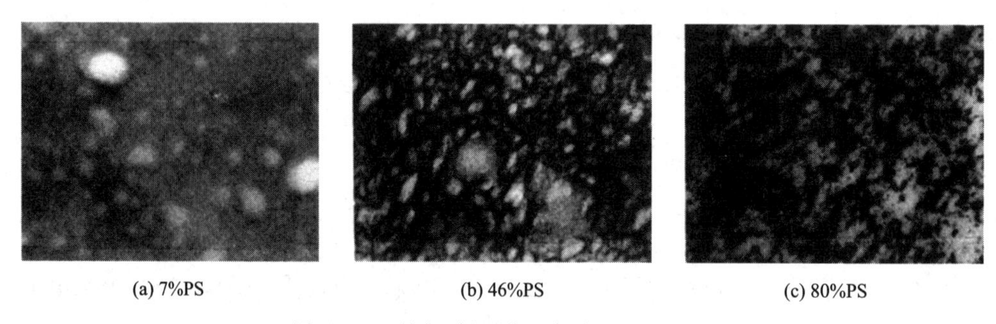

图 4-37 不同比例下共混高分子状态变化

大多数高分子共混物通过熔融混合并在熔融状态下加工制备。如图 4-38 所示，在混合开始后形成少量相，很快，在共混物中形成孔，这些孔合并，随后转变成纤维或共连续结构。如图 4-38（a）所示，在 1.0min 混合时，在色带中观察到孔和花边结构。图 4-38（b）所示为混合 1.0min 破碎的花边结构和小球形颗粒。图 4-38（c）所示为混合 1.5min 时分散相颗粒的形态。图 4-38（d）所示为混合 7min 时分散相颗粒的形态。

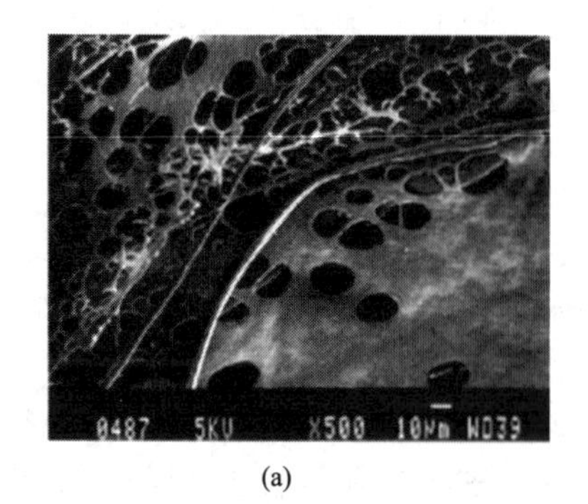

(a)

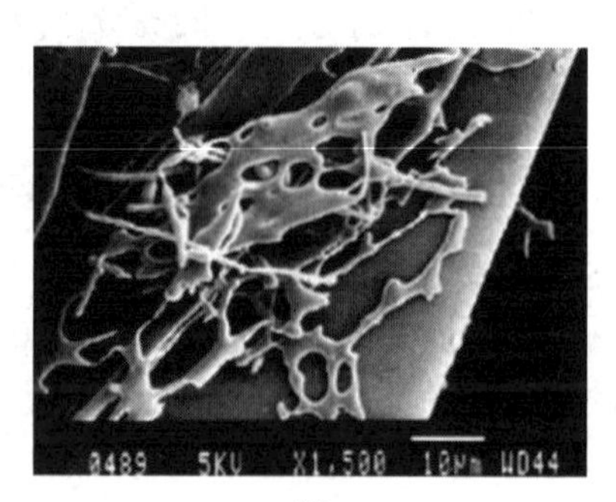

(b)

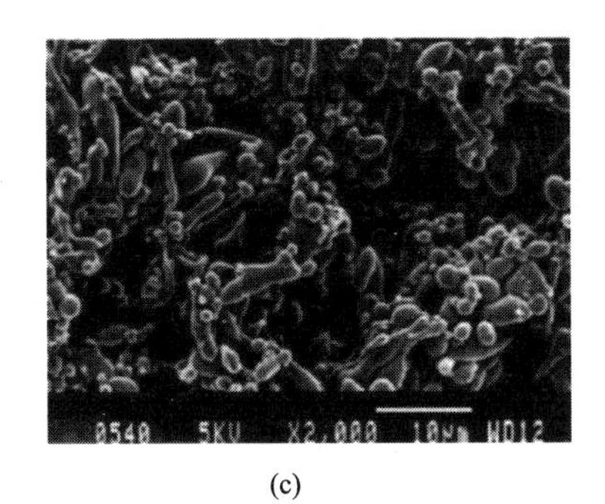

(c)

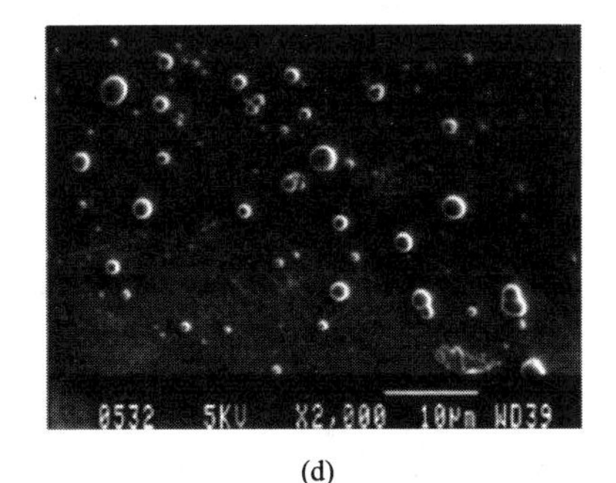

(d)

图 4-38 共混物在熔融共混不同阶段的形貌

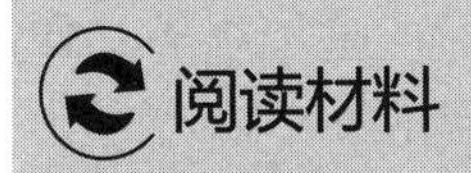

中国高分子物理一代宗师——钱人元

钱人元（1917.9.19—2003.12.6），江苏省常熟市人。1939 年毕业于浙江大学化学系，后被聘为该校物理系助教，1940～1943 年任西南联大（昆明）理化系助教，1944～1948 年赴美，先后在加州大学理工学院化学系、威斯康星大学化学系、艾奥瓦州立大学化学系攻读研究生，并兼任研究助理，同时选修理论物理与数学，从此确定以物理化学为专业方向。1948 年新中国成立前夕，钱人元回国投身祖国的科教事业，1948～1951 年历任厦门大学和浙江大学副教授，1951～1956 年先后在中国科学院上海理化研究所、长春应用化学研究所和上海有机化学研究所任研究员。

钱人元 1956 年赴京到新建的化学研究所任研究员，领衔开展高分子物理研究，1960 年组建高分子物理研究室，并任室主任，此后历任中国科学院化学研究所副所长、所长。1980 年当选为中国科学院学部委员（院士）、中国化学会理事长兼中国化学会高分子学科委员会副主任、主任，并任国际纯粹与应用化学会（IUPAC）高分子学会第二委员会委员（1985～1997 年）及东亚分会主席（1993～1995 年）、太平洋高分子协会（PPF）理事（1990～1992 年）。钱人元曾当选为第 3 届全国人民代表大会代表，第 5～8 届全国政协委员。

钱人元是我国高分子物理化学与高分子物理研究及教育的创始者和奠基人。

20 世纪 50 年代，钱人元从当时最迫切的需要，也是高分子最基本的结构参数——分子量及分子量分布开始，从建立测量方法逐渐深入到高分子溶液性质研究，在分子间相互作用、分子形态及相关热力学参数等方面深入探讨，并据此编著了《高分子分子量测定》一书（1958 年），此书后来被译成俄文和英文在国外出版，在国际上产生重要影响。

60 年代，在他的带领下，陆续拓展研究领域，在高分子链结构及表征方法、高分子的结晶与形态、分子运动、力学和电学性质等形成了多个研究方向，并自力更生陆续研制了凝胶色谱仪、小角光散射仪、热-机械分析仪、结晶速度测定仪和介电性质测定仪等一系列科研设备，不但满足了研究需要，还填补了国内空白。

70年代中后期开始，钱人元注重于高分子材料加工-结构-性能关系及其动态过程的综合研究，形成了基础和实验的新观点，这些研究结果对高分子材料工艺有重要指导意义，如从纺丝过程中结构形成这一关键过程出发，钱人元等先后对尼龙6和芳纶纺丝中微区取向进行调控，大大提高了纤维的性能；用控制降解法消除聚丙烯的高分子量尾端，不但降低了纺丝温度，提高其力学性能，并用“降温母粒法”成功发展了丙纶纺丝新工艺。

80年代初钱人元率先在国内开展了导电高分子研究。在聚乙炔、聚吡咯、聚噻吩等高分子的共轭长度、形态、颗粒间接触电阻及掺杂对导电率影响的研究出发，探讨了电子输运性的本质，取得了新的研究成果，并对器件研制有重要的指导意义。

80年代以来，钱人元以更高的起点开展了高分子凝聚态基本物理问题的研究。得到中国科学院与国家自然科学基金委员会重大项目的支持，1992年列为国家攀登计划项目，他作为首席科学家，摒弃了按学科分解课题各自独立研究的传统模式，带领国内优秀高分子物理学家，以高分子链段和链间相互作用，以及链的堆砌方式为出发点，从分子水平上进行富有创新意义的探讨，经十余年潜心研究，发展了一系列新的学术概念，如在高分子从溶液凝聚过程的转变、分子链内与链间的凝聚缠结和物理老化、取向高分子小尺度无规凝聚、单链和寡链高分子的凝聚态、液晶高分子条带结构的形成机理、高分子的非折叠结晶过程等广泛领域获得了许多规律性认识，并以实验和理论计算得到证实，这些国际上独创的观点在北京举办的IUPAC国际高分子凝聚态物理学术讨论会（1996年）得到了广泛的认同，并获得中国科学院（1998年）和国家（1999年）自然科学奖。在国家攀登计划项目的验收报告中，专家们指出“首席科学家、中国高分子物理学派奠基人钱人元院士起了无法替代的作用，为推动我国高分子科学的发展做出了重要贡献”。

钱人元热心教育事业，是我国高分子教育的开创者和奠基人之一。1958年中国科学技术大学成立，他与王葆仁院士在该校共同创建了我国第一个高分子化学和物理系，并任高分子物理教研室主任。他亲自制定教育大纲、实验室建设规划及高分子物理专业和实验课程设置，并讲授高分子物理课程等长达3年，讲课内容经整理成专著《高分子的结构与性能》于1981年出版，已成为该专业的基本教材。对青年学者和研究生们来求教讨论时，钱人元都耐心认真、一丝不苟、诲人不倦，特别鼓励他们的创新精神，正如专家报告中所说“他调动了我国高分子物理学界一批中坚力量，培养了一批优秀青年研究人员，这一经验值得推广”。

钱人元十分注重学术交流，除了在国内经常讲演，组织讲座和学术会议外，在国际学术界也十分活跃，前后在国际学术会议和国外访问演讲共百余次，多次承担国际会议的国际顾问委员，并亲自组织了与美、日、德、英和韩双边高分子学术讨论会。基于他的学术成就和中日高分子学术交流的贡献，1995年获日本高分子学会国际奖；此外，他还曾获得国家、中国科学院等17项科技成果奖以及求是杰出科学家等称号；他是国内外多个学术刊物的主编、副主编和编委；在国内外学术期刊发表研究论文250多篇；专著及综述四十多册/篇，堪称高分子物理一代宗师。

资料参考：

[1] 金熹高. 钱人元先生生平事迹 [J]. 高分子学报，2017 (09)：1379-1381.

[2] 江明. 科学巨匠 后辈楷模——献给钱人元先生百年诞辰 [J]. 高分子学报，2017 (09)：1382-1388.

思考题

1. 什么是内聚能？什么是内聚能密度？内聚能密度与分子间作用力是怎样的关系？
2. 高分子在不同条件下结晶获得的主要结晶形态有哪些？各种结晶形态的特征是什么？
3. 结晶高分子的主要特征是什么？结晶能力与高分子的分子结构有什么关系？
4. 从高分子结构分析聚乙烯、尼龙66和聚异戊二烯的结晶能力。
5. 高分子结晶的必要条件是什么？为什么高分子结晶存在最大结晶速率温度？
6. 什么是高分子的取向态结构？取向对高分子性能有哪些影响？
7. 高分子共聚改性和高分子共混改性有哪些异同？
8. 试述提高高分子合金相容性的措施有哪些？
9. 什么是高分子液晶？溶致液晶和热致液晶各有什么特点？
10. 什么是高分子的“海-岛”结构？什么是高分子的“核壳”结构？

习题

1. 简述分子间作用力的类型及其特点。
2. 试分析高分子无气态的原因。
3. 试分析下列高分子的分子链间能否形成氢键。
PE、PP、PVC、PS、PAN、PA6、PA66、PETP、PVAL
4. 高分子为什么只能部分结晶？试分析原因。
5. 高分子的结晶能力与结构有何关系？并分析下列高分子在适当条件下能否结晶。
PE、PP、PS、PVC、PMMA、PA6、PETP、PAN、PVAC、PVAL、PVDC
6. 高分子的结晶形态有哪些？各自的形成条件及形态如何？
7. 与低分子化合物相比，高分子的结晶过程有何特点？
8. 何谓结晶度？结晶及结晶度的大小对高分子性能有何影响？
9. 有一高密度聚乙烯材料，测得其密度为0.998g/cm^3，试求该材料的质量结晶度。
10. 非晶高分子有哪三种力学状态？试分析各力学状态的运动单元、运动方式及受力时的形变特点。
11. 解释特征温度T_g、T_f、T_m、T_d、T_b的含义及各自的用途。
12. 什么叫取向与解取向？结晶高分子取向与非晶高分子取向有何不同？取向对高分子性能有何影响？
13. 液晶有哪些类型？试简要分析各自的特点。

第五章

高分子溶液

在高分子的生产、应用和科学研究中，人们经常会遇到高分子溶液。高分子溶液是指高分子以分子水平分散在溶剂中所形成的均相混合体系，其中高分子浓度在5%以下的称为稀溶液，高于5%的称为浓溶液。例如，高分子的分子量和分子量分布、高分子在溶液中的形态和尺寸、高分子链段间及链段与溶剂分子间的相互作用等研究，所用溶液的浓度一般在1%以下，属于稀溶液范畴；纤维工业生产中的溶液纺丝，溶液浓度一般在15%以上，黏度往往显得很大，稳定性也较差；油漆、涂料和胶黏剂，浓度可达60%以上；交联高分子的溶胀体凝胶是半固体状态；塑料生产中的塑料增塑剂，其浓度更高，呈半固体状态，且具有一定的力学强度。

对于高分子溶液性质的研究，不仅对高分子的生产和应用有实际指导意义，而且对认识高分子链结构以及结构与性能基本关系有着理论指导意义。

第一节　高分子的溶解

一、高分子溶解的特点

溶解是指溶质分子通过扩散与溶剂分子混合成以分子水平分散的均相体系的过程。乙醇和水，两者能很快混合形成均相体系，但如果将少量聚苯乙烯与苯进行混合，开始只能观察到聚苯乙烯颗粒的体积逐渐变大且变软，并未立即溶解，经过相当长时间的浸泡，胀大的聚苯乙烯才逐渐变小，最后消失形成均相体系。这说明高分子的溶解过程较小分子物质要更为缓慢，而且完成整个溶解过程需经历两个阶段：溶胀和溶解。

高分子的溶胀和溶解

由于高分子的尺寸比溶剂小分子的尺寸大得多，高分子链向溶剂方向扩散，既要移动高分子链的重心，同时又要克服高分子链间相互作用力，而溶剂分子由于分子量小，容易渗透到高分子中去，导致两者的扩散速度相差悬殊，于是溶剂小分子首先扩散渗透进入高分子内，与表层的链段发生溶剂化作用，然后扩散到内部与内层高分子链段发生溶剂化，从而使高分子的体积胀大，称为溶胀。随着溶剂分子不断向内层扩散，溶剂化程度不断加深，溶胀不断加剧，最后整个大分子发生松动进入溶剂中，形成分子水平分散的均相体系，使高分子完全溶解。但对于交联高分子，由于分子链间存在交联的化学键，致使它只能溶胀，不能溶解。

高分子溶液的黏度要比同浓度的小分子溶液黏度大得多。这是由于高分子链虽然在溶液中被大量的溶剂分子所包围，但高分子链运动由于内部摩擦而不易流动；另外，在溶液中高分子链经过分散之后，高分子链间仍然存在一定的相互作用，致使高分子链具有相对的稳定性，不易流动；同时，溶剂分子在溶液中运动也受到一定的限制，这些共同导致了高分子溶液黏度较同浓度小分子溶液黏度大一个或几个数量级。

二、高分子溶解过程

1. 非晶高分子的溶胀与溶解

非晶高分子的分子无规排列，分子链间堆砌较为松散，溶剂小分子容易渗入高分子内的空穴中，使高分子链段与链段之间的距离增大，相互作用力减弱，高分子逐渐扩散到溶剂中去。因此，非晶高分子比较容易进行溶胀和溶解，溶解度与高分子的分子量有关，分子量越大，溶解度越低；分子量越小，则溶解度越高。另外，由于高分子链的运动速率很慢，因此要均匀混合达到均相体系，必须要有足够的时间（几天或几周），才能达到平衡的稳定体系，为了缩短溶解时间，可以采用搅拌或加热等方法。

2. 结晶高分子的溶解

结晶高分子的晶相，是热力学稳定的相态，其分子链排列规整，堆砌紧密，溶剂小分子较难渗入高分子的内部。因此，结晶高分子较难溶解，其溶解需要经历两个过程。一是结晶高分子的熔融，需要吸热；二是熔融高分子的溶解。

由加聚反应生成的聚乙烯、全同或间同立构聚丙烯等依靠分子链规整性结晶的非极性的结晶高分子，在室温下一般是不能溶解的，只有利用加热的方法将温度升高至结晶高分子熔点附近，使结晶结构破坏后，溶剂小分子才能渗入到高分子内部，高分子才能溶解。如高密度聚乙烯熔点为135℃，在室温下不能溶解，需要加热到120℃以上才能溶解于四氢萘中；全同立构聚丙烯熔点为176℃，在室温下同样不能溶解，需要加热到130℃以上才能溶解于十氢萘中。

对于由缩聚反应生成的聚对苯二甲酸乙二酯、聚酰胺等依靠很强的分子间作用力而结晶的极性结晶态高分子，除了使用加热的方法使它们溶解之外，还可以选择一些合适的极性很强的溶剂在室温下溶解。这是由于极性结晶高分子与极性溶剂混合时，极性结晶高分子中的非晶态部分与极性溶剂发生强烈的相互作用，例如形成氢键，放出大量的热，此热量足以破坏晶格能，使结晶高分子的晶粒熔融，则在室温下，极性的结晶高分子也能溶解在极性溶剂中。如聚酰胺在室温下可溶解于甲酚、40%的硫酸与60%的甲酸等极性溶剂中；聚对苯二甲酸乙二酯能溶解于间甲苯酚、邻氯苯酚和苯酚-四氯乙烷的混合溶剂中（质量比1：1）；聚甲醛能溶解于六氟异丙醇和六氟丙酮水合物等含氟溶剂中。这些都是由于高分子与溶剂之间形成了氢键，使这些极性的结晶态高分子在室温下就能溶解在合适的溶剂中。

3. 交联高分子的溶胀平衡

交联高分子在溶剂中可以发生溶胀，但由于分子链间存在交联的化学键，溶胀到一定程度后，就不再继续胀大，最终到溶胀平衡，不能发生溶解。高分子的交联度越大，溶解度越小；交联度越小，溶解度越大。

第二节　溶剂的选择

溶剂选择原则是人们在长期研究小分子物质溶解中总结出来的，在一定程度上仍适用于高分子-溶剂体系。这些溶剂选择原则主要有“极性相似”原则、“溶度参数相近”原则和“溶剂化”原则。

一、“极性相似”原则

“极性相似”原则是指极性溶质易溶解于极性溶剂之中，非极性溶质易溶解于非极性溶剂之中，极性大的溶质易溶解于极性大的溶剂之中，极性小的溶质易溶解于极性小的溶剂之中，即溶剂的极性与溶质的极性越相近，溶质与溶剂就越易互溶。

“极性相似”原则对高分子的溶剂选择有一定的指导意义，即溶剂的极性与高分子的极性越相近，高分子与溶剂就越易互溶。例如，非极性的未交联的天然橡胶、丁苯橡胶属于非极性的无定形高分子，能很好地溶解于汽油、苯、甲苯、己烷、石油醚等非极性溶剂中；弱极性的聚苯乙烯可溶解于苯胺、氯仿和丁酮等弱极性溶剂中，也可溶解于苯、甲苯和乙苯等非极性的溶剂中；极性的聚乙烯醇可溶解于水和乙醇等极性溶剂中；聚甲基丙烯酸甲酯可溶解于丙酮等极性溶剂中；强极性的聚丙烯腈可溶解于强极性的二甲基甲酰胺和乙腈等强极性溶剂中。

二、“溶度参数相近”原则

1. 溶度参数

高分子的溶解过程是高分子与溶剂分子混合的过程，高分子溶解过程自由能的变化可写成：

$$\Delta G_{M}=\Delta H_{M}-T\Delta S_{M} \tag{5-1}$$

式中 ΔG_{M}——高分子与溶剂分子混合的 Gibbs 混合自由能；

ΔH_{M}——高分子与溶剂分子混合的混合热；

ΔS_{M}——高分子与溶剂分子混合的混合熵；

T——溶解温度。

只有当混合自由能 $\Delta G_{M}<0$ 时，高分子与溶剂分子的混合过程才能自发进行，高分子才能溶解。根据式 (5-1)，混合自由能 ΔG_{M} 的大小取决于混合熵 ΔS_{M}、混合热 ΔH_{M} 及溶解时的温度 T。在一般情况下，溶解过程使分子排列趋于混乱，故 $\Delta S_{M}>0$。这样，ΔH_{M} 的正负对 ΔG_{M} 的正负起着决定性作用。

对于极性高分子溶解于极性溶剂中，高分子与溶剂分子间的相互作用很强，溶解时放热，$\Delta H_{M}<0$。因此，高分子溶解过程的混合自由能 $\Delta G_{M}<0$，极性高分子溶于极性溶剂能自发进行。

对于非极性高分子溶解于非极性溶剂中，一般不存在强烈的相互作用，溶解过程是吸热的，即 $\Delta H_{M}>0$。因此，只有当 $|\Delta H_{M}|<T|\Delta S_{M}|$ 时，才能使 $\Delta G_{M}<0$，升高温度或减小混合热 ΔH_{M} 能够达到溶解的目的。

非极性高分子与溶剂混合时的混合热 ΔH_{M} 可沿用小分子液体混合时的 ΔH_{M} 计算式求得，若两种液体混合时无体积变化 ($V_{M}=0$)，则 ΔH_{M} 可由 Hidebrand 溶度公式计算得来：

$$\Delta H=V_{M}\varphi_{1}\varphi_{2}(\delta_{1}-\delta_{2})^{2} \tag{5-2}$$

式中 φ_{1}，φ_{2}——溶剂与高分子的体积分数；

δ_{1}，δ_{2}——溶剂与高分子的溶度参数；

V_{M}——混合后的总体积。

溶度参数 δ，定义为内聚能密度的平方根，而内聚能是使物质通过相互作用而聚集到一起的能，单位体积的内聚能称为内聚能密度，故 $\delta=(\Delta E/V)^{1/2}$，其中 ΔE 为摩尔内聚能，V 为摩尔体积。

2. “溶度参数相近”原则内容及应用

根据上述高分子溶解过程的热力学分析可知，高分子与溶剂的溶度参数越接近，混合热 ΔH_M 越小，则混合自由能 ΔG_M 越可能小于零，高分子的溶解过程就越可能自发进行。一般选择时，溶剂的溶度参数 δ_1 与高分子的溶度参数 δ_2 的差值（$\delta_1-\delta_2$）在 3.5 $(J/cm^3)^{1/2}$ 内就可以。例如，天然橡胶（$\delta_2=16.2$），可溶解于甲苯（$\delta_1=18.2$）和四氯化碳（$\delta_1=17.7$）中，但不溶解于乙醇（$\delta_1=26.0$）或甲醇（$\delta_1=29.2$）中。

由于高分子不能汽化，因此它的溶度参数只能用间接的方法测定，通常用黏度法和交联后的溶胀度法，另外还可用直接计算法。

如果高分子的溶度参数与溶剂的溶度参数相同，那么此溶剂就是该高分子的良溶剂，高分子链在此良溶剂中就会充分伸展、扩张。因而，溶液黏度最大。可以通过选用各种溶度参数的液体作溶剂，分别溶解同一种高分子，然后在同等条件下测定溶液的黏度，选黏度最大的溶液所用的溶剂的溶度参数作为该高分子的溶度参数。

对于交联高分子，溶胀后的体积与未溶胀的体积之比称为交联高分子的溶胀度。交联高分子在良溶剂中的溶胀度最大，用溶胀度法可测交联度，也可用同样的方法获得交联高分子的溶度参数。交联高分子在一系列不同溶剂中溶胀达到平衡时，分别测一系列的溶胀度，将一系列不同溶剂中的溶胀度值对应溶剂的溶度参数值作图，则溶胀度最大值所对应的溶度参数值就可看成该交联高分子的溶度参数值。

常用溶剂及高分子的溶度参数分别列于表 5-1 和表 5-2 中。

表 5-1 常用溶剂的溶度参数

溶剂	$\delta/(J/cm^3)^{1/2}$	溶剂	$\delta/(J/cm^3)^{1/2}$
异辛烷	14.0	氯苯	19.4
正戊烷	14.4	二氯甲烷	19.8
异戊烷	14.4	1,2-二氯乙烷	20.1
正己烷	14.9	1,1,2,2-四氯乙烷	20.2
二乙醚	15.1	四氢呋喃	20.2
正庚烷	15.2	环己酮	20.2
正辛烷	15.4	萘	20.3
邻二甲酸二辛酯	16.2	二氧六环	20.4
环己烷	16.8	丙酮	20.4
乙酸异戊酯	17.0	丙烯腈	21.4
氯乙烷	17.4	吡啶	21.9
乙酸丁酯	17.5	正己醇	21.9
偏二氯乙烯	17.6	苯胺	22.1
四氯化碳	17.6	正戊醇	22.3
苯乙烯	17.8	二甲基乙酰胺	22.7
甲基丙烯酸甲酯	17.8	正丁醇	23.3
氯乙烯	17.8	环己醇	23.3
对二甲苯	17.9	异丁醇	23.9
二乙基酮	18.0	正丙醇	24.3
间二甲苯	18.0	二甲基甲酰胺	24.9
甲苯	18.2	甲酸	25.0
邻二甲苯	18.4	乙酸	25.8
乙酸乙酯	18.6	乙醇	26.0
1,1-二氯乙烷	18.6	苯酚	29.6
苯	18.7	甲醇	29.6

续表

溶剂	$\delta/(J/cm^3)^{1/2}$	溶剂	$\delta/(J/cm^3)^{1/2}$
三氯乙烯	18.8	乙二醇	32.1
三氯甲烷	19.0	丙三醇	33.7
丁酮	19.0	甲酰胺	36.4
四氯乙烯	19.1	水	47.3
甲酸乙酯	19.2		

表 5-2 常用高分子的溶度参数

高分子	$\delta/(J/cm^3)^{1/2}$	高分子	$\delta/(J/cm^3)^{1/2}$
聚乙烯	15.8～17.1	聚氯丁二烯	16.8～18.8
聚丙烯	16.8～18.8	聚对苯二甲酸乙二酯	19.9～21.9
聚异丁烯	16.0～16.6	聚己二酰己二胺	27.8
聚苯乙烯	18.5	聚甲醛	20.9～22.5
聚氯乙烯	19.2～22.1	聚二甲基硅氧烷	14.9～15.5
聚偏二氯乙烯	20.3～25.0	聚碳酸酯	20.3
聚四氟乙烯	12.7	聚砜	20.3
聚三氟氯乙烯	14.7～16.2	聚氧化丙烯	15.3～20.3
聚乙烯醇	25.8～29.1	聚氧化丁烯	17.6
聚醋酸乙烯酯	19.1～22.6	二硝酸纤维素	21.5
聚甲基丙烯酸甲酯	18.6～26.2	硝酸纤维素	23.6
聚甲基丙烯酸乙酯	18.3	二乙酸纤维素	23.3
聚丙烯酸甲酯	20.7	乙基纤维素	21.1
聚丙烯酸乙酯	19.2	聚氨基甲酸酯	20.5
聚丙烯酸丁酯	18.5	环氧树脂	19.8
聚丙烯腈	25.6～31.5	氯丁橡胶	16.8
聚甲基丙烯腈	21.9	丁腈橡胶	17.8～21.1
聚丁二烯	16.6～17.6	丁苯橡胶	16.6～17.8
聚异戊二烯	16.2～20.5	乙丙橡胶	16.2

高分子的溶度参数也可直接由结构单元中各基团或原子的摩尔吸引常数 F_i 直接计算得到：

$$\delta_2=\rho\sum F_i/M_0 \tag{5-3}$$

式中 ρ——高分子的密度；

M_0——结构单元的分子量；

ρ/M_0——重复单元的摩尔体积；

$\sum F_i$——重复单元中各基团摩尔吸引常数的加和。

因此，若已知高分子结构单元中所有基团的摩尔吸引常数（见表 5-3），就能计算出高分子的溶度参数。

例如，聚丙烯腈的结构单元为 $\text{-}[CH_2\text{—}CH(CN)]\text{-}$，由表 5-3 可查得—$CH_2$—、>CH—、—CN 的摩尔吸引常数分别为 269.0 $(J\cdot cm^3)^{1/2}$、176.0 $(J\cdot cm^3)^{1/2}$、725.5 $(J\cdot cm^3)^{1/2}$，结构单元的分子量为 $M_0=53$，聚丙烯腈的相对密度 $\rho=1.18$，则：

$$\delta_2=\rho\sum F_i/M_0=[1.18\times(269.0+176.0+725.5)]/53=26.06 \tag{5-4}$$

此计算值与表 5-2 所列通过实验所测得的聚丙烯腈的溶度参数 25.6～31.5 $(J/cm^3)^{1/2}$ 非常接近。

表 5-3 各种基团的摩尔吸引常数

基团	$F/(J\cdot cm^3)^{1/2}\cdot mol$	基团	$F/(J\cdot cm^3)^{1/2}\cdot mol$
$-CH_3$	303.4	—OH(芳香族)	350.0
$-CH_2-$	269.0	$-NH_2$	463.6
$>CH-$	176.0	—NH—	368.3
$>C<$	65.5	—N—	125.0
$CH_2=$	258.8	—NCO	733.9
—CH═	248.6	—C≡N	725.5
$>C=$	172.9	—S—	428.4
—CH═(芳香族)	239.6	—Br—	528.0
—C═	200.7	—Cl(伯)	419.6
—O—(醚、缩醛)	235.3	—Cl(仲)	426.2
—O—(环氧化合物)	360.5	—Cl(芳香族)	329.4
—COO—	668.2	Cl_2	701.0
$>C=O$	538.1	—F	84.5
—CHO	599.0	共轭	47.7
聚丙烯酸丁酯	18.5	顺式	−14.5
聚丙烯腈	25.6～31.5	反式	−27.6
聚甲基丙烯腈	21.9	六元环	−47.9
聚丁二烯	16.6～17.6	邻位取代	−19.8
聚异戊二烯	16.2～20.5	间位取代	−13.5
—OH	462.0	对位取代	−82.5

高分子的溶剂选择中，有时选择混合溶剂能够很好地溶解高分子，混合溶剂的溶度参数 $\delta_{混}$ 可由组成混合溶剂的各种纯溶剂的溶度参数的体积分数加和求得：

$$\delta_{混}=\delta_1\varphi_1+\delta_2\varphi_2+\delta_3\varphi_3+\cdots=\sum\delta_i\varphi_i \tag{5-5}$$

式中 δ_i——混合溶剂中第 i 种溶剂的溶度参数；

φ_i——混合溶剂中第 i 种溶剂的体积分数。

混合溶剂的溶度参数可通过调节纯溶剂的比例来调节，混合溶剂的溶度参数与高分子的溶度参数越相近，高分子的溶解自发倾向越大。

【例 5-1】 现有聚苯乙烯（$\delta=8.6$）及两种溶剂丁酮（$\delta=9.04$）和正己烷（$\delta=7.24$），想要配置最佳的混合溶剂去溶解聚苯乙烯，混合溶剂中两种溶剂的体积分数及体积比各是多少？

解： 当混合溶剂的溶度参数与聚苯乙烯的溶度参数相等时，溶剂溶解的效果最佳。

设丁酮的体积分数为 φ，则正己烷的体积分数为 $1-\varphi$。

因为 $\delta_{混}=\delta_1\varphi_1+\delta_2\varphi_2$

所以 $\delta_{聚苯乙烯}=8.6=9.04\times\varphi+7.24\times(1-\varphi)$

计算可得丁酮的体积分数 $\varphi=0.75$，正己烷的体积分数 $1-\varphi=0.25$，则丁酮与正己烷的体积比为 3∶1 时配置的混合溶剂溶解效果最佳。

增塑剂的种类繁多，性能不同，用途各异，按化学结构可主要分为邻苯二酸酯类、脂肪族二元酸酯类、偏苯三酸酯类、烷基苯磺酸酯类、环氧酯类、含氯化合物等；按相容性分类主要有主增塑剂、辅增塑剂和增量剂三类；按使用性能分类主要有耐寒性增塑剂、耐热性增塑剂、阻燃性增塑剂、防霉性增塑剂、耐候性增塑剂、无毒性增塑剂和通用型增塑剂等。

关于增塑剂的作用机理到目前为止并不完全清晰，多用润滑、凝胶、自由体积等理论来加以阐述，虽然每种理论在一定范围内解释了增塑原理，但均不全面，目前普遍被人们所接受的理论有以下三种：

① 隔离作用 非极性增塑剂加入非极性高分子中时，非极性增塑剂的主要作用是通过聚合物-增塑剂间的“溶剂化”作用，增大分子间距离，削弱它们的分子间作用力。

② 相互作用 在极性高分子中，由于极性基团或氢键的强烈相互作用，在分子链间形成了许多物理交联点，当极性增塑剂加入极性高分子中进行增塑时，增塑剂分子进入高分子的分子链之间，增塑剂分子的极性基团与聚合物分子的极性基团“相互作用”，破坏了原聚合物分子链间的物理交联点，从而使链段运动得以实现。

③ 遮蔽作用 非极性增塑剂加入极性高分子中进行增塑时，非极性的增塑剂分子遮蔽了高分子的极性基团，使相邻聚合物分子的极性基团不发生或少发生“作用”，从而削弱了聚合物分子间的作用力，达到增塑目的。

但上述三种增塑作用方式不能完全分开，在一种增塑剂的增塑过程中，可能同时存在着几种作用。

三、“溶剂化”原则

溶剂化作用是指溶质与溶剂接触时，溶剂分子对溶质分子产生作用，此作用大于溶质间的分子内聚力，使溶质分子彼此分离而溶解于溶剂中的作用。极性溶剂分子和高分子的极性基团相互吸引能产生溶剂化作用，使高分子溶解。这种作用一般是指高分子上的酸性基团（或碱性基团）与溶剂分子上的碱性基团（或酸性基团）发生溶剂化作用而溶解。广义上酸是电子接受体（即亲电子体），广义的碱是电子给予体（即亲核体）。

常见的亲电子体和亲核体如下：

亲电子：$—SO_2OH$，$—COOH$，$—C_6H_4OH$，$═CHCN$，$═CHNO_2$，$═CHONO_2$，$═CHCl$。

亲核体：$—CH_2NH_2$，$—C_6H_4NH_2$，$—CON(CH_3)_2$，$—CONH—$，$—CH_2COCH_2—$，$—CH_2OCOCH—$，$—CH_2—O—CH_2—$。

如果聚合物分子中含有大量亲电子基团，则能溶于含有给电子基团的溶剂中。例如硝化纤维素分子中含有$—ONO_2$，故可溶解于丙酮、丁酮，也可溶解于醇、醚混合物中；三乙酸纤维中含有给电子基团，故可以溶解于亲电子的二氯甲烷和三氯甲烷。

如果聚合物分子中含有上述两序列中的后几个基团，由于这些基团的亲电子性与给电子性较弱，有时不必用具有相反溶剂化的溶剂，可溶解于两序列中的多种溶剂。例如聚氯乙烯可溶解于环己酮、四氢呋喃，也溶于硝基苯中。反之，聚合物分子中含有序列中的前几个基团时，由于这些基团的亲电子性或给电子性很强烈，要溶解这类聚合物应该选择相反系列中最前几个基团的液体作溶剂。如尼龙 6、尼龙 66 只能溶解于甲酸、浓硫酸或间甲酚等。

上述三个原则，在应用时不能只考虑其中一个原则，要考虑多种因素（如结晶、氢键等）对溶解的影响，同时还要配合实验结果，才能选出合适的溶剂。

第三节 高分子稀溶液的黏度

高分子稀溶液黏度的研究不仅可用于测量高分子的分子量，而且也可用于研究高分子在溶液中的形态、高分子链的无扰尺寸、柔顺性以及支化高分子的支化程度等。

一、高分子稀溶液黏度的表示方法

在高分子溶液中，我们所感兴趣的不是高分子溶液的绝对黏度，而是当高分子进入溶液后相对于纯溶剂的黏度变化，以及这种黏度变化的浓度依赖性。为此，定义以下几种溶液的黏度表示方法。

1. 相对黏度

相对黏度（η_r）定义为溶液黏度 η 与溶剂黏度 η_0 之比：

$$\eta_r=\frac{\eta}{\eta_0} \tag{5-6}$$

2. 增比黏度

增比黏度（η_{sp}）定义为溶液黏度与溶剂黏度之差比溶剂黏度。

$$\eta_{sp}=\frac{\eta-\eta_0}{\eta_0}=\eta_r-1 \tag{5-7}$$

增比黏度表示溶液黏度相对于溶剂黏度所增加的分数。

3. 比浓黏度

比浓黏度（η_{sp}/C）定义为增比黏度与浓度之比，表示在浓度为 C 时，单位浓度增加对溶液增比黏度的贡献，其数值随浓度大小不同而变化，单位为浓度单位的倒数。

4. 比浓对数黏度

比浓对数黏度（$ln\eta_r/C$）定义为相对黏度的自然对数与浓度之比，表示在浓度为 C 时，单位浓度增加对溶液相对黏度自然对数值的贡献，其值也是浓度的函数，单位与比浓黏度相同。

5. 特性黏度

$$[\eta]=\lim_{C\to 0}\frac{\eta_{sp}}{C}=\lim_{C\to 0}\frac{\ln\eta_r}{C} \tag{5-8}$$

特性黏度［η］定义为溶液无限稀释（$C\to 0$）时的比浓黏度或比浓对数黏度值，表示高分子溶液浓度 $C\to 0$ 时，单位浓度的增加对溶液比浓黏度或比浓对数黏度的贡献。其数值不随溶液浓度大小而变化，单位为浓度单位的倒数。

二、影响高分子稀溶液黏度的因素

1. 高分子稀溶液黏度与浓度的关系

高分子稀溶液黏度与溶液浓度的依赖关系的经验式很多，其中最常用的是 Huggins 方程式（5-9）和 Kraemer 方程式（5-10）：

$$\frac{\eta_{sp}}{C}=[\eta]+K'[\eta]^2C \tag{5-9}$$

$$\frac{\ln\eta_r}{C}=[\eta]-K''[\eta]^2C \tag{5-10}$$

式中 K',K''——Huggins 方程常数和 Kraemer 方程常数，大多数高分子稀溶液的溶液黏度与浓度之间的关系均符合上述方程，且 $K'+K''=1/2$，两方程有共同的截距$[\eta]$。

2. 高分子稀溶液黏度与高分子分子量的关系

大量实验表明，高分子-溶剂体系在恒定温度下，特性黏度与高分子分子量的关系符合 Mark-Houwink-Sakurada 方程，简称 MHS 方程：

$$[\eta]=KM^{\alpha} \tag{5-11}$$

式中 K——取决于测试温度和分子量范围的常数；

α——取决于溶液中高分子链形态的参数。

当高分子-溶剂体系和温度确定后，在一定分子量范围内，K 和 α 为常数。K 的数值一般为 $10^{-4}\sim10^{-6}$，α 的数值与高分子链的柔顺性和高分子链在溶液中的形态有关。对于柔性高分子链，α 值一般为 0.5～1.0，柔性高分子链在良溶剂中因溶剂化而扩张，α 值接近 0.8；当溶剂变差，溶剂化程度降低时，α 值减小，高分子链在溶液中呈蜷曲状态；在 θ 溶剂中，α 值为 0.5，溶剂化作用于高分子链间的相互作用力相等，高分子链在溶液中呈自然松散线团状。通常 α 值为 0.5～0.8。

由 MHS 方程可知，对于一定的高分子/溶剂体系，在恒定温度下，只要有 K、α 和$[\eta]$值，就可求出高分子试样的分子量。

3. 高分子稀溶液黏度与溶剂和温度的关系

高分子溶液的特性黏度在恒定的温度下随选择的溶剂不同而有不同的数值。

① 在高分子溶液内大分子与大分子之间存在相互作用能，同时在溶液中的单个大分子内也有链段之间的相互作用能，在一个大分子线团内，有一些链段之间因为彼此靠得很近而形成暂时的缔合点。线团中大部分被溶剂化的链段使整个大分子保持在溶液中，分子缔合点的存在则引起链蜷曲和紧缩。

在良溶剂中，线团松解扩张，密度小，链段间距离较大，$[\eta]$值较大；在不良溶剂中，线团呈蜷曲和紧缩，链段之间易于靠近，生成一些小缔合点，线团密度增大，$[\eta]$值降低。

② 当溶剂选定后，高分子溶液的特性黏度又随温度的变化而变化。在常温下，若高分子溶液的线团密度很大时（在不良溶剂中），则随温度升高，线团趋向于松解，因此，$[\eta]$值随温度升高而增大。在良溶剂中，由于线团已松解，所以$[\eta]$对温度的依赖性较小，随温度的升高而减小。

第四节 聚电解质溶液

一、概念

在侧链中含有很多可电离的离子性基团的高分子称为聚电解质。

当聚电解质溶于介电常数很大的溶剂（如水）中时，就会发生离解，结果生成高分子离子和许多低分子离子，低分子离子称为抗衡离子。如聚丙烯酸在水溶液中可离解出若干个氢离子，同时高分子链上生成相同数量的阴离子—COO^-。

表5-4中列出了一些常见的聚电解质。

表5-4 常见聚电解质及其侧链结构

聚电解质	侧链结构	聚电解质	侧链结构
聚丙烯酸	$—CH_2—CH(COOH)—$	聚乙烯磺酸	$—CH_2—CH(SO_3H)—$
聚丙烯酸钠	$—CH_2—CH(COONa)—$	聚磷酸	$—O—P(=O)(OH)—$
聚甲基丙烯酸	$—CH_2—C(CH_3)(COOH)—$	聚乙烯基磷酸	$—CH_2—CH[P(=O)(OH)_2]—$
苯乙烯与马来酸共聚物	$—CH(C_6H_5)—CH_2—CH(COOH)—CH(COOK)—$	聚谷氨酸	$—NH—CH(CH_2CH_2COOH)—C(=O)—$
丙烯酸与顺丁烯二酸共聚物	$—CH_2—CH(COOH)—CH(COOH)—CH(COOH)—$	聚苯乙烯磺酸	$—CH(C_6H_4SO_3H)—CH_2—$

二、聚电解质的性质

聚电解质的溶液性质与所用溶剂关系很大。若采用非离子化溶剂，则其溶液性质与普通非电解质高分子相似。但在离子化溶剂中，它不仅和普通非电解质高分子的溶液性质不同，而且表现出在低分子电解质中也无法体现的特殊行为。

溶液中的聚电解质和非电解质高分子一样，呈无规线团状，离解作用产生的抗衡离子分布在高分子离子的周围，但随着溶液浓度与抗衡离子浓度的不同，高分子离子的尺寸和溶液黏度会发生变化。当浓度较稀时，这些非常靠近的相同离子存在强大的静电斥力，高分子链尺寸较大，较为伸展，而且浓度越稀，离解程度越高，离子间排斥力越大，溶液黏度也就越大；当溶液浓度增大时，由于聚电解质能键合的抗衡离子较多，静电斥力相对减弱，高分子链发生蜷曲，尺寸变小，溶液的黏度则下降。

聚电解质可以用作絮凝剂、分散剂、催化剂、增稠剂、泥浆处理剂，经过适当处理还可用作吸水性高分子材料。

三、聚电解质的应用

（一）聚电解质在水处理领域的应用

1. 混凝剂和絮凝剂

利用聚电解质用量少、絮凝快的特点，将无机絮凝剂与聚电解质结合，在大幅度降低药剂投放量的同时可提高絮凝效率，降低污泥的生成体积。尤其是聚电解质在去除有机物方面更为显著。

2. 污泥脱水

为了降低污泥的运输和后处理成本，需要对污泥进行深度脱水处理。由于污泥的电荷作用使其含有较多的内部结合水和表面附着水，用机械的方法往往难以对其进行脱水处理，必须对其预先进行调理。聚电解质是一种非常有效的调理剂。

3. 其他应用

通过聚电解质与重金属螯合、与有机小分子污染物结合以及采用聚电解质凝胶复合的纳滤膜等手段，可以提高膜过滤过程中的截留率，实现水中可溶金属离子（可用于水的软化）、酸根离子、小分子有机物的分离。

（二）聚电解质在驱油领域的应用研究

随着能源问题日益凸显，石油开采工艺的提升和石油的强化开采备受重视。由于具有良好的增黏、改善水油流度比的功效，聚电解质在三次采油中起到了不可替代的作用。为了提高聚电解质的驱油效果，往往需要通过各种方法使聚电解质具有新的性能，使其在水中形成交联结构，以提高体系的黏度并达到降低水油流度比的目的。

（三）聚电解质在生物医用领域的应用

1. 药物控释缓释

利用聚电解质的层层自组装和膜本身对环境 pH 值、温度、离子强度的敏感性，这类材料被广泛用于制备药物胶囊，以控制药物释放、靶向定位、缓释药物。

2. 医用材料

聚电解质还被用于基因药物或移植器官的表面，以实现免疫隔离作用。在组织工程领域，被用于提高骨髓基质细胞在培养支架上的种植效率。聚电解质膜和水凝胶还有望用作人造皮肤和人造肌肉，还被用于滴眼液的添加剂以延长药物的给药时间。将抗真菌的聚电解质镀到医用器材的表面可实现抗菌防止感染的效果。在医用领域还被用来制作血氧测量传感器。

3. 生物传感领域

在生物传感领域，聚电解质被用于将具有生物活性的分子有效地组装到传感芯片的表面，实现对发挥感应作用的生物活性物质进行封装和隔离。

包覆不同层数聚电解质 $CaCO_3$ 微球的 SEM 图见图 5-1，聚苯胺-聚电解质-碳酸钙的 SEM 图见图 5-2。

图 5-1 包覆不同层数聚电解质 $CaCO_3$ 微球的 SEM 图

(a) (b) (c) (d)

图 5-2 聚苯胺-聚电解质-碳酸钙的 SEM 图

第五节 高分子浓溶液

高分子浓溶液的浓度处于稀溶液与熔融高分子之间，其浓度高于 5%。在稀溶液中，由于大分子间距离较远，主要考虑大分子内及大分子与溶剂间的相互作用，但当浓度高于 5% 后，由于大分子间的相互作用增加，使黏度与浓度的关系曲线出现转折点，转折点后的规律与稀溶液不同，但和熔体黏度与分子量的关系规律相似，说明浓度增加到一定程度后流动本质发生了变化。

下面就高分子浓溶液的应用作简要介绍。

一、高分子的增塑

为了改进某些高分子的使用性能，或为了加工性能的需要，常常在高分子中加入一定量的高沸点、低挥发性并能与高分子混溶的小分子液体，这种作用称为增塑，所用的小分子物质称为增塑剂。例如在聚氯乙烯成型加工中常加入 30%～50%的邻苯二甲酸二辛酯或邻苯二甲酸二丁酯。

塑料加入增塑剂后，降低了它的玻璃化转变温度和脆化温度，这就可以使其在较低的温度下使用，同时降低了它的流动温度，便于在较低温度下加工。此外，被增塑高分子的柔软性、冲击强度、断裂伸长率等均有所提高。

二、高分子的溶液纺丝

在合成纤维工业中常采用的纺丝方法，主要是将高分子熔融或溶解在适当的溶剂中配成浓溶液（浓度 15%以上），然后由喷丝头喷成细流，再经冷凝或凝固成为纤维。前者称为熔融纺丝，例如锦纶、涤纶等合成纤维都采用这种方法；后者称为溶液纺丝，如聚氯乙烯、聚丙烯腈、聚乙烯醇等，因为流动温度高于分解温度，在未达到流动温度时已经分解，无法通过升高温度使之处于流动状态，故只能将它们配制成浓溶液再进行纺丝。溶液法纺丝过程见图 5-3。

选择纺丝溶液的溶剂非常重要，溶剂必须是高分子的良溶剂，不易燃、不易爆且无毒性，价格低廉，回收简易，不易分解变质。此外，要控制溶液的浓度以及黏度。分子量、分子量分布、流动性能等对纺丝工艺及制品性能均有影响。

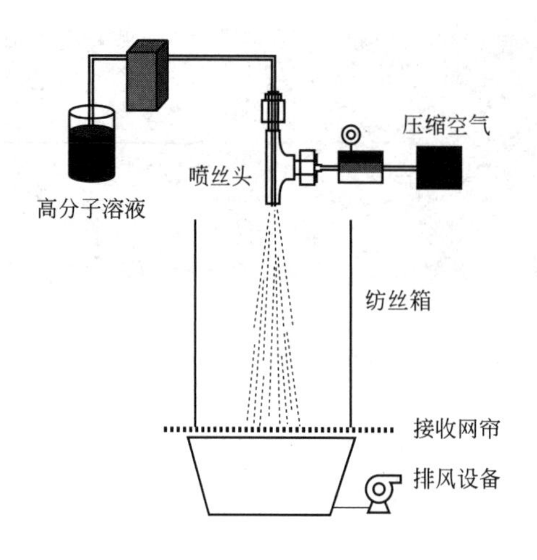

图 5-3　溶液法纺丝过程

图 5-4　高分子凝胶制品退热贴

三、凝胶和冻胶

高分子凝胶与冻胶是指溶液失去流动性的高分子溶液，例如溶胀后的高分子、食物中的琼脂、许多蛋白质、动植物的组织等。

通常凝胶是交联高分子的溶胀体，不能溶解，也不能熔融，既是高分子的浓溶液，又是高弹性的固体。而冻胶则是由范德瓦尔斯力交联形成的，加热或搅拌可以拆散范德瓦尔斯力交联，使冻胶溶解。自然界中的生物体都是凝胶，既有保持形态的强度而又柔软，还允许新陈代谢，排泄废物吸取营养。图 5-4 所示为高分子凝胶制品退热贴。

因此，凝胶和冻胶是高分子科学和生物科学研究的重要课题。例如，普通高分子在稀溶液中一般为无规线团的构象，在浓溶液中为相互贯穿的网状结构。而梳形高分子是一种非线型高分子，是多个线型支链规则而等距离地接枝在一个主链之上所形成的像梳子形状的高分子。凝胶的骨架为高分子，高分子结构的变化导致了凝胶性质的不同，在油田驱油应用中，成胶前，梳形凝胶和普通凝胶（见图 5-5）均属于假塑性流体，但前者的假塑性更强，梳形凝胶的弹性高于普通凝胶，且微观结构更为密实。岩心经梳形凝胶和普通凝胶封堵后的水驱采收增幅分别为 24.61％和 21.64％，梳形凝胶增油效果较好。

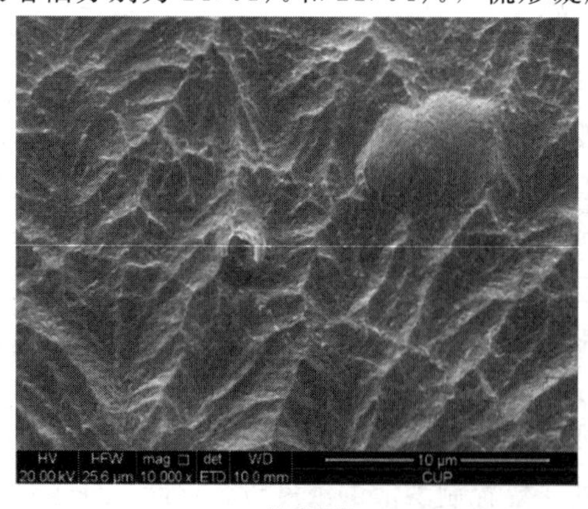

(a) 梳形凝胶

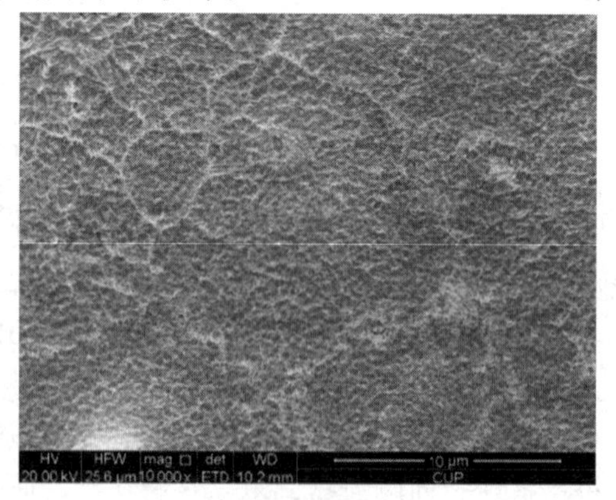

(b) 普通凝胶

图 5-5　梳形凝胶和普通凝胶的微观结构（10^4 倍）

阅读材料

中国量子化学之父——唐敖庆

唐敖庆（1915.11.18—2008.7.15），江苏宜兴人，著名的量子化学家和高分子物理化学家，中国科学院院士，中国现代理论化学的开拓者和奠基人，被誉为“中国量子化学之父”。

唐敖庆1940年毕业于西南联合大学化学系，1949年获美国哥伦比亚大学博士学位后，毅然冲破各种阻力，回到刚刚成立的新中国，开始了献身于社会主义建设事业的光辉历程。回国后，他立即投入祖国的教育事业中，在北京大学化学系任副教授、教授，1952年，全国高等学校院系调整时，他放弃了北京优越的工作和生活条件，响应国家的号召，带领7名教师和11名应届毕业生，开创和建设东北人民大学（吉林大学前身）化学系。

他在进行繁重的教学工作的同时，积极开展科学研究。他提倡搞科学研究的人，要参加教学工作，从事教学工作的人，要搞一些科研，强调要既搞教学又搞科研，才有利于人才的培养。唐敖庆专长物理化学和高分子物理化学，特别是量子化学。得益于坚实的数理化基础，在归国的当年，他就在中国化学会志上发表了《化学键函数的一般造法》的论文，接着，在化学键理论、分子内旋转理论和分子间作用力方面，进行了大量的研究工作；在化学键理论中，他提出了构造双电子基函数问题，发展了鲍林的杂化轨道理论，建立了统一处理含有s、p、d和f轨道的杂化方法；在分子内旋转理论中，他讨论了内旋转运动时的能量变化，提出了势能函数公式；在分子间作用力理论中，他将范德华力中的静电力、取向力和色散力进行了统一处理，并且得到了三分子间作用力。这些工作成果，在当时都达到了国际水平。

他提出计算复杂分子旋转能量变化规律“势能函数公式”，为从结构上改变物质性能提供了比较可靠的依据；针对化学键理论的重要分支——配位场理论这一科学前沿课题研究，创造性地发展完善了配位场理论及其研究方法；他与合作者共同着手分子轨道图形理论的系统研究，提出了“本征多项式的计算”“分子轨道系数计算”“对称性约化”三条定理，使繁复的量子化学计算简化为形式计算，这一量子化学形式体系，无论就计算还是对有关实验现象的解释，均表达为概括性高、含义直观、简便易行的分子图形的推理形式；80年代起，他致力于硼、碳原子簇的化学键和结果规则研究，提出了硼-碳原子簇结构的拓扑共轭关系，阐明其化学键特征和结构规则，在国际上产生了广泛影响。

唐敖庆注视国际理论化学研究的前沿领域，结合我国的实际情况，积极开展科学研究和教学工作，在归国后与其合作者一起，共在国内外学术刊物上发表论文160余篇，出版了《配位场理论方法》（中、英文版）、《分子轨道图形理论》（中、英文版）、《高分子反应统计理论》、《量子化学》和《应用量子化学》等学术著作。他热心于学术团体和学术刊物及出版工作。担任多种刊物的主编、副主编和编委，他还任国家教委高等学校化学教材编审委员会主任及一些出版机构的顾问。

由于唐敖庆在科学界和教育界的威望，在1981年被任命为国务院学位委员会委员，1986年被任命为国家自然科学基金委员会主任，同时改任吉林大学名誉校长，1987年被任命为国家自然科学奖励委员会副主任。对于唐敖庆的辛勤劳动和多方面的贡献，党和人民予以高度的信任和很高的荣誉，在1981年荣获全国劳动模范和吉林省特等劳动模范等光荣称号。

资料参考：

[1] 唐敖庆 中国量子化学之父 [J]．新青年（珍情），2019（09）：64.

[2] 林梦海．高山仰止——唐敖庆和他的弟子们 [J]．科技与出版，2015（12）：2.

[3] 周其凤，Chen Zhongcai. 纪念唐敖庆先生诞辰100周年特刊序言 [J]．高等学校化学学报，2015，36（11）：2079-2080.

[4] 江元生．唐敖庆与中国理论化学 [J]．化学进展，2011，23（12）：2399-2404.

[5] 乌力吉．唐敖庆：中国理论化学学派的缔造者 [J]．自然辩证法通讯，2011，33（02）：107-114，120.

思考题

1. 什么是溶解和溶胀？线型高分子和交联高分子溶胀的最终结果有什么不同？

2. 什么是高分子理想溶液？与小分子理想溶液有什么本质区别？

3. 溶度参数的含义是什么？运用“溶度参数相近原理”判断溶剂对高分子的溶解能力的依据是什么？

4. 为某种高分子选择合适的溶剂应该遵循哪些原则？

5. 什么是极性相近原则、溶剂化原则和溶度参数相近原则？

6. 比较聚丙烯、聚苯乙烯、聚酰胺和轻度交联橡胶溶解的特点。

7. 什么是θ温度？高于、低于或等于θ温度时，大分子的自然构象有何不同？

8. 高分子亚浓溶液的性质与稀溶液的性质有何不同？

9. 举例说明高分子浓溶液在工业上有哪些应用。

10. 举例说明高分子添加增塑剂后物理机械性能的变化，并解释其原因。

习题

1. 与小分子化合物相比，高分子的溶解过程有何特点？非晶高分子、结晶高分子和交联高分子的溶解行为有何不同？

2. 什么是“极性相似”原则、“溶度参数相近”原则和“溶剂化”原则？这三条原则有何区别及联系？

3. 高分子稀溶液黏度有几种表示方法？

4. 写出高分子平均分子量的表达式，并说明在单分散体系和多分散体系中它们的关系。

5. 一个高分子样品由分子量为10000、30000和100000三个单分散组分组成，计算下述混合物的$\overline{M}_n$和$\overline{M}_w$。

（1）每个组分的分子数相等；

（2）每个组分的质量相等。

6. 对膜渗透压法所选用的半透膜有何要求？并举例说出常用的半透膜。

7. 简述用渗透压法与黏度法测定高分子分子量的原理与方法。

第六章

高分子的物理状态与特征温度

第一节　高分子的物理状态

随着温度的变化，高分子与低分子化合物如水、二氧化碳类似，可以呈现不同的物理力学状态，在应用上，对材料的耐热性、耐寒性有着重要的意义。

高分子的物理状态不但取决于大分子的化学结构及聚集态结构，而且还与温度有直接关系。例如，常温下的橡胶柔软而富有弹性，可以用来制作轮胎、减震胶板等，但是，一旦冷冻到零下一百多摄氏度，则失去了弹性，变得像玻璃一样又硬又脆；又如聚甲基丙烯酸甲酯室温是坚硬的固体，一旦加热到一百摄氏度附近，则变得像橡皮一样柔软而富于弹性。诸如此类的事实说明，对于同一种高分子来说，如果所处的温度不同，那么分子运动状况就不相同，材料所表现出来的宏观物理性质也大不相同。

因此，通过学习不同高分子材料在一定温度下呈现的力学状态、热转变与松弛以及影响转变温度的各种因素，对于合理选用材料、确定加工工艺条件以及材料改性等都是非常重要的。所以，本节将通过热力学曲线对高分子的物理状态进行讨论，了解高分子物理状态与结构的关系，掌握一般的实验方法，并学习通过改变结构进行改性的方法。

均速升温（1℃/min），每 5℃以给定负荷压试样 10s，以试样的相对形变对温度作图，即可得到热力学曲线，又称形变-温度曲线，是表示高分子材料在一定负荷下，形变大小与温度关系的曲线。

按高分子的结构可以分为：线型非晶高分子形变-温度曲线、结晶高分子形变-温度曲线和其他类型的形变-温度曲线三种。

一、线型非晶高分子的物理状态

凡是在任何条件下都不能结晶的高分子称为非结晶性高分子，例如，自由基聚合得到的聚苯乙烯、聚甲基丙烯酸甲酯等。这类高分子是非晶态即无定形的。由第四章相关内容可知，随着温度的升高，在一定的作用力下，非晶高分子的热力学曲线（形变-温度曲线）可以分为玻璃态、玻璃化转变区、高弹态、黏流转变区、黏流态五个区。

线型非晶高分子的物理力学状态与分子量的关系，也可以在形变-温度曲线上体现出来。如图 6-1 所示的不同分子量的聚苯乙烯的形变-温度曲线，图中前七条曲线说明当平均分子量较低时，链段与整个分子链的运动是相同的，T_g 与 T_f 重合，即无高弹态。这种聚合物称为低聚物。随着平均分子量的增大，出现高弹态，而且 T_g 基本不随平均分子量的增大而增高，但 T_f 却随平均分子量的增大而增高，因此，高弹区随平均分子量的增大而变宽。

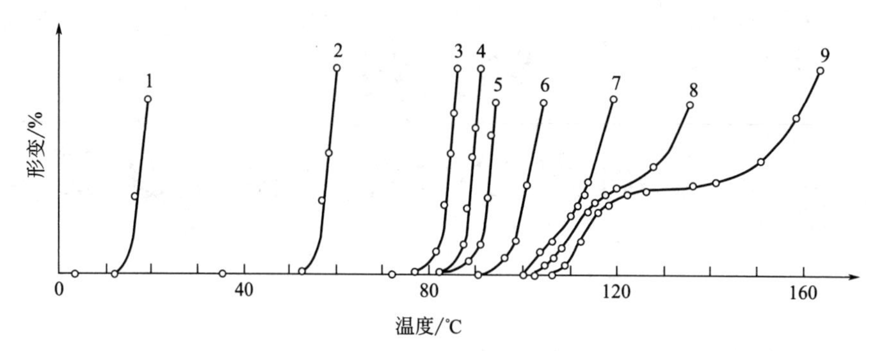

图 6-1 不同分子量的聚苯乙烯的热力学曲线

分子量依次为：1—360；2—440；3—500；4—1140；5—3000；

6—40000；7—12000；8—550000；9—638000

非晶高分子的物理力学状态与平均分子量及温度的关系如图 6-2 所示。高弹态与黏流态之间的过渡区，随平均分子量的增大而变宽，这主要是与分子量的分布有关。

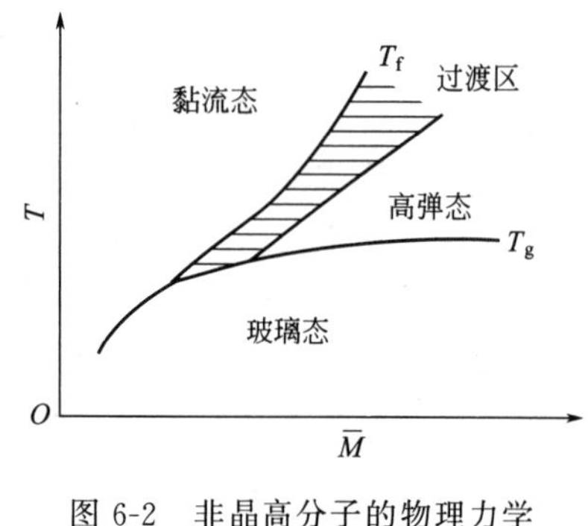

图 6-2 非晶高分子的物理力学状态与平均分子量及温度的关系

二、结晶高分子的物理状态

凡是在一定条件下能够结晶的高分子称为结晶高分子。结晶高分子按成型工艺条件的不同可以处于晶态和非晶态（可从熔体骤冷得到）。而处于晶态的高分子其结晶度也不相同，此外，它的分子量有大有小。因此，结晶高分子的形变-温度曲线可以呈现不同类型。

1. 结晶高分子处于晶态

结晶高分子的形变-温度曲线可以分为一般的和分子量很大的两种情况。一般分子量的结晶高分子的形变-温度曲线如图 6-3 中的曲线 1 所示。分子量不太大，结晶度大于 40%的高分子，微晶体彼此衔接，形成贯穿整个材料的连续晶相，结晶相能承受的应力比非晶相大得多。因此，在低温时，结晶高分子受晶格能的限制，高分子链段不能活动（即使温度高于 T_g），所以形变很小，一直维持到熔点 T_m，这时由于热运动克服了晶格能，高分子突然活动起来，便进入了黏流态，所以 T_m 又是黏性流动温度。

如果高分子的分子量很大，使得 $T_f > T_m$，则晶区熔融后，材料仍未呈现黏流，链段可随外力的施加（或排除）而伸展（或卷缩），出现高弹态，直到温度进一步升高到 T_f 以上，才进入黏流态，如图 6-3 中曲线 2 所示。

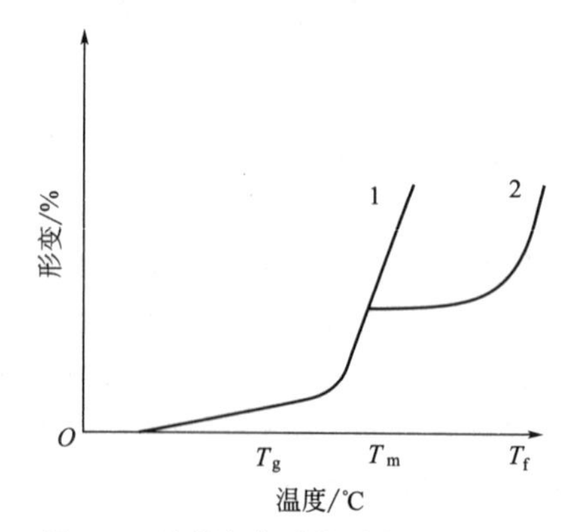

图 6-3 结晶高分子的形变-温度曲线

1—一般分子量；2—分子量很大

由此可知，一般结晶高分子只有两态：在 T_m 以下处于晶态，这时与非晶态的玻璃态相似，可以作塑料或纤维使用；在 T_m 以上时处于黏流态，可以进行成型加工。而分子量很大的结晶高分子则不同，它在温度达到 T_m 时进入高弹态，达到 T_f 才进入黏流态。因此，这种高分子有三种物理力学状态：温度在 T_m 以下时为玻璃态，温度在 T_m 与 T_f 之间时为高弹态，温度在 T_f 以上时为黏流态。这时可以进行成型加工，但由于高弹态一般不便成型加工，而且温度高了又容易分解，使成型产品的质量降低，为此，晶态高分子的分子量不宜太高。

2. 结晶高分子处于非晶态

结晶高分子由熔融状态下突然冷却（淬火）能生成非晶态结晶高分子（玻璃体）。这种状态下的高分子形变-温度曲线如图 6-4 中的曲线 3 所示。在温度达到 T_g 时，分子链段便活动起来，形变突然变大，同时链段排入晶区为晶态高分子，于是在 T_g 和 T_m 之间，曲线出现一个峰后又降低，一直到 T_m，如果分子量很大，便与图 6-4 中曲线 2 后部一样，先进入高弹态，最后进入黏流态。

玻璃化转变现象

晶态高分子的物理力学状态与分子量及温度的关系如图 6-5 所示。T_m 和 T_g 一样，平均分子量小时，随平均分子量增大而增高，但平均分子量足够大时，则几乎不变。过渡区也随平均分子量的增大而变宽。

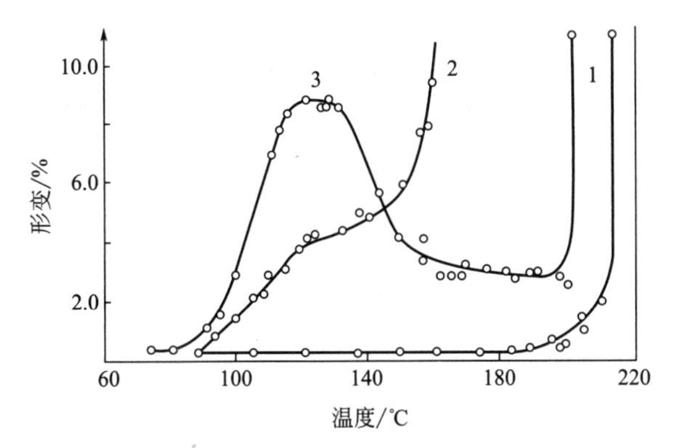

图 6-4 聚苯乙烯的形变-温度曲线
1—晶态等规 PS；2—无规 PS；3—非晶态等规 PS

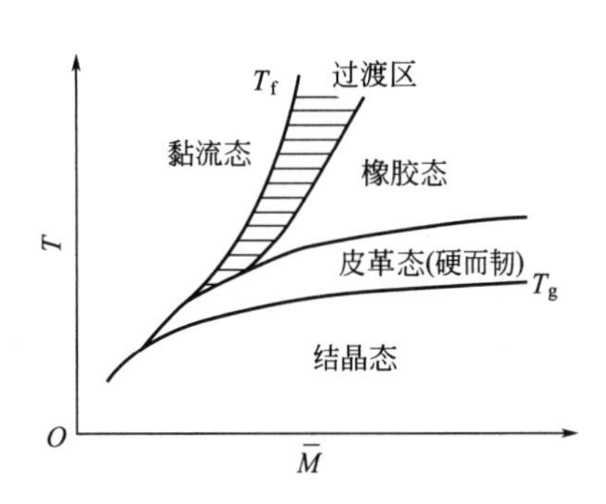

图 6-5 晶态高分子的物理力学状态与平均分子量及温度的关系

第二节 各种特征温度与测定

高分子常见的特征温度有：玻璃化转变温度（T_g）、熔融温度（T_m）、黏流温度（T_f）、热分解温度（T_d）、脆化温度（T_b）等。

一、玻璃化转变温度

1. 玻璃化转变温度的定义及应用

玻璃化转变温度是高分子链段运动开始发生（或被冻结）的温度，用 T_g 表示。因此，它是非晶高分子作为塑料使用时的耐热温度（或最高使用温度）和作为橡胶使用的耐寒温度（或最低使用温度）。

2. 影响玻璃化转变温度的因素

（1）大分子主链柔性的影响　凡是对大分子主链柔性有影响因素，对玻璃化转变温度都有影响。柔性越大，玻璃化转变温度越低，刚性系数越大（柔性越差），则玻璃化转变温度越高。表 6-1 列出了部分高分子材料的玻璃化转变温度与刚性系数的关系。

表 6-1 部分高分子材料的玻璃化转变温度与刚性系数的关系

高分子材料	T_g/K	刚性系数	高分子材料	T_g/K	刚性系数
聚乙烯	160	1.63	聚丙烯酸甲酯	282	2.05
聚丙烯	238	1.87	聚醋酸乙烯酯	302	2.16
聚三氟氯乙烯	318	2.03	聚氯乙烯	355	2.32
聚苯乙烯	360	2.3	聚丙烯腈	369	2.37
聚甲基丙烯酸甲酯	318(全同)	2.14	聚甲基丙烯酸正丁酯	295	1.98
聚甲基丙烯酸甲酯	378(间同)	2.4	聚己二酸乙二酯	216	1.68
聚异戊二烯(顺式)	201	1.67	聚环氧丙烷	198	1.62
聚异丁烯	203	1.8	聚环氧乙烷	206	1.63

(2) 分子间作用力的影响 分子间作用力越大，则玻璃化转变温度越高。能够在分子间形成氢键的聚酰胺、聚乙烯醇、聚丙烯酸、聚丙烯腈等的玻璃化转变温度都较高。表 6-2 中列出部分高分子材料的玻璃化转变温度与分子间作用力的关系。

表 6-2 部分高分子材料的玻璃化转变温度与分子间作用力的关系

高分子材料	单体蒸发热/(J/mol)	T_g/K	高分子材料	单体蒸发热/(J/mol)	T_g/K
聚乙烯咔唑	40000	473	聚丙烯酸甲酯	31000	273
聚 α-甲基苯乙烯	37400	448	聚丙烯酸正丁酯	36800	223
聚乙烯环己烷	36500	413	聚乙烯异丁醚	31400	213
聚苯乙烯	36500	360	聚异丁烯	23500	203
聚甲基丙烯酸甲酯	32700	373	聚异戊二烯(顺式)	27300	201
聚醋酸乙烯酯	30200	302	聚丁二烯	24000	173(顺式),418(反式)
聚丙烯酸环己酯		313	聚氯乙烯	24300	355

(3) 分子量的影响 分子量对玻璃化转变温度的影响，可以参看图 6-2 曲线及相关的解释，也可以用数学经验公式来表示：

$$T_g = T_g^{\infty} - K/\overline{M} \tag{6-1}$$

式中 T_g——高分子的玻璃化转变温度；

T_g^{∞}——分子量无限大时的玻璃化转变温度，实际上为与分子量有关的玻璃化转变温度上限值；

K——常数；

$\overline{M}$——高分子的平均分子量。

该式说明，玻璃化转变温度随高分子平均分子量的增大而升高，当高分子平均分子量增大到一定数值后，玻璃化转变温度变化不大，并趋于某一定值。

(4) 共聚的影响 通过共聚合的方法，可以对高分子的玻璃化转变温度进行调整。共聚物的玻璃化转变温度总是介于组成该共聚物的两个或若干个不同单体的均聚物玻璃化转变温度之间。双组分无规共聚物的玻璃化转变温度通常可用下式表示：

$$T_g = v_A T_{gA} + v_B T_{gB} \tag{6-2}$$

$$1/T_g = w_A/T_{gA} + w_B/T_{gB} \tag{6-3}$$

式中 T_g——共聚物的玻璃化转变温度；

T_{gA}——A 单体均聚物的玻璃化转变温度；

T_{gB}——B 单体均聚物的玻璃化转变温度；

v_A、v_B——A、B单体共聚时的体积分数；

w_A、w_B——A、B单位共聚时的质量分数。

接枝共聚物、嵌段共聚物和两种均聚物的共混物，一般都有两个或多个玻璃化转变温度值。

（5）交联的影响　分子间的化学键交联对玻璃化转变温度的影响如表6-3所示。当交联度不大时，玻璃化转变温度变化不大；当交联度增大时，玻璃化转变温度随之增大。

表6-3　交联剂用量对高分子玻璃化转变温度的影响

含硫量	0%	0.25%	10%	20%
硫化天然橡胶 T_g/K	209	208	233	240
二乙烯基苯/%	0	0.6	0.8	1.0
交联聚苯乙烯 T_g/K	360	362.5	365	367.5
交联链的平均链节数	0	172	101	92

也可以用下式进行计算。

$$T_{gx}=T_g+K_x\rho \tag{6-4}$$

式中　T_{gx}——交联高分子的玻璃化转变温度；

T_g——未交联高分子的玻璃化转变温度；

K_x——常数；

ρ——单位体积的交联度。

（6）增塑剂的影响　为便于成型加工或改进高分子的某些物理力学性能，常常在高分子中加入某些低分子物质，以降低高分子的玻璃化转变温度和增加其流动，这就是增塑作用，通常加入的低分子物质多数是沸点高、能与高分子混溶的低分子液体物质，称为增塑剂。

例如纯聚氯乙烯 T_g=87℃，室温下为硬塑料，但加入45%的邻苯二甲酸二丁酯后，T_g 可降至−30℃，室温下呈高弹态。

增塑剂的加入一般分两种情况。

① 极性增塑剂加入极性高分子。加入后，玻璃化转变温度的降低值与增塑剂的物质的量成正比，即：

$$\Delta T_g=Kn \tag{6-5}$$

式中　ΔT_g——玻璃化转变温度降低值；

K——比例常数；

n——增塑剂的物质的量。

② 非极性增塑剂加入非极性高分子。加入后，玻璃化转变温度的降低值与增塑剂的体积分数成正比，即：

$$\Delta T_g=\beta v \tag{6-6}$$

式中　β——比例常数；

v——增塑剂的体积分数。

（7）外界条件的影响　首先是外力大小的影响。施加的外力越大，玻璃化转变温度降低得越多，即施加外力有利于链段的运动。另外，外力作用的时间、升温的速率对玻璃化转变温度都有影响。外力大小对玻璃化转变温度的影响如图6-6所示。

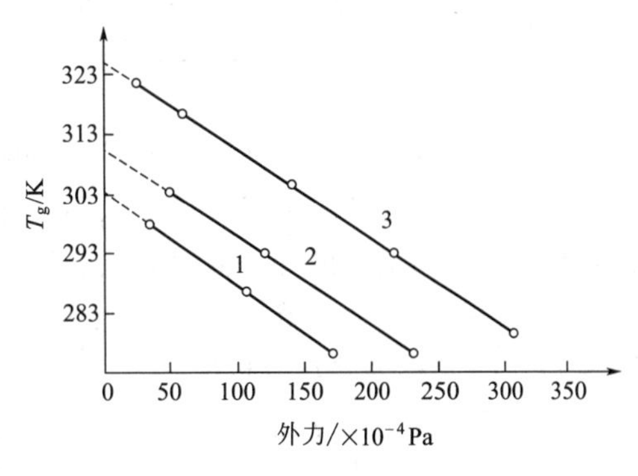

图6-6　外力大小对玻璃化转变温度的影响
1—聚醋酸乙烯酯；2—聚苯乙烯（增塑）；3—聚乙烯醇缩丁醛

3. 玻璃化转变温度的测定方法

玻璃化转变温度测定的主要依据：高分子在发生玻璃化转变的同时，高分子的密度、比体积、热膨胀系数、比热容、折射率等物性参数发生变化，因此，通过相应的实验，对高分子试样进行测试，就可以测出玻璃化转变温度值。

最常用的方法有：热力学曲线法、膨胀计法、电性能测试法、差热分析法和动态力学法等。图 6-7 是聚醋酸乙烯酯的热膨胀-温度曲线，图 6-8 是天然橡胶的比热容-温度曲线。

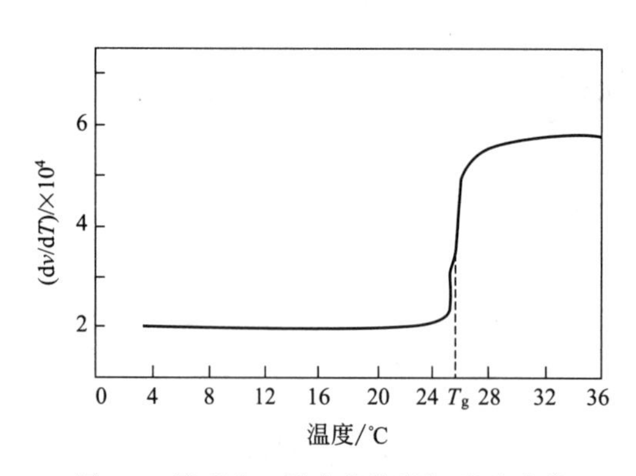

图 6-7 聚醋酸乙烯酯的热膨胀-温度曲线

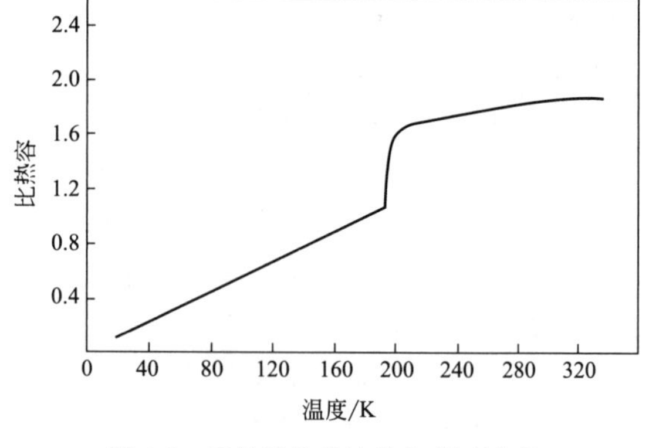

图 6-8 天然橡胶的比热容-温度曲线

差热分析的方法不但可以测定玻璃化转变温度，还可以测定结晶温度、熔点、热分解温度等，下面作以适当的介绍。

差热分析（DTA）的原理：高分子结构随外界温度变化，发生某种物理转变或化学变化时，常伴有热效应的变化。其测试装置如图 6-9 所示。

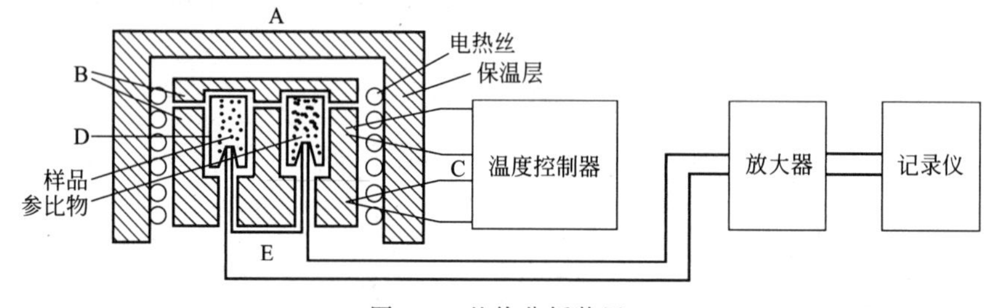

图 6-9 差热分析装置

A—加热电炉；B—有盖的保温座；C—加热炉控温热电偶对；D—样品池；E—测温热电偶对

测试时，将待测高分子样品装入测试样品池中，将参比物装入参比样品池。在等速升温的情况下，采用灵敏的热电偶对直接进行量热，经电学控制系统，把插入在中性参比物质中的热电偶的温度和插入高分子中的另一热电偶的温度差，经放大后记录下来，就能得到温差-温度曲线或称为差热分析谱线。

测定部分的温度变化，取决于样品和参比物的密度、比热容、热传导性、热扩散、试样量、升温速度等因素。其温度-时间变化如图 6-10(a) 所示，对应记录下来的温差与温度的关系如图 6-10(b) 所示。在玻璃化转变温度处由于高分子的热容突然变化，故谱线发生转折。在放热的变化过程中（结晶、氧化或交联），谱线出现放热峰，而在吸热过程中（熔融或热分解），谱线出现吸热峰。

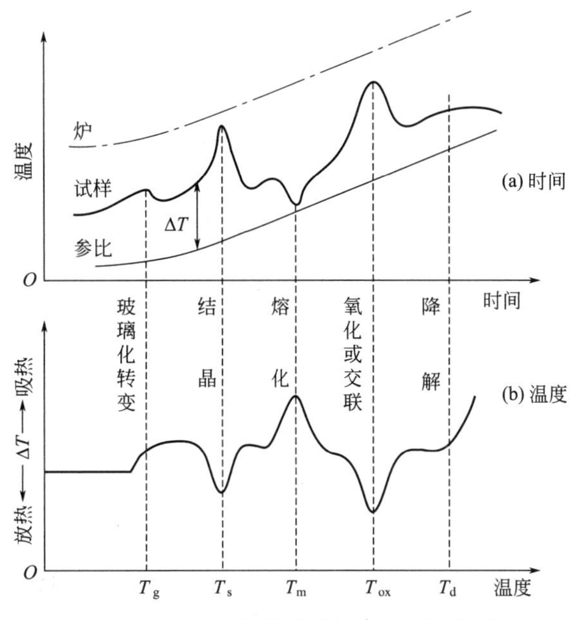

图 6-10 DTA 信号对时间和温度的关系

图 6-11 是等规聚丙烯和无规聚丙烯的差热分析谱线。图 6-12 是低密度聚乙烯和高密度聚乙烯的差热分析谱线，从图中可以看出低密度聚乙烯的熔点低，熔限宽。图 6-13 是尼龙 6 和尼龙 66 的差热分析谱线，其中玻璃化转变温度比较接近，在 50℃左右，但熔点相差较多。

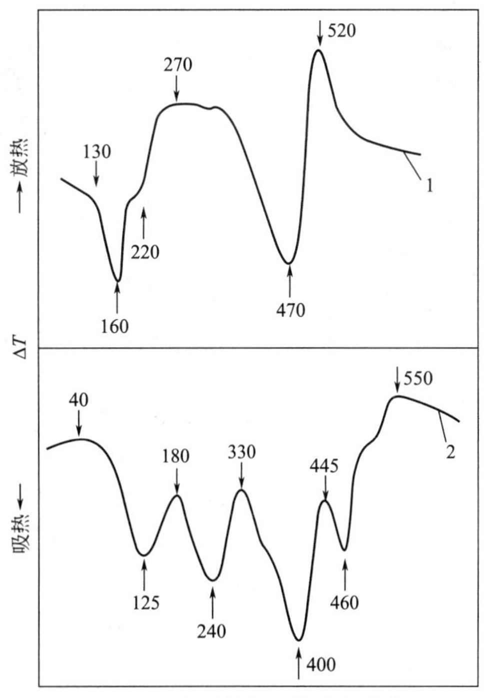

图 6-11 聚丙烯的差热分析谱线

1—等规 PP；2—无规 PP

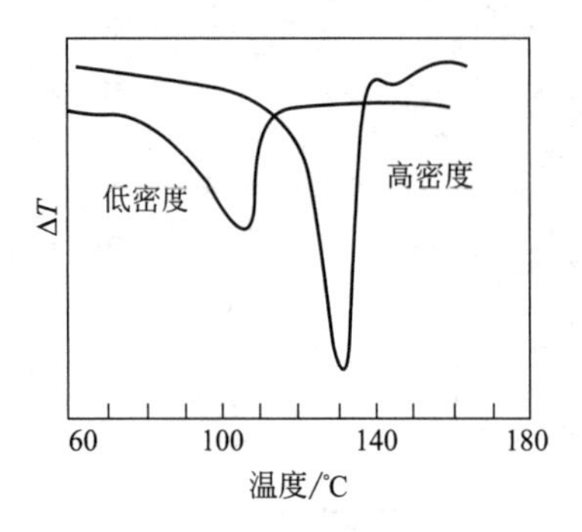

图 6-12 低密度聚乙烯和高密度聚乙烯的差热分析谱线

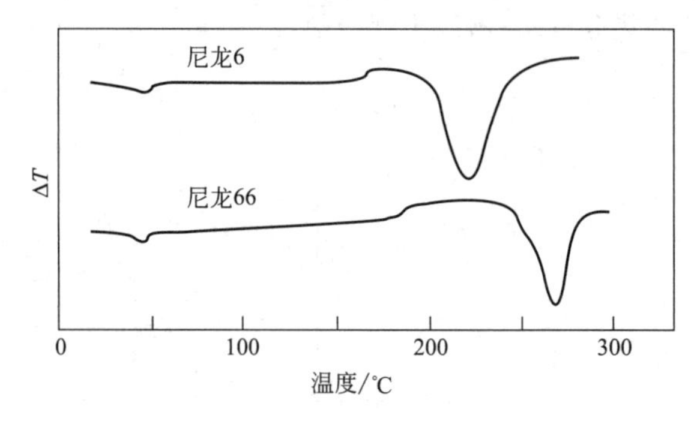

图 6-13 尼龙 6 和尼龙 66 的差热分析谱线

二、熔点

1. 熔点的定义与应用

晶态高分子的熔点（melting point）是在平衡状态下晶体完全消失的温度，一般用 T_m 表示。对于晶态高分子的塑料和纤维来说，T_m 是它们的最高使用温度，又是它们的耐热温度，还是这类高分子成型加工的最低温度。

无论是小分子结晶物质还是晶态高分子其结晶的熔融过程，都是从晶相到液相的转变过程。小分子结晶熔融时，热力学函数有突变（线型为折线），熔化的温度范围窄（$T_m \pm 0.1℃$），熔点与两相的含量无关。

晶态高分子熔融时，快速升温线型为渐进线（非折线），但极慢升温速率下，也能得到折线，熔化的温度范围宽，且熔点与两相的含量有关，即晶态高分子的熔融过程与小分子结晶的熔融过程只有程度上的差异，而无本质上的不同。最大的差别是，小分子结晶的熔点无记忆性（与结晶的过程无关），而晶态高分子的熔点有记忆性（与结晶的过程有关）。

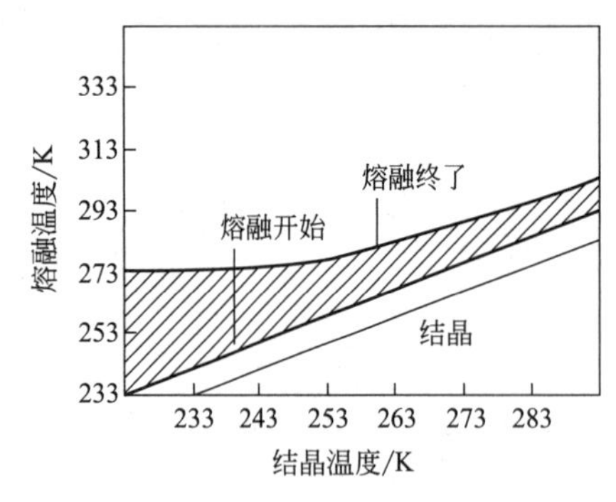

图 6-14 天然橡胶的熔融温度与结晶温度的关系

这一点反映在图 6-14 所示的天然橡胶熔融温度与结晶温度的关系中，就是低温下结晶，熔化的温度范围宽，熔点低；高温下结晶，熔化的温度范围窄，熔点高。这一现象与高分子的分子量大小和多分散性等有关。当结晶温度低时，晶核的生成率高，但晶体成长慢，容易导致数量多、尺寸小、不均匀、不完整的晶体。同时分子量大的分子低温排列困难，结晶不完整；而分子量小的分子排列相对容易，结晶较完整。

因此，对该结晶体系进行升温熔融时，不完整的部分结晶在较低温度下就开始熔融，较完整的结晶部分在较高温度下才能熔融。当结晶温度高时，尽管晶核生成率低，但高温下有利于分子链的运动，有利于晶体的生长，使结晶大小均匀、相对完整（分子量大的部分与小的部分还有差别），在对该结晶进行升温熔融时，需要较高的温度，且熔融温度范围较窄。

2. 影响熔点的因素

因为熔点是结晶高分子的最高使用温度，所以熔点越高，对使用越有利。因此，通过对影响熔点因素的分析，可找到合适的途径提高结晶高分子的熔点。

在平衡熔点时，高分子的晶相与非晶相达到热力学平衡，$\Delta F=0$，即：

$$\Delta F=\Delta H-T\Delta S=0 \tag{6-7}$$

所以其熔点为：

$$T_m=\Delta H/\Delta S \tag{6-8}$$

式中 ΔH——1mol 重复结构单元的熔化热；

ΔS——1mol 重复结构单元的熔化熵。

由此可知，ΔH 越大或 ΔS 越小，则高分子的熔点越高。ΔH 与分子间作用力的强弱有关，在高分子主链中或侧基上引入极性基团，或在大分子间形成氢键，均能增大分子间的作用力，进而提高 ΔH，如表 6-4 所示。

表 6-4 分子间作用力对熔点的影响

高分子材料	T_m/K	高分子材料	T_m/K
聚乙烯	410	聚丙烯腈	590
聚氯乙烯	483	聚酰胺 66	538
全同立构聚苯乙烯	513		

ΔS 与晶体熔化后分子的混乱程度有关，进而与分子链的柔性有关。柔性越好，晶体熔化后分子链的混乱程度就越大，因此其熔点就越低。当主链引入苯环时，则柔性下降，刚性增加，因此使熔点升高，如表 6-5 所示。

表 6-5 高分子链的柔性对熔点的影响

结构特点	高分子材料	T_m/K
主链中有孤立双键	天然橡胶	301
	聚氯丁二烯	353
主链全部是共价单键	聚乙烯	410
	聚甲醛	450
	聚 1-丁烯	399
主链中含苯环	聚对苯二甲酸乙二酯	537
	聚对二甲苯	648
	聚苯	803

另外一种工业上常用的方法是，对结晶高分子进行高度拉伸，以使拉伸的结晶完全，进而提高熔点。

3. 熔点的测定方法

熔点的测定方法基本上与玻璃化转变温度的测定方法相同，这里不再详述。

三、黏流温度

1. 黏流温度的定义与应用

黏流温度（viscous flow temperature）是非晶高分子熔化后发生黏性流动的温度，用 T_f 表示。又是非晶高分子从高弹态向黏流态的转变温度，是这类高分子成型加工的最低温度。这类高分子材料只有当发生黏性流动时，才可能随意改变其形状。因此，黏流温度的高低，对高分子材料的成型加工有很重要的意义，黏流温度越高越不易加工。

2. 影响黏流温度的因素

影响黏流温度的因素主要是大分子链的柔性（或刚性）。柔性越大，黏流温度越低；反之，刚性越大，黏流温度越高。其次是高分子的平均分子量，高分子的平均分子量越大，分子间内摩擦越大，大分子的相对位移越难，因此，黏流温度越高。

3. 黏流温度的测定方法

黏流温度可以用热力学曲线、差热分析等方法进行测定。但要注意，黏流温度要作为加工温度的参考温度时，测定时的压力与加工条件越接近越好。

四、软化温度

软化温度测试过程

软化温度（softening temperature）是在某一指定的应力及条件下（如试样的大小、升温速度、施加外力的方式等），高分子试样达到一定形变数值时的温度，一般用 T_s 表示。它是生产部门产品质量控制、塑料成型加工和应用的一个参数。

常见软化温度表示方法有如下几种。

1. 马丁耐热温度

在升温速度为 50℃/h，且平均 10℃/12min 的条件下，以悬臂梁式弯曲力矩为 50kg/cm^2 的弯曲力作用于试样上，当固定于试样上、长 240cm 的横杆顶端指示下降 6cm 时的温度，称为马丁耐热温度。一般用定型的马丁耐热试验箱进行测定。

2. 维卡耐热温度

用横截面积为 1mm^2 的圆柱形压针，垂直插入试样中（试样厚度大于 3mm，长、宽大于 10mm），在液体传热介质中，以（5±0.5)℃/6min 或（12±1)℃/6min 的速度等速升温，并使压入负荷为 5kg 或 1kg 的条件下，当圆柱形压针压入 1mm 时的温度，称为该材料的维卡软化点（以摄氏温度表示）。

3. 弯曲负荷热变形温度

弯曲负荷热变形温度，简称热变形温度，在液体传热介质中，以（12±1)℃/6min 的速度等速升温的条件下，以简支梁式、在长 120mm、高 15mm、宽 313mm 的长条形试样的中部，施加最大弯曲正应力为 18.5kg/cm^2 或 4.6kg/cm^2 的静弯曲负荷，用试样弯曲变形达到规定值（按实验情况所规定的挠度值）时的温度（℃）表示。

五、热分解温度

热分解温度（thermal destruction temperature）是高分子材料开始发生交联、降解等化学变化的温度，用 T_d 表示。它显示了高分子材料成型加工不能超过的温度，因此，黏流态的加工区间是在黏流温度与热分解温度之间。

有些高分子的黏流温度与热分解温度很接近，例如聚三氟氯乙烯及聚氯乙烯等，在成型时必须注意，用纯聚氯乙烯树脂成型时，难免发生部分分解或降解，导致树脂变色、解聚或降解。因此，常在聚氯乙烯树脂中加入增塑剂以降低塑化温度，并加入稳定剂以阻止分解，使加工成型得以顺利进行。对绝大部分树脂来说，加入适当的稳定剂，是保证加工质量的一个重要条件。

热分解温度的测定，可采用差热分析、热失重、热力学曲线等方法。

六、脆化温度

脆化温度（brittleness temperature）是指材料在受强力作用时，从韧性断裂转为脆性断裂时的温度，用 T_b 表示。但定义的说法较多。

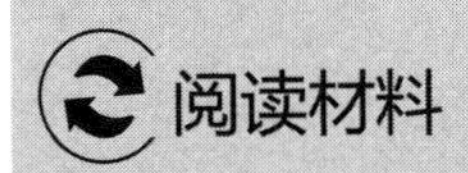

我国高分子材料研究领域奠基人——徐僖

徐僖（1921.1.16—2013.2.16），中共党员、九三学社社员，英国皇家化学会会士，我国高分子材料学科的开拓者和奠基人，原成都科技大学副校长、原高分子材料工程国家重点实验室主任，高分子研究所所长，解放军总后勤部军需部特邀顾问专家。

徐僖出生于江苏南京，自幼勤奋好学。1937年12月日寇入侵南京，他随父母逃难到四川，先后就读万县金陵大学附中和重庆南开中学，1940年毕业，考入内迁贵州的浙江大学化工系，1944年毕业留校师从我国著名染料专家侯毓汾教授研究五倍子（旧称五棓子）染料。在此过程中，徐僖使用从五倍子中获得的3,4,5-三烃基苯甲酸，制得1,2,3-苯三酚，随后便着手研究五倍子塑料，希望将川黔地区丰富的土特产五倍子开发出来，创建中国塑料工业。1947年5月，徐僖通过了中华教育基金会公费留学考试，随后赴美国深造，并获科学硕士学位。为掌握五倍子塑料生产方面的经验和操作技能，他毅然放弃攻读博士学位的机会，到纽约州诺切斯特城柯达公司精细化学药品车间学习，新中国成立前夕，他满怀对祖国的深情，冲破重重阻挠，回到祖国。

1949年秋，他应聘重庆大学，主持了五倍子塑料中试研究，1953年，重庆棓酸塑料厂正式投产，这是由我国工程技术人员自己设计、完全采用国产设备和原料建立的第一个塑料厂。1953年春，他在四川化工学院筹建我国高等学校第一个塑料工学专业。他仅用了几个月的时间就完成了拟定教学大纲、筹集仪器设备、组织师资队伍等工作。1953年夏，该专业开始面向全国招生，随后培养出我国首批塑料专业高等技术人才。1960年，他撰写出版了我国高校工科第一本高分子专业教科书《高分子化学原理》，1964年又创建了我国高等学校第一个高分子研究所，1965年出版了译著《聚合物降解过程化学》。

50年代后期，徐僖开始招收研究生，1981年他成为我国首批博士生导师之一。1989年，他负责筹建高分子材料工程国家重点实验室，建立高分子材料博士后流动站，成为我国高分子材料领域第一个四位一体的科研和高层次人才培养基地。

他先后主持、指导了国家自然科学基金重大项目、重点项目，国家攀登计划项目，八六三项目，与美国和荷兰等国的国际合作研究项目。他是国家重点基础研究发展规划项目（九七三项目）“通用高分子材料高性能化的基础研究”的积极倡导者。50余年来，他先后发表论文200余篇，出版著作和译著4本，申请专利20项，曾获国家自然科学奖、国家发明奖、高分子科学和高层次人才培养国家级优秀成果奖、高分子化学育才奖等20余项国家、部委、省级奖和何梁何利基金科学与技术进步奖，曾被授予国防军工协作先进个人，全国高校先进科技工作者和全国教育系统劳动模范等称号。

徐僖不但是一位治学严谨、勇攀高峰的科学家，而且是一位爱国、爱民、求真、求实、助人为乐的教育家。他经常用自己的亲身经历教育学生要热爱祖国和人民：脚踏实地，追求真理，献身科学。在古稀之年，徐僖仍为研究生开设了聚合物的结构与性能、多组分高分子材料的结构表征和高分子化学流变学等多门课程。他从教五十余年，桃李满天下，他培养的学生许多已成为高等院校、科研机构和大中型企业的科研教学技术骨干和领导干部。徐僖院士的最大心愿是“中国人能在世界上普遍受到尊重”，他的人生格言是“人生的乐趣在于无私奉献，助人为乐”。

资料参考：

[1] 杨亲民．世界知名的材料科学家 我国高分子材料研究领域奠基人——中国科学院院士徐僖 [J]．功能材料信息，2009，5 (6)：17-19.

[2] 柴玉田．我国高分子材料事业的奠基人和开拓者——记中国工程院院士徐僖 [J]．化工管理，2014，5：62-67.

思考题

1. 什么是高分子的凝聚态？
2. 试述高分子的玻璃化转变，并举例说明测定玻璃化转变温度的方法。
3. 在选择高分子材料时玻璃化转变温度有何参考价值？
4. 影响玻璃化转变温度的结构因素有哪些？外力因素有哪些？
5. 高分子的结晶熔化过程与玻璃化转变过程有什么本质不同？
6. 试述改变高分子玻璃化温度的几种措施。
7. 如何提高结构一定的橡胶的耐寒性能。
8. 如何提高高分子材料的耐热性。
9. 高分子成型加工的上限温度和下限温度分别是什么？上限温度由哪些因素决定？
10. 脆化温度、软化温度、分解温度的概念是什么？对高分子材料加工成型和使用有什么参考价值？

习题

1. 画出非晶高分子定负荷下的温度-形变曲线，并作一适当分析。
2. 画出结晶高分子定负荷下的温度-形变曲线，并作一适当分析。
3. 解释玻璃化转变温度的定义，并指明其影响因素和使用价值。举例说明它的测定方法。
4. 解释熔点的定义，说明高分子结晶和小分子结晶的异同点。说明影响因素与测定方法。指出熔点的使用价值。
5. 解释黏流温度的定义，说明影响因素、使用价值、测定方法。
6. 说明各种软化温度的测定条件。

第七章

高分子的力学性能

高分子的力学性能是指高分子材料在受到外部应力作用后的响应特性。当高分子材料作为形状和结构材料使用时，力学性能显得尤其重要。与其他材料比较，高分子材料具有容易加工的特性，拥有许多独特、适应范围很宽的力学性能。因此学习高分子材料力学性能与高分子结构及分子链运动之间的关系，对于优化高分子制品的设计、选择合理的成型加工条件、制备性能优异的高分子产品具有重要意义。

第一节 材料的力学概念

一、外力

外力（external force）是指对材料所施加的、使材料形变的力，一般又称为负荷，如拉力、压力等。

二、内力

内力（internal force）是指材料为反抗外力、使材料保持原状所具有的力。在外力消除后，内力使物体回复原状并自行逐步消除，如弹簧、硫化橡胶的回缩力。内力也可以由于发生分子链的移动而自行消除，如未硫化的天然橡胶在定伸长维持一段时间后，通过分子链的滑动自行消除。

内力产生的本质，可以从能和熵的变化来理解：外力使分子发生运动而离开势能或熵较大的平衡状态，到达势能较高或熵值较小的状态，因而有自动回复到原来平衡状态的倾向。当材料的变形维持一定时，内力与外力达到平衡，数值上大小相等、方向相反。

三、形变

当材料受到外力作用，它的几何形状和尺寸会发生变化，这种变化称为形变。材料的变形（deformation）值，一般指绝对形变，即图 7-1 中的 Δx、Δy、Δz。同一材料由于本身尺寸不同，或受力大小不同，其绝对值也不相同，因此为了进行比较，需要引入相对形变，即 $\Delta x/x$、$\Delta y/y$、$\Delta z/z$。这是无单位的比值或百分数，对拉伸来说，该比值称为伸长率。

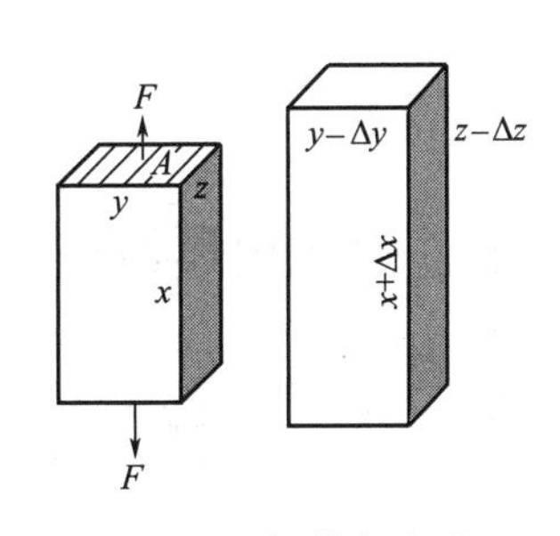

图 7-1 拉伸与变形

四、应力、应变及强度

单位面积所受的力，称为应力（stress），一般用 σ 表示。在图 7-1 中，当面积为 A 时，则 $\sigma=F/A$。在一定条件下，材料所能忍受的最大应力称为强度，常用单位为 MPa。

在应力作用下，单位长度（单位面积或单位体积）所发生的形变，称为应变（strain），一般用 γ 或 ε 表示。

五、泊松比

任何一种材料，在受力发生形变时，必定是三维方向的，如图 7-1 所示。$\varepsilon_x=\Delta x/x$、$\varepsilon_y=\Delta y/y$、$\varepsilon_z=\Delta z/z$。如果在拉伸中体积不变，且增大的数为正值，则 $\varepsilon_x>0$，$\varepsilon_y<0$，$\varepsilon_z<0$。泊松比是指材料在单向受拉或受压时，横向正应变与轴向正应变的绝对值的比值，也叫横向变形系数，是反映材料横向变形的弹性常数。在理想的情况下：$\varepsilon_y=\varepsilon_z=-\nu\varepsilon_x$，$\nu$ 称为泊松比。泊松比的值在 $-1\sim0.5$ 区间，一般是正值，大部分材料的泊松比范围在 $0\sim0.5$，其中超弹性橡胶材料，一般是 0.5，不可压缩材料也一般近似于 0.5；一般钢铁材料取值 0.3 左右，软木的泊松比是 0（当被压缩时，软木在纵向几乎没有变化）。负泊松比效应，是指受拉伸时，材料在弹性范围内横向发生膨胀，而受压缩时，材料的横向反而发生收缩。一般而言，负泊松比材料可以分为多孔状负泊松比材料（如泡沫材料和蜂巢状结构材料）、负泊松比复合材料及分子负泊松比材料等。负泊松比材料的优点：提高了材料的剪切模量、材料的抗缺口性能、抗断裂性能以及材料的回弹性。负泊松比材料适合制造紧固件或安全带，也可以制造隔音材料，或者作内燃机中催化剂转化器的载体材料。

六、应力及应变的形式

按外力作用的方式不同，物体的形变也不同，基本形式有拉伸、压缩、剪切、扭转和弯曲五种，如图 7-2 和图 7-3 所示。

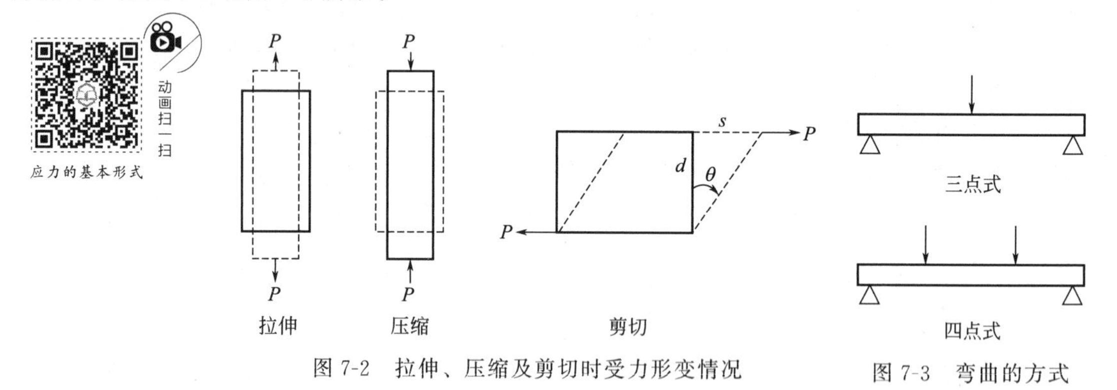

图 7-2 拉伸、压缩及剪切时受力形变情况

图 7-3 弯曲的方式

七、模量和柔量

模量是引起单位应变所需要的应力，一般用 E 表示，E=应力/应变。相应于不同的受力状态，有不同的模量称谓，如拉伸模量、压缩模量、切变模量、弯曲模量等等。

模量反映高分子材料的硬性或刚性，模量大，则刚性大。反之，从模量的倒数可以看出高分子变形的难易程度，$1/E$ 越大，就越容易变形，一般称 $1/E$ 为柔量，常用符号 J 表示。

八、拉伸强度

拉伸强度是在规定的温度、湿度和加载速度下，在试样上沿轴向施加拉力直到试样被拉断为止，断裂前试样所承受的最大载荷与试样截面积之比称为拉伸强度。同样，若向试样施加单向压缩载荷则可测得压缩强度。

九、弯曲强度

弯曲强度是在规定条件下对标准试样施加静弯曲力矩，取试样断裂前的最大载荷，按式(7-1) 计算弯曲强度：

$$\sigma_t = 1.5\frac{PL_0}{bd^2} \tag{7-1}$$

此时的弯曲模量为：

$$E_t = \frac{\Delta PL_0^3}{4bd^3\delta_0} \tag{7-2}$$

式中 L_0，b，d——试样的长、宽、厚；

ΔP，δ_0——弯曲形变较小时的载荷和挠度。

十、冲击强度

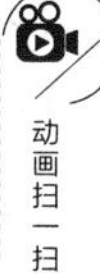

冲击强度是衡量材料韧性的一种指标。一般是指试样受冲击载荷而破裂时单位面积所吸收的能量，按式(7-3) 计算：

$$\sigma_i = \frac{W}{bd} \tag{7-3}$$

式中 W——所消耗的功；

b——试样宽度；

d——试样厚度或缺口厚度。

冲击强度的测试方法有：高速拉伸法、摆锤法、落重法等，方法不同所测数值不同。

最常用的冲击试验方法是摆锤法。采用的仪器是摆锤式试验仪，按试样的安放方式分为简支梁式（卡皮式）和悬臂式（伊佐德式）两种，如图 7-4 所示。冲击试样有带缺口和无缺口两种形式。

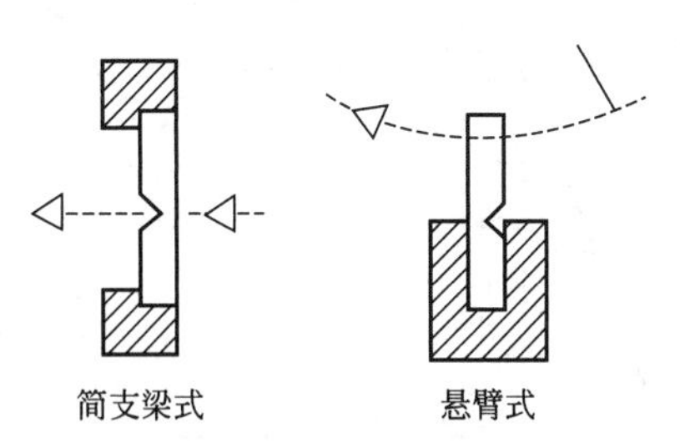

图 7-4 简支梁式和悬臂式摆锤冲击试验

动画扫一扫
冲击试验

十一、硬度、回弹性、韧性及疲劳

硬度表示材料抵抗其他较硬物体压入的性质，是材料在一定条件下的软硬程度的性质指标，用以反映材料承受应力而不发生形状变化的能力。由于硬度与塑料的其他力学性质，特别是各种弹性模量有一定的联系，而硬度测定又比较简单、迅速，不用破坏试样，因而可通过它的测量来间接了解其他性质，并可作为生产控制的一个指标。

硬度测试

测量塑料硬度的仪器和方法有许多种，若要作相互比较，必须使用同一类仪器和方法才有意义，一般经常测定的是布氏硬度。布氏硬度测定原理，是把一定直径的钢球，在规定的负荷下，压入试样中，并保持一定时间，然后以试样上压痕深度或压痕直径来计算单位面积所承受的力来表示。

回弹性表示材料吸收能量而不发生永久形变的能力，一般用回弹能表示，回弹能用 σ-ε 曲线弹性部分下面的面积来衡量；韧性表示材料吸收能量并发生较大的永久形变，但不产生断裂的能力，可用 σ-ε 曲线下面整个面积来表示。

当一种材料受到多次形变时，它的性质会发生改变。在多次重复施加应力和应变后，力学性质的衰减或损坏称为疲劳。疲劳寿命的定义是在施加交变循环应力作用的条件下，使试样产生损坏所需形变的周数。

第二节 高分子的屈服、断裂现象

塑性是高分子材料的性能之一，其表现为引起材料发生形变的应力消除后，形变不能完全消失，即发生塑性形变的现象。而高分子材料的屈服实际上就是高分子材料在外力作用下产生的塑性形变，如果塑性形变过量则会使材料发生断裂。

高分子的塑性和屈服性能可以通过对高分子材料的拉伸所获得的应力-应变曲线加以分析。

一、应力-应变曲线

（一）非晶高分子的应力-应变曲线

图 7-5 所示为典型的玻璃态线型无定形高分子，在 T_g 以下几十摄氏度范围内，以一定速率被单轴拉伸时的应力-应变曲线。

应力-应变曲线的测定

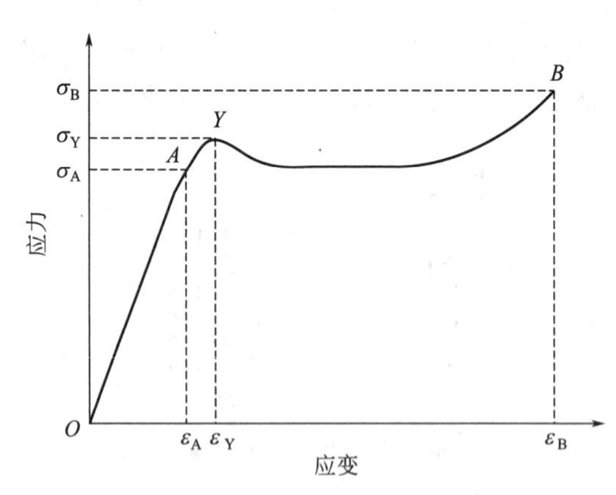

图 7-5 线型无定形高分子塑料的应力-应变曲线

图中 A 点以前，σ-ε 关系服从虎克定律，所以称 σ_A 为弹性极限，ε_A 为弹性伸长极限；Y 点称为屈服点，经过 Y 点后，即使应力不再增加，材料仍能继续发生一定的伸长，σ_Y 为屈服强度，ε_Y 为屈服伸长率。B 点为断裂点，σ_B 为断裂强度，ε_B 为断裂伸长率。

在拉伸过程中，高分子链的运动分别经过三种状态情况。

1. 弹性形变

试样从拉伸开始到弹性极限之间，应力增大与伸长率的增大成正比，所以，σ_A 也称为比例极限。曲线在此阶段为一直线，符合虎克定律 $\sigma=E\varepsilon$，斜率 E 为弹性模量，此阶段除去外力，试样会完全恢复原状。这种高模量、小变形的弹性行为是由于高分子链的键长、键角受到外力作用发生变化而引起的。

2. 强迫高弹形变

这阶段曲线经过一个最高点——屈服点，由于应力不断增大，此时已达到足以克服链段运动所需克服的势垒，因而发生链段运动。对于常温处于玻璃态的高分子，本来链段运动是不能发生的，之所以能发生，是由于施以强力，强迫它运动，因此这种高弹性称为强迫高弹性。在强迫高弹性发生之后，如果除去外力，由于高分子本身处于玻璃态，在无外力时，链段不能运动，因而高弹形变被固定下来，成为“永久形变”，因此，屈服强度是反映塑料对抗永久形变的能力。

由于链段运动导致分子沿力场方向取向，伴随着会放出热量。其负荷从读数上看，在屈服点后一般会有些下降。原因是在拉伸过程中，试样的宽度和厚度变小了，同一应力下所要求的负荷就减小；第二个原因是取向放出热量，使试样内的温度升高，因而形变所需的应力也会降低些。

强迫高弹形变可达 300%～1000%，这种形变从本质上说是可逆的，但对塑料来说，则需要加热使温度高于玻璃化转变温度才有可能消除。

3. 黏流

在应力的持续作用下，链段沿外力方向运动，伴随发生分子间的滑动，在应力集中的部位，可能发生部分链的断裂。应力急剧增大，才能使拉伸保持等速伸长，直到最后试样断裂。这阶段的形变是不可逆的，于是产生永久形变。由于黏流是在强力下和实验温度下发生分子移位的，因此有时被称为冷流。但也有人把屈服点以后的形变包括强迫高弹形变（即链段的流动）都称为冷流。

（二）晶态高分子的应力-应变曲线

未取向晶态高分子的应力-应变曲线，比非晶高分子的拉伸曲线具有更明显的转折，如图 7-6 所示。整个曲线有两个转折点，划分为三段；曲线的初始段（OY），应力随应变曲线增加，试样均匀伸长；达到屈服点（Y）后，试样突然在某处或某几处变细，出现“细颈”，由此开始拉伸的第二阶段——细颈发展阶段（ND），这一阶段的特点是伸长不断增加而应力几乎不变或增大不多，直至整个试样全部变细（D 点）；第三阶段是成颈高分子试样被均匀拉伸（DB），应力随应变增加而增大，直至断裂点 B 为止。

在玻璃化转变温度以下适当的温度范围内，聚酰胺、聚酯、聚甲醛、聚丙烯、高密度聚乙烯、全同立构聚苯乙烯等晶态高分子，在适当的拉伸速率下都可以得到类似图 7-6 所示的应力-应变曲线。

晶态高分子一般都包含晶区和非晶区两部分，其细颈的形成包括晶区和非晶区两部分形变。晶态高分子在 T_g～T_m 的温度范围内可以成颈，当除去拉力后，只要加热到接近玻璃化转变温度，也能部分恢复到未拉伸的状态。

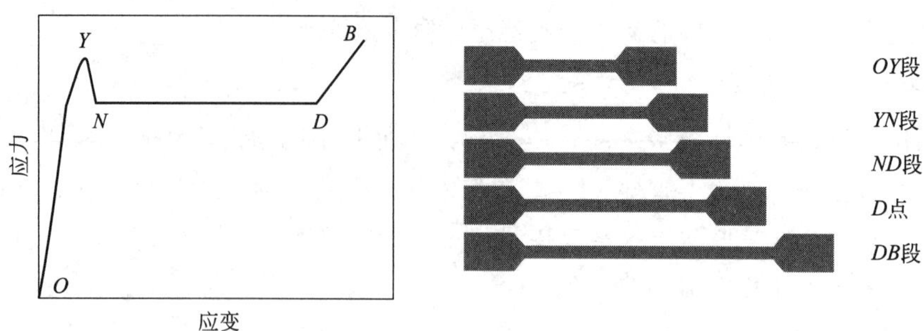

图 7-6　结晶高分子的应力-应变曲线及各阶段试样形状

晶态高分子拉伸成颈的成因是由于球晶中的片晶变形造成的，见图 7-7、图 7-8。具体的变形过程可以分为：相转变和双晶化→分子链的倾斜（片晶沿分子轴方向滑动和转动）→片晶的破裂（更大的倾斜、滑动和转动，一些分子链从结晶体中被拉出）→破裂的分子链和被拉直的链段一起组成微晶结构。其中沿着分子轴方向并伴有结晶偏转的片晶滑移使片晶变薄变长。

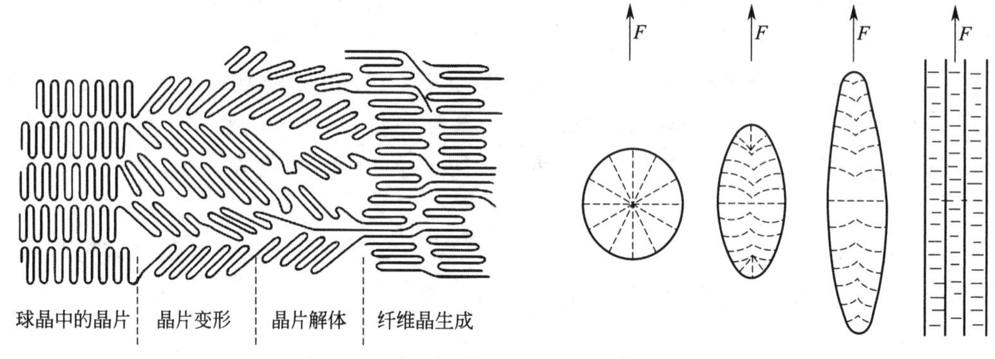

图 7-7　球晶拉伸形变时内部晶片变化

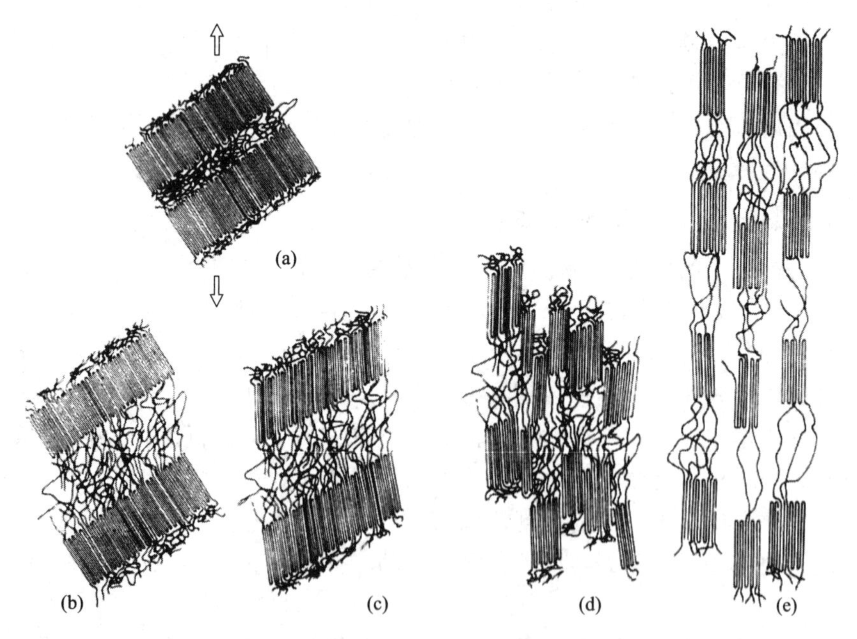

图 7-8　片晶拉伸形变时内部晶片变化

（a）未拉伸前的结晶结构；（b）拉伸后结晶的破坏；（c）拉伸过程中链段的重排和重结晶；（d）微晶的取向；（e）拉伸后的结构

从上述内容可以看出，晶态高分子的拉伸与非晶高分子的拉伸情况有许多相似之处。两种拉伸过程都经历弹性变形、屈服（成颈）、发展大形变以及应变硬化等阶段，拉伸的后阶段材料都呈现强烈的各向异性，断裂前的大形变在室温时都不能自发恢复，而加热后却都能恢复原状，因而本质上两种拉伸过程造成的大形变都是高弹形变。通常把它们统称为冷拉。但是两种拉伸过程也有差别：它们可被冷拉的温度范围不同，非晶高分子的冷拉温度区间是 $T_b \sim T_g$，而晶态高分子却在 $T_g \sim T_m$ 间被冷拉。本质的差别在于晶态高分子的拉伸过程伴随着比非晶高分子拉伸过程复杂得多的分子凝聚态结构的变化。前者包含有结晶的破坏、取向和再结晶等过程，而后者只发生分子链的取向，不发生相变。

（三）高分子应力-应变曲线类型

从材料力学性能曲线形状上，可以把高分子的应力-应变曲线大致分为六种，如图 7-9 所示。这六种应力-应变曲线的意义如下。

（1）材料硬而脆[图 7-9(a)] 具有高模量及拉伸强度，无屈服点，断裂伸长率一般小于 2%，受力时呈脆性断裂，可作刚性制品，但不宜受冲击，可用于承受静压力的材料，典型的高分子材料有 PS、PMMA、酚醛树脂等。

（2）材料硬而强[图 7-9(b)] 具有高模量及拉伸强度，断裂伸长率约为 5%，基本无屈服伸长，如硬聚氯乙烯。

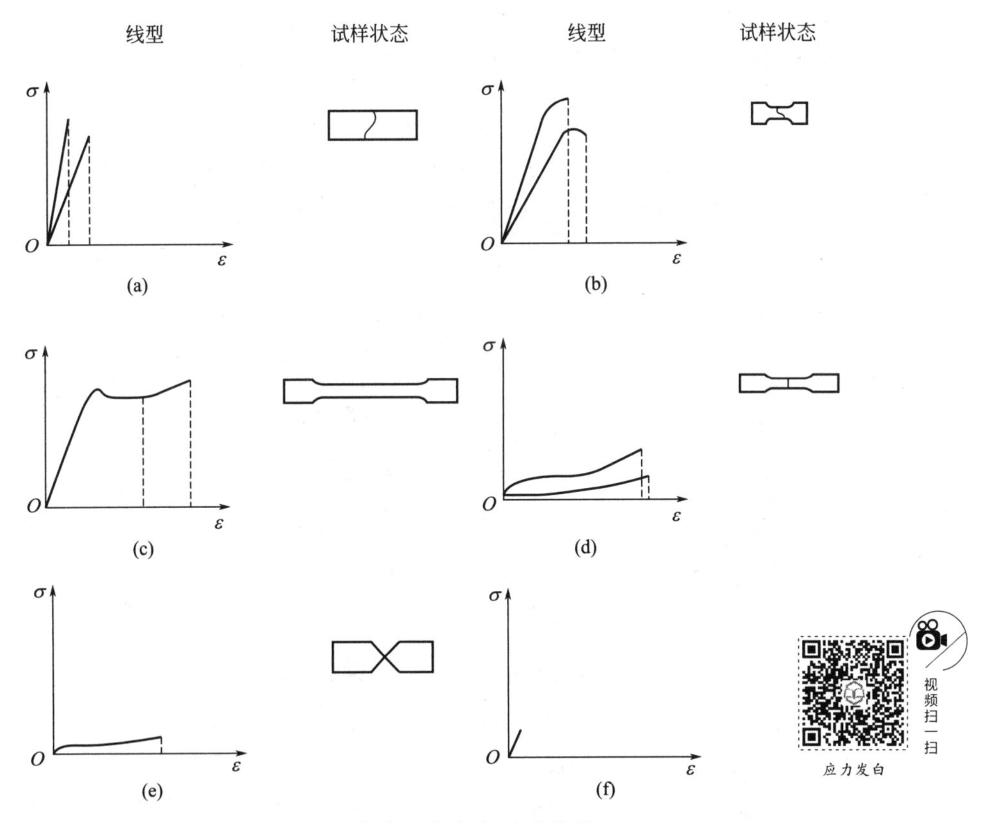

图 7-9 高分子的应力-应变曲线

（3）材料强而韧[图 7-9(c)] 具有高模量及拉伸强度，断裂伸长率较大，拉伸过程中产生细颈。材料受力时，多属于韧性破坏，受力部位会发白，如聚碳酸酯（$\sigma_B = 66 \sim 70$MPa，$E = 2.4 \times 10^4$，$\varepsilon_B \approx 100\%$）、尼龙 66、聚酰胺和聚甲醛等。

上述三种材料，由于强度较大，一般可作工程塑料应用。

(4) 材料软而韧[图 7-9(d)] 模量低，屈服强度低，断裂伸长率大（200%～1000%），断裂强度亦相当高，用于要求形变较大的材料，如硫化橡胶、聚乙烯、增塑 PVC、聚四氟乙烯等。

(5) 材料软而弱[图 7-9(e)] 低模量，低拉伸强度，但仍有中等的断裂伸长率，如未硫化的天然橡胶，在加工过程中（如气球成型）需利用这些特性，用吹气胀大达到所要求的形状后再硫化，成为第四类材料。

(6) 材料弱而脆[图 7-9(f)] 一般为低聚物，不能用作材料。

一般材料的强与弱，可以用 σ_B 来判断；硬与软，用 E 的大小来判断，E 反映单位弹性伸长所需的应力，表示材料的刚性，其单位为MPa。对于一般高分子，E 的范围为：橡胶 0.1～1.0MPa，塑料 10～10^3MPa，纤维 10^3～10^4MPa，低分子晶体 10^3～10^7MPa。

材料的韧与脆，可以用曲线下面的面积大小来判断。所谓脆性断裂是指在拉伸时，未达屈服强度材料就断裂，一般断裂伸长率小，因而曲线下面积小，并且断面较平整或有贝壳状。所以韧性的大小可用曲线下面积大小来衡量，它表示材料断裂前所能吸收的最大能量。

在实际应用中，由于高分子具有黏弹性，使其应力-应变行为明显地依赖拉伸时的温度、应变速率、流体静压力等外界条件。

（四）环境条件对应力-应变曲线的影响

1. 温度

首先是温度，对同一高分子而言，当温度变化时，其应力-应变曲线明显不同。图 7-10 是非晶高分子和晶态高分子在不同的温度下的应力-应变曲线。

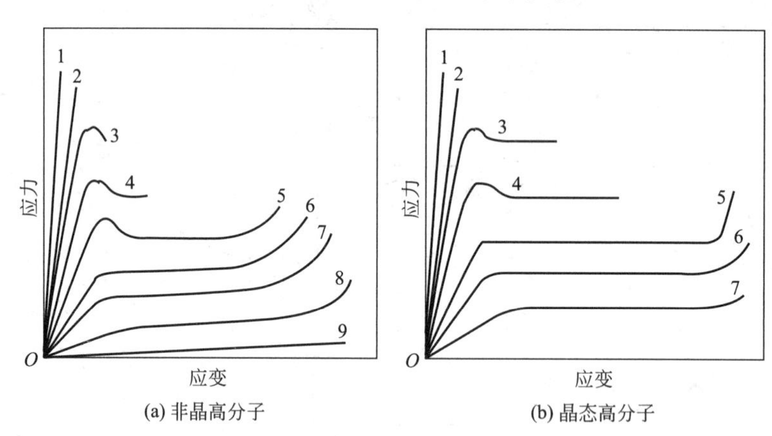

图 7-10 非晶高分子和晶态高分子在不同温度下的应力-应变曲线

图 7-10(a) 中曲线 1、2 的温度低于脆性温度，高分子处于硬的玻璃态，链段完全冻结，无强迫高弹性；曲线 3、4、5 的温度介于脆性温度与玻璃化转变温度之间，高分子处于软玻璃态；曲线 6、7、8 的温度介于玻璃化转变温度与黏流温度之间，高分子处于高弹态；曲线 9 的温度在黏流温度以上，高分子处于黏流态，线型近似为直线。

图 7-10(b) 中曲线 1、2 的温度低于脆性温度，拉伸行为类似弹性固体；曲线 3、4、5 在较高的温度下（远低于熔点），拉伸行为类似于强迫高弹的非晶高分子；曲线 6、7 的温度更高（仍低于熔点），其拉伸行为类似于非晶高分子的橡胶行为。

从变化规律上来看，温度升高，材料逐步变软而韧，断裂强度下降，断裂伸长率增大；相反，温度降低，材料则逐步转向硬而脆，断裂强度增大，断裂伸长率减小。

2. 应变速率

同一高分子试样，在温度一定，而拉伸速率不同的前提下，其应力-应变曲线的形状也会发生很大的变化，如图 7-11 所示。随着拉伸速率的提高，高分子模量增大，屈服应力、断裂强度增大，断裂伸长率减小。其中屈服应力对应变速率具有更大的依赖性。由此可见，在拉伸试验中，增大应变速率与降低温度的效果是相同的。

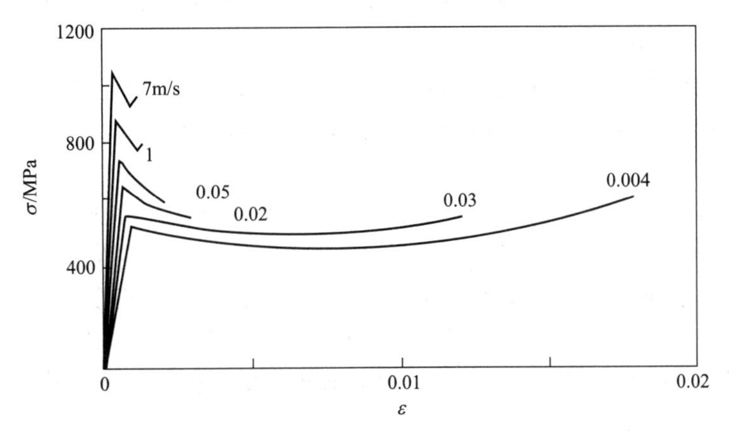

图 7-11　PVC 在室温、不同应变速率下测得的应力-应变曲线

3. 静压力

静压力不仅对高分子的屈服有很大的影响，也对整个应力-应变曲线有很大影响。随着压力的增大，高分子的模量明显增大，阻止颈缩的发生。其原因可能是压力降低了链段的活动性，松弛转变移向较高的温度。为此在给定的温度下增大压力与给定压力下降低温度具有类似的效果。

对于晶态高分子应力-应变曲线形态的影响因素还包括结晶形态、结晶度等。如图 7-12 和图 7-13 所示。

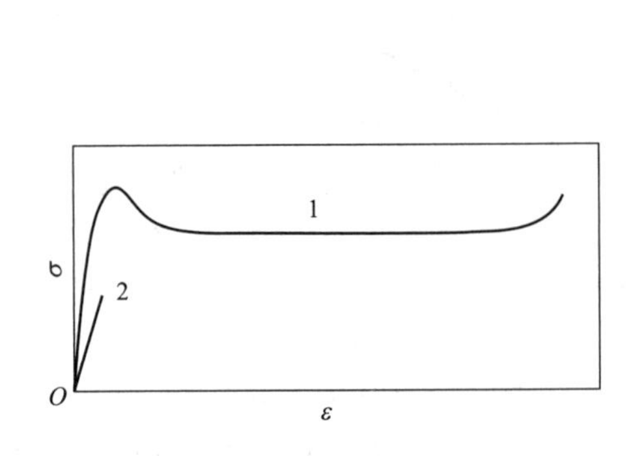

图 7-12　不同结晶形态聚丙烯的应力-应变曲线

1—小球晶；2—大球晶

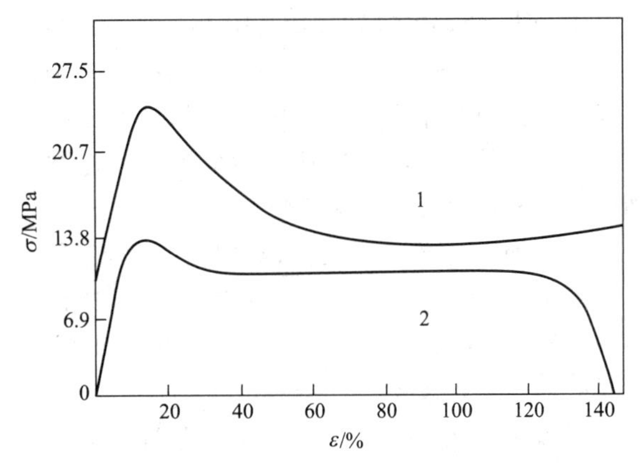

图 7-13　高密度与低密度聚乙烯的应力-应变曲线

1—高密度聚乙烯；2—低密度聚乙烯

二、细颈

拉伸试验中产生的“细颈”是高分子塑性形变时所出现的不稳定形变，而“细颈”即“冷拉”是纤维和塑料拉伸成型工艺的基础。细颈形成的原因如下。

① 几何因素，即材料试样片尺寸在各处的微小差别而造成的，如果试样某部分有效截面积小于其他部分的截面积，则此处所受的应力就比其他部分大，因此该部分首先达到屈服点，而有效刚性也比其他部分低，继续形变更为容易。如此循环，直至该部分发生取向而变化，从而阻止这一不均匀形变的发展。

② 材料在屈服点后的应变软化，如果材料某一局部的应变稍大于其他部分（常见的是应力集中），则该局部将软化，进而使塑性不稳定性更容易发展，这一过程直至材料被取向硬化而被阻止。

高分子材料在拉伸过程中能否形成细颈对生产是很重要的，目前主要采用 Considere 作图法进行判断。

其原理是：在拉伸过程中，由于形变很大，试样的截面缩小很多，则按原始截面积 A_0 计算应力 $\sigma=P/A_0$ 是不合适的，必须将 A_0 改成瞬时截面积 A，此时真应力 $\sigma_{真}=P/A$。由于拉伸时 $A<A_0$，所以任何时候 $\sigma_{真}>\sigma$。如果试样形变时体积不变，并定义伸长比 $\lambda=l/l_0=1+\varepsilon$，则：

$$A=\frac{A_0 l_0}{l}=\frac{A_0}{1+\varepsilon} \tag{7-4}$$

$$\delta_{真}=\frac{P(1+\varepsilon)}{A_0}=\delta(1+\varepsilon)=\delta\lambda \tag{7-5}$$

按式(7-5) 作图，可得真应力-应变曲线。在 $\sigma_{真}$-ε 曲线上从横坐标上 $\varepsilon=-1$ 或 $\lambda=0$ 点向 $\sigma_{真}$ 对 ε 曲线做切线（图 7-14），切点便是屈服点，对应的真应力就是屈服应力 $\sigma_{真1}$。这种作图法称为 Considere 作图法。对根据 $\sigma_{真}$-ε 判断高分子在拉伸时的成颈和冷拉十分有用。

该曲线分为以下三种类型。

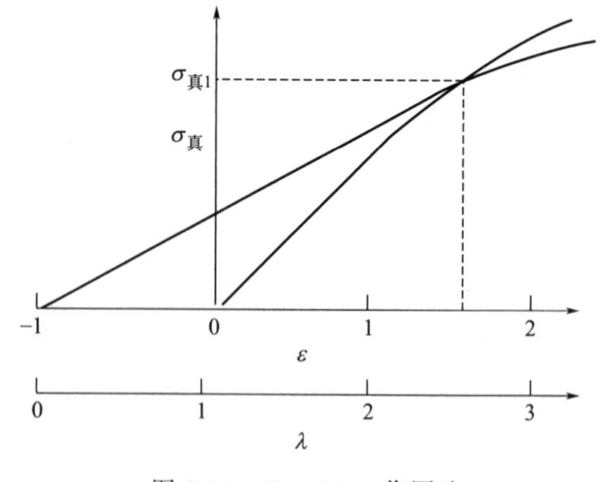

图 7-14 Considere 作图法

① 在拉伸过程中出现细颈的试样，如图 7-14 所示。由 $\lambda=0$ 或 $\varepsilon=-1$ 点向 $\sigma_{真}$-ε 曲线引一条切线，其交点处满足 $d\sigma_{真}/d\lambda$，此点即为屈服点。高分子受力后均匀伸长开始成颈，但这种细颈不稳定，随后细颈逐渐变细至断裂。

② 拉伸时不能成颈的试样，材料试样随负荷的增大而均匀地伸长，如图 7-15 所示，这种曲线不能由 $\lambda=0$ 或 $\varepsilon=-1$ 点向曲线引切线，此时的 $d\sigma_{真}/d\lambda$ 总是大于 $\sigma_{真}/\lambda$。

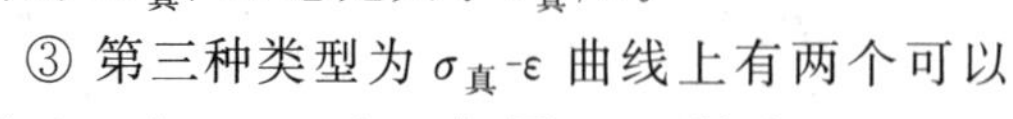

③ 第三种类型为 $\sigma_{真}$-ε 曲线上有两个可以满足 $d\sigma_{真}/d\lambda=\sigma_{真}/\lambda$，如图 7-16 所示，$\sigma=\sigma_{真}/\lambda$ 在 D 处达到最大值，D 点即为屈服点。当进一步拉伸时，$\sigma_{真}/\lambda$ 沿曲线下降，直到 E 点，切点之后，张力稳定在 OE 曲线所代表的数值上，试样被冷拉，直到断裂。此现象说明这种高分子既能成颈也能冷拉。

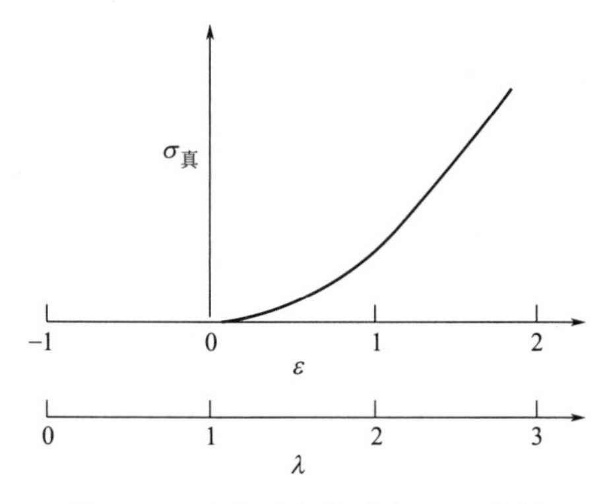

图 7-15 不成颈高分子的 $\sigma_{真}$-ε 曲线

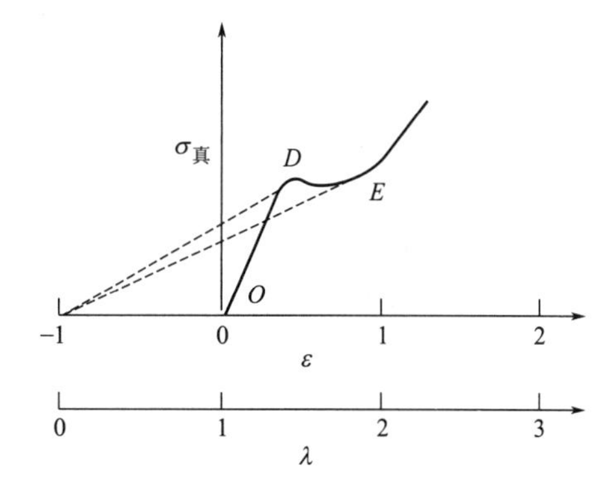

图 7-16 冷拉高分子的 $\sigma_{真}$-ε 曲线

三、屈服

1. 屈服的解释

屈服是指在较大外力作用下材料发生塑性形变的行为。屈服使材料的整体形状发生了明显的变化，因此也失去了原有的使用价值。因此，屈服行为对高分子是十分重要的，而屈服的解释必须将发生屈服时的行为与分子构象的局部变化联系起来。

（1）自由体积理论　自由体积理论认为，对高分子材料施加外应力会增加分子链的活动性，从而降低了高分子的玻璃化转变温度，降低的温度越接近玻璃化转变温度，高分子链的链段越容易完全运动，进而产生了屈服。从该理论的观点看，在外应力的作用下，试样的自由体积应该有所增加，允许链段有较高的活性，才导致屈服。但问题在于屈服时高分子的体积并没有增加。

（2）纠缠破坏理论　纠缠破坏理论认为，在屈服时邻近分子间相互作用（包括几何纠缠和次价键力）的破坏。它可以很好地解释屈服后的应变软化现象。

（3）Argon 理论　Argon 理论认为，高分子材料发生塑性形变的阻力主要来自分子间的相互作用，形变在于成对分子扭曲的生成。该理论把屈服当作一个活化速度过程，它可以满意地描述从 0℃ 到接近玻璃化转变温度范围内的玻璃态高分子的塑性运动。

2. 屈服判据

屈服判据又称屈服准则，主要是指在组合应力条件下材料的屈服条件。显然，单轴拉伸状态下材料的屈服应力可以直接实验测定。其中，单参数屈服判据主要有最大切应力理论（或称 Tresca 理论）和最大变形能理论（或称 Von Mises 准则），双参数屈服判据主要有 Coulomb 判据和 MC 判据。

3. 屈服的影响因素

影响高分子屈服应力大小的因素主要有以下几方面。

（1）应变速率　应变速率的影响一般的规律是应变速率增大，对应的屈服应力也相应地增大。原因是高分子具有黏弹性，分子链的运动具有强烈的外力作用时间依赖性，造成高分子材料的屈服应力对应的应变速率也有很大的依赖性。

（2）温度　温度的影响规律是屈服应力对温度有强烈的依赖性。并且，在低温端，屈服应力终止于脆韧转变温度，低于该转变温度，高分子已经脆化，没有屈服点；在高温端，屈服应力受限于高分子的玻璃化转变温度；在玻璃化转变温度范围内，高分子的屈服应力趋向零；在脆韧转变温度和玻璃化转变温度之间，高分子的屈服应力随温度的升高而线性下降。

（3）各向等应力　各向等应力的影响总的规律是各向等应力升高到几百兆帕时，高分子的屈服应力将明显增大。研究结果表明，所有的晶态高分子和非晶高分子，其屈服应力对压力的依赖性都成近似线性关系，压力增大，屈服应力增高，且晶态高分子大于非晶高分子；晶态高分子的屈服-压力依赖性普遍。低模量高分子的屈服应力受压力的影响比高模量的高分子大，因为淬火可改变聚集态结构，因此淬火可以降低屈服应力。少量添加剂的加入对屈服影响不大，但大量加入会使屈服应力下降。

四、剪切带的结构形态

剪切带是材料内部具有高度剪切应变的薄层，是在应力作用下材料局部产生应变软化而引起分子链滑动形成的。剪切带通常发生在缺陷、裂缝或应力集中的地方。图 7-17 所示为 PC 试样“细颈”开始时剪切带形成的示意，可以看到试样上出现与拉伸方向成大约 45°的剪切滑移变形带，说明在材料的屈服过程中，剪切应力分量起到了重要的作用。

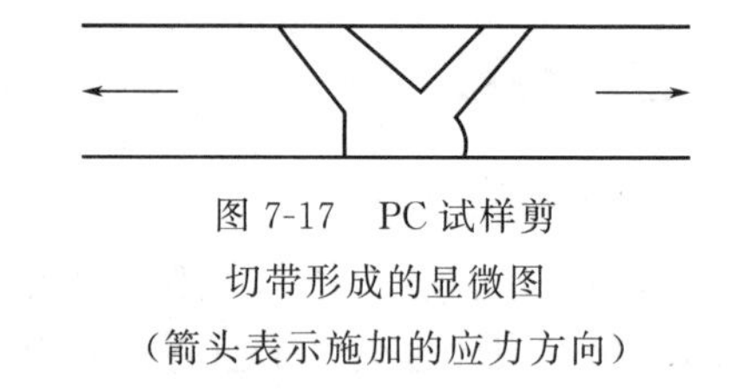

图 7-17　PC 试样剪切带形成的显微图（箭头表示施加的应力方向）

不同的高分子有不同的抵抗拉伸应力和剪切应力破坏的能力。

一般的韧性材料拉伸时，斜截面的最大切应力首先达到材料的剪切强度，试样上出现与拉伸方向成约 45°角的剪切滑移变形带（或相互交叉的剪切带），相当于材料屈服；进一步拉伸时变形带由于分子链取向使强度提高，暂时不再发生进一步变形，而变形带的边缘则进一步发生剪切变形；同时，倾角为 135°的斜截面上要发生剪切滑移变形；因此，试样逐渐生成对称的细颈。

对于脆性材料，在最大切应力达到剪切强度之前，正应力已超过材料的拉伸强度，不会发生屈服，而在垂直拉伸方向上断裂。

实际中，由于形变时体积变化等原因，造成单向拉伸或压缩试验产生的剪切带倾角很少恰好 45°而多是大于 45°，这是材料形变时体积变化、塑性流动和普弹性变形恢复等原因造成的。

在外加剪切力作用下或拉伸应力、局部压缩应力等作用下产生的剪切屈服是一种没有明显体积变化的形状扭变，可以分为扩散剪切屈服和剪切带两种。扩散剪切屈服是指整个受力区域内发生的大范围剪切形变，而剪切带是指只发生在局部带状区域的剪切形变。

显然在剪切带中存在较大的剪切应变，同时由于分子链的高度取向而有明显的双折射现象。剪切带的厚度约为 1μm，每个剪切带又由若干更细小的不规则微纤所构成。

五、银纹

1. 银纹的概念

银纹是在材料表面或内部出现的微小而稠密的裂痕，这种微痕的界面能反射光线而出现银色光，故称为银纹（craze），这种现象称为银纹化（crazing）。高分子材料在张力作用下（或作用后），在使用、存放过程中，由于材料某些薄弱地方出现应力集中而产生局部塑性形变和取向，进而在材料或内部垂直于应力方向上产生了银纹。

现在一般认为银纹形成的微观过程可分为两个阶段：第一个阶段，在应力集中源点形成微孔隙；第二个阶段，微孔隙扩展成为能够反射光线的银纹核心。也有人认为银纹的形成是一个热激活的速率过程，在切应力作用下通过热激活形成微剪切带，不同位向的微剪切带相交接，在交接处出现强烈的塑性变形不均匀性，材料在局部应力-应变集中点上产生热激活空位，从而形成微孔隙，当局部的孔隙率达到某一临界值时，就会由于周围处于弹性状态的基体卸载而加速，直至形成银纹核心。

实际上，银纹的产生还与材料表面擦伤、尘埃小颗粒等有关；外加应力大、速度快都能加快银纹的形成。银纹是高分子材料所特有的，尤其是非晶高分子（PC、PS、PMMA、聚砜等）普遍存在的，个别结晶高分子（如PP、聚4-甲基-1-戊烯等）也存在。

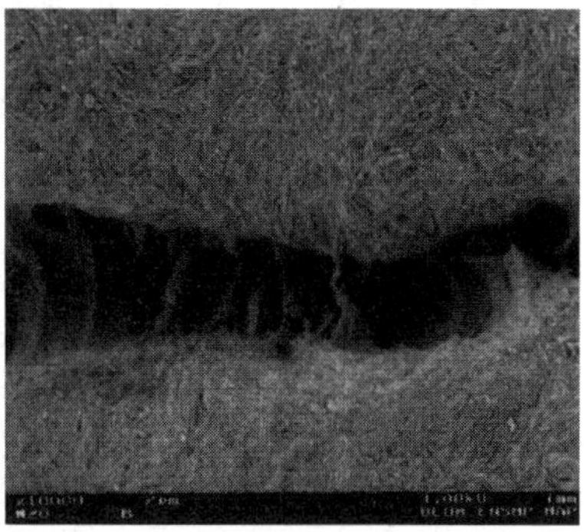

2. 银纹的类型

银纹的类型主要有三种：第一种是材料表面银纹；第二种是出现在裂缝尖端部位的银纹；第三种是材料内部银纹。

3. 银纹的结构

银纹的结构如图7-18和图7-19所示。一般银纹的宽度约10μm，厚度为0.1～0.5μm，长度约100μm，它的平面尺寸远大于它的厚度；银纹内部由沿拉伸方向取向而垂直于银纹平面的微纤（microfibril）和周围的孔洞组成；微纤的直径为0.6～30nm，孔洞的直径为20nm。

图7-18 高分子内部银纹形貌的SEM照片

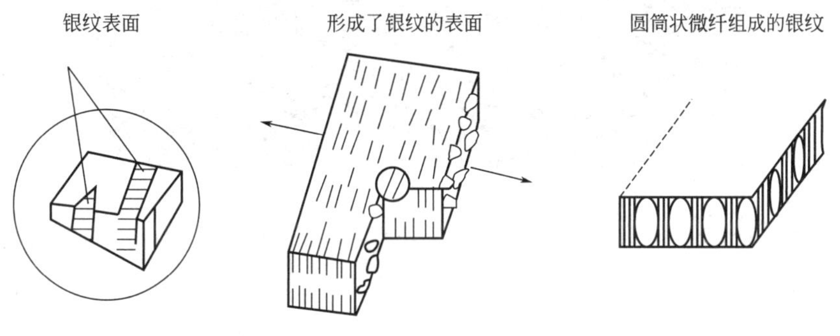

图7-19 银纹结构（箭头为受力方向）

4. 银纹对材料性能的影响

高分子材料出现银纹后仍能保持相当高的力学强度，甚至当银纹扩大到整个材料表面时也仍能承受较大的负荷，材料的弹性模量也不随银纹化程度而发生明显的变化。

银纹对材料的作用主要有两个方面：一方面，在外力作用下，银纹会发展成裂缝导致整个材料断裂，起破坏作用；另一方面，在多相材料中或材料处于玻璃化转变温度附近时，银纹会通过大量成核的方式聚集而吸收能量，提高材料的韧性（即提高材料的冲击强度）高抗冲聚苯乙烯等橡胶增韧材料就是利用了这一原理。

银纹扩展主要考虑银纹尖端向前扩展和银纹增厚，关于银纹尖端向前扩展的微观过程，目前比较倾向于弯月面不稳定机理（meniscus instability）的银纹尖端向前扩展规律，银纹有两种可能的增厚机理：蠕变机理和表面转入机理。近期的一些实验与数值模拟计算结果使人们倾向于接受表面转入机理，其基本观点是高分子本体和银纹之间存在一个应变软化区或活性区，在应力作用下活性区内的物质发生转移，由流动变为微纤从而不断地转入银纹微纤中，银纹微纤长度增大，银纹增厚。

PVC/α-MSAN（α-甲基苯乙烯-丙烯腈共聚物）共混物形变机理的影响如图 7-20 所示，当基体为纯 α-MSAN 树脂时[见图 7-20(a)]，橡胶粒子周围产生了大量的银纹，而且橡胶粒子并没有发生明显的变形，在此情况下银纹是共混物主要的形变机理。当基体中引入少量 PVC 树脂时[见图 7-20(b)]，在橡胶粒子周围仍存在少量的银纹，同时橡胶粒子内部发生了孔洞化并被轻微拉长，说明此时银纹和剪切屈服是共混物主要的形变机理。当基体中的 PVC 含量进一步增加时[见图 7-20(c)、(d)]，橡胶粒子并没有引发银纹，一些橡胶粒子内部产生了孔洞并被严重拉长，说明此时剪切屈服是共混物主要的形变机理。

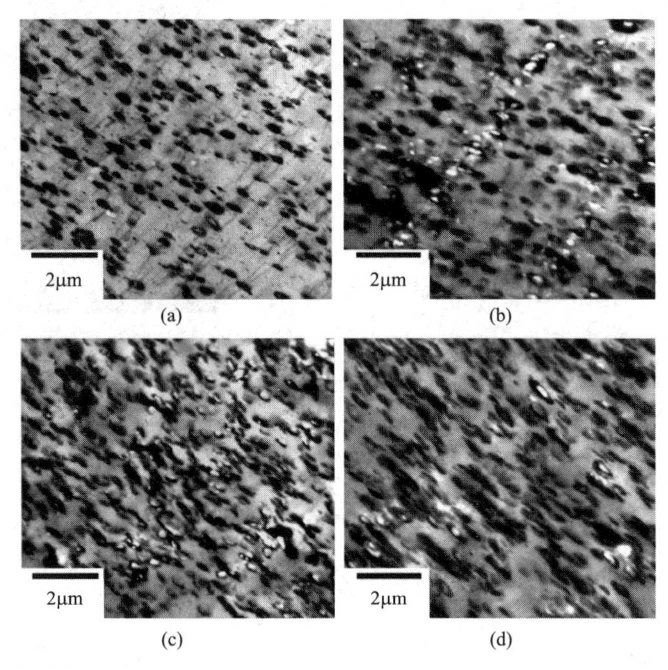

图 7-20 PVC/α-MSAN 形变机理

银纹有可逆性，即当在压力下或在玻璃化转变温度以上对材料退火时，银纹就会自动收缩以致消失。

第三节 高分子的断裂与强度

一、高分子的断裂

1. 脆性断裂与韧性断裂

高分子材料的最大优点之一是它们内在的韧性，即这种材料在断裂前能吸收大量的能量。但是，高分子内在的韧性不是总能表现出来的。加载方式改变，或者温度、应变速率、制件形状和尺寸的改变等都会使高分子的韧性变坏，甚至以脆性形式断裂。而脆性断裂，在工程上是必须尽力避免的。

视频扫一扫

高分子的断裂

脆性断裂的特点是：断裂前，试样的形变均匀，致使试样断裂的裂缝迅速贯穿垂直于应力方向的平面，断裂前试样没有明显的推迟形变，相应的应力-应变曲线是线性的，断裂的应变值低于5%，断裂所需的能量不大。

韧性断裂的特点：断裂前，试样有较大的不均匀形变，断裂面有明显的外延变形，且这种形变不能立即回复，应力-应变关系为非线性的，断裂点前其斜率可以是零，甚至是负值，消耗的断裂能很大。

图7-21为聚乳酸（PLA）和对苯二甲酸-己二酸-1,4-丁二醇三元共聚酯（PBAT）的复合材料的冲击断面SEM图，从图7-21(a)～(c)可以看出，随着PBAT质量分数的增加，试样断面逐渐变得粗糙，说明材料从脆性断裂变为韧性断裂，图7-21(b)、(c)中，因PBAT颗粒脱落产生的凹槽和孔洞明显变多变大，分散相的尺寸变得不均一，这是因为随着PBAT的增加，其自身分子间的作用力逐渐变大，而与PLA分子之间的结合力减弱，最终使两相界面的黏结性变差，导致PBA颗粒脱落，孔洞化的形成是PBAT增韧PLA的主要增韧机理。图7-21（d）中明显出现相分离状态，是因为PBAT质量分数继续增加，使其自身分子间的作用力远大于PBAT与PLA分子间的作用力，使PBAT自身聚集难以分散到PLA中，导致其增韧效果下降。

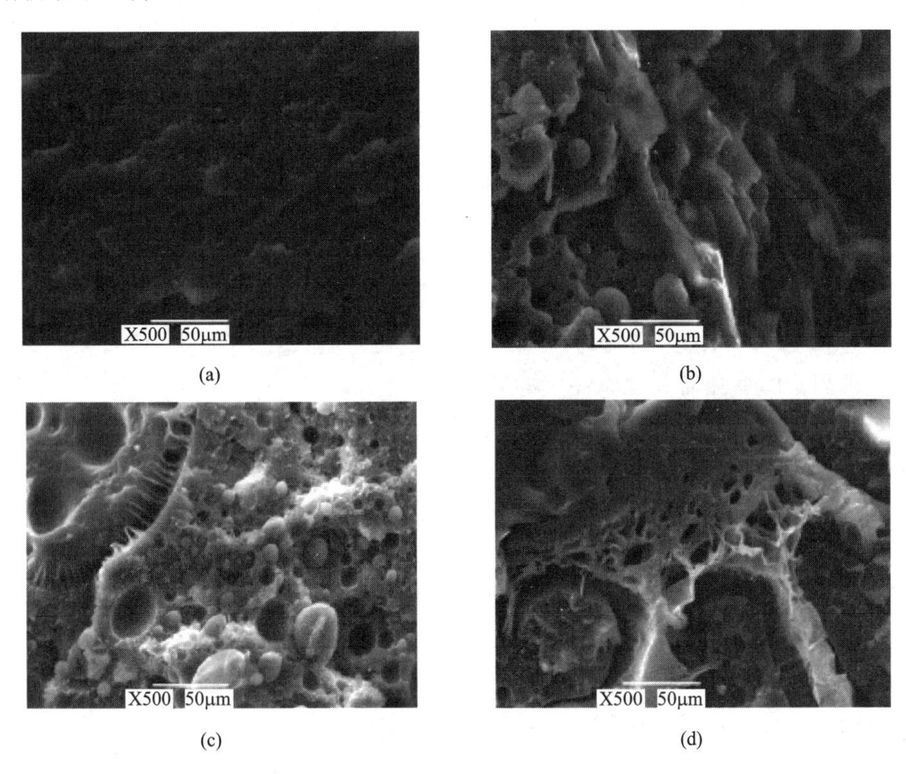

图7-21 PLA/PBAT复合材料冲击断面的SEM图

PLA/PBAT比值：(a) 90/10；(b) 80/20；(c) 70/30；(d) 60/40

2. 断裂的影响因素

脆性断裂是由所施加应力的拉伸分量引起的，韧性断裂是由剪切分量引起的，因为脆性断裂面垂直于拉伸应力方向，而切变线通常是在韧性形式屈服的高分子中观察到的。

由于在实验过程中所加应力的体系和试样的几何形状决定拉伸分量和剪切分量的相对值，因此也影响到材料的断裂形式。如各向等应力可使材料由脆性变为韧性，大而薄的材料通常较脆，小的却是韧性的，锐口断裂比钝口断裂显得脆。

此外，材料的脆性还依赖于实验时的温度和应变速率。在应变速率恒定时，应力-应变曲线随温度而变化，断裂可由低温的脆性形变变为高温的韧性形变，在温度恒定时，随着应变速率的变化材料的断裂形式不同，应变速率越低则材料越显韧性，相反，应变速率越高则材料越脆。

如图 7-22 所示，材料的脆性断裂和韧性断裂是两个各自独立的过程。图 7-22(a) 表示在恒定应变速率下，断裂应力和屈服应力与温度的关系，显然两条线的交点就是脆韧转变点；图 7-22(b) 表示在恒定温度下，断裂应力和屈服应力与应变速率的关系。显然，当温度高于脆韧转变点时，材料总是趋于韧性。

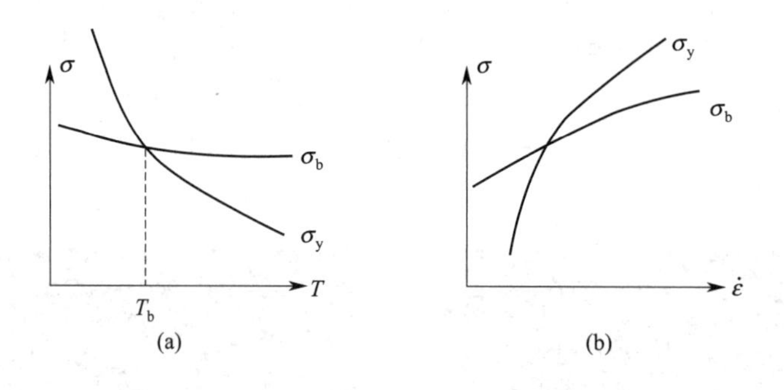

图 7-22 断裂应力-温度与屈服应力-应变曲线

通常，当断裂应力＜屈服应力时，材料是脆性的。当屈服应力＜断裂应力＜3 倍的屈服应力时，如果试样无缺口，则材料显韧性；如果有尖口缺口，则材料显脆性。当断裂应力＞3 倍的屈服应力时，材料总是韧性的。

以下各种因素的变化对其也有一定的影响：

① 分子量，脆性断裂应力随高分子的分子量增加而增大，但对屈服应力没有直接影响，因此分子量增加有利于韧性断裂；

② 取代基团，通常刚性取代基将增大屈服应力和断裂应力，相反柔性取代基减小屈服应力和断裂应力；

③ 交联，通常交联会增大高分子的屈服应力，会提高材料的脆性，使脆韧性转变移向高温，但对拉伸强度影响不大；

④ 增塑，高分子材料中适当加入增塑剂后，不但可以降低材料的脆性断裂机会，而且对屈服应力的影响更大，结果使脆韧性转变移向低温；

⑤ 取向，由于取向后的材料各向异性，虽然断裂应力与屈服应力都依赖于所加应力的方向，但断裂应力比屈服应力更依赖于应力的方向，结果使取向后材料轴方向的断裂强度增大。

二、高分子的强度

1. 强度的概念

有关强度等力学方面的概念已在本章第一节中进行了阐述，这里不再重复。但这些概念的共性是与材料所能承受的最大外力有关，外力超过这个极限，材料就会被破坏，此时材料也就失去了使用的价值。

从微观上看，被破坏的高分子实质上是高分子主链化学键发生了断裂，或是高分子链间的相互作用力发生了破坏。可归结为图 7-23 所示三种情况：化学键破坏、分子间滑脱和范德华力或氢键破坏。然而，从主链化学键强度或链间相互作用强度估算的理论强度比高分子实际强度大 100～1000 倍，究其原因是在高分子材料内部存在应力集中的缺陷。

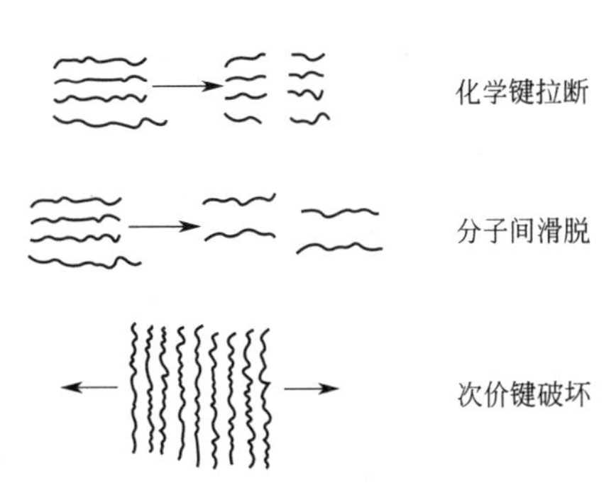

图 7-23　高分子材料的破坏

归纳起来造成材料内部应力集中的缺陷因素主要有：由孔、孔洞、缺口、沟槽、裂纹等造成的几何不连续，不连续的温度分布产生的热应力等。许多缺陷可以是材料中固有的，也有可能是产品设计或加工时造成的。例如加工时开设的孔洞及缺口，不成弧形的拐角，不适当的注塑件浇注口位置，加工温度太低以致物料结合不良，注塑中两股熔流相遇等。当材料中存在这些缺陷时，其局部区域中的应力要比平均应力大得多，使该处的应力首先达到材料的断裂强度值，进而材料的破坏也从这里开始。

现在，有关材料断裂理论主要有：格里菲思线弹性断裂理论、非线性断裂理论、断裂的分子理论等。

2. 影响高分子强度的因素

影响高分子强度的因素主要有内因、外因两大因素。

（1）内因　内因主要是结构因素，既然高分子材料的强度取决于主链化学键力和分子间的相互作用力，因此，凡是能提高这两个力的内在结构因素均能提高高分子材料的强度。

① 增大高分子的极性或在分子间形成氢键，可以提高高分子材料的强度。如聚氯乙烯（PVC）因为极性基团的存在其拉伸强度达到 49MP，而高密度聚乙烯（HDPE）因无极性基团，其拉伸强度只有 21.6～38.2MP；尼龙 610 因有氢键，拉伸强度达 58.8MP。值得注意的是：当极性基团密度过大或取代基团体积过大时，分子运动困难，虽然能提高其拉伸强度，但材料的脆性也明显增大。

② 主链上含有芳杂环的高分子，其强度和模量都比脂肪族高。最明显的实例是新型工程塑料的分子主链上大都含有芳杂环，如芳香尼龙、聚苯醚、双酚 A 型聚碳酸酯等。即使主链没有芳杂环，而侧基为芳杂环时，如聚苯乙烯（PS）等，其强度和模量也比聚乙烯（PE）高。

③ 高分子链的支化程度增加，加大了分子间的距离，减小了相互之间的作用力，结果使高分子材料的强度有所降低。如低密度聚乙烯（LDPE）的拉伸强度低于 HDPE，当然，后者的结晶度较高也是原因之一。

④ 分子量越大拉伸强度越大。分子量对高分子的影响主要涉及材料受力时的破坏机理。当分子量小时，分子间相互作用力的价键数较少，因而相互作用力就较小。所以在外力大于分子间的相互作用力时，就会产生分子间的相对滑动而使材料开裂破坏，这种机理称为分子间破坏机理。此时拉伸强度随分子量的增大而增大。当分子量足够大时，分子间次价力之和已大于主链的化学键结合力，在外力作用，分子间未能产生滑动时，化学键已被破坏，此时，拉伸强度与分子量大小无关，这种破坏称为分子内破坏机理。同理，分子量分布的影响，主要考虑低聚物部分，低聚物部分增多，就会导致受力时的分子间断裂，使强度降低。

如果分子量在达到足够大以后，分布的宽窄就没有多大影响。

⑤ 适度交联可以增加分子之间的联系，减少分子之间的相对滑动，有利于提高强度。如 PE 交联后的强度可以提高一倍。但要注意，对结晶高分子而言，交联过程减小了高分子结晶倾向或降低了结晶度，所以过分交联反而使结晶高分子的强度降低；对非晶高分子而言，当交联过度时，由于网链不能均匀承受载荷而易于产生局部应力集中，进而造成强度下降。

⑥ 结晶的影响主要取决于结晶度、晶粒大小和晶体的结构。一般情况，随着结晶度的增加，高分子的屈服应力、强度、模量和硬度等提高；而断裂伸长率和冲击韧性则下降。结晶使高分子变硬变脆。球晶的结构对强度的影响超过了结晶度所产生的影响，它的大小对高分子的力学性能，以及物理和光学性能起重要作用。大的球晶一般能使高分子的断裂伸长率和韧性降低；小球晶能造成材料的拉伸强度、模量、断裂伸长率和韧性提高。从结晶结构上看，由伸直链组成的纤维状晶体，其拉伸强度较折叠链晶体优越得多。这种球的大小可以通过冷却速度进行控制，缓慢冷却和退火能促成大的球晶，而熔体淬火则会得到小的球晶。

⑦ 取向对高分子的所有力学性能都有影响，最突出的是取向产生各向异性和取向方向强度。这在纤维和薄膜生产中起着重要的作用。表 7-1 和表 7-2 所列出的数据便可说明这些。

表 7-1　取向对高分子模量的影响

高分子材料	高度取向时		未取向时 $E/\times10^3$ MPa
	$E_{/\!/}/\times10^3$ MPa	$E_{\perp}/\times10^3$ MPa	
低密度聚乙烯	0.83	0.33	0.12
高密度聚乙烯	4.3	0.67	0.59
聚丙烯	6.3	0.83	0.71
聚对苯二甲酸乙二酯	14.3	0.63	2.3
聚酰胺	4.2	1.37	2.1

表 7-2　双轴取向和未取向薄片的比较

性能	聚苯乙烯		聚甲基烯酸甲酯	
	未取向	双轴取向	未取向	双轴取向
拉伸强度/MPa	34.5	48.0～82.7	51.7～68.9	55.0～75.8
断裂伸长率/%	1～3.6	8～18	5～15	25～50
相对冲击强度	0.25～0.5	＞3	4	15

⑧ 材料中的某些缺陷存在时，会造成应力集中，进而降低材料的强度。因此，在材料加工过程中，一定要注意对混合不均、塑化不良、冷却速度不同等各方面条件的控制，以减少缺陷。

⑨ 增塑剂的加入对高分子而言，减少了分子间的相互作用，从而降低了强度。向高分子材料中添加活性填料，如补强剂和活性填料等可以提高分子间的结合力，防止裂缝的增长。常用的如炭黑对橡胶有增强作用，活性二氧化钛对硅橡胶有增强作用，木粉、棉布、玻璃纤维对热固性塑料有增强作用等。

(2) 外因　主要是温度与应变速率，低温和高应变速率条件下，高分子倾向于脆性断裂。温度越低，应变速率高，断裂强度越大。

三、高分子的增韧

高分子材料的韧性主要通过冲击强度加以体现。冲击强度越高，则材料的韧性越好。有关冲击强度的概念前边已有阐述，这里主要介绍增韧途径及办法等。

1. 增韧的途径

增韧的途径与增韧的机理密切相关。常用的途径与机理主要有以下四种情况。

（1）银纹增韧机理 脆性材料中加入弹性体微粒形成银纹增韧机理。在类似聚苯乙烯（PS）、聚甲基丙烯酸甲酯（PMMA）等脆性材料中加入弹性体微粒组成PS/SBS、PMMA/ACR等共混体系，此时加入的苯乙烯-丁二烯-苯乙烯嵌段共聚物（SBS）、丙烯酸酯（ACR）等弹性体微粒作为应力集中物与原高分子基体间引发产生大量银纹，从而吸收了大量冲击能量。同时，大量银纹之间形成应力场的相互干扰，降低了银纹端应力，阻碍了银纹的进一步发展。

（2）银纹-剪切带机理 以橡胶粒子为应力集中物的银纹-剪切带机理。此时，在外力作用下诱发大量银纹和剪切带，吸收能量。通过橡胶粒子和剪切带控制银纹的发展，使银纹不致形成破坏性裂纹。

需要注意，对于不同性质的基体，银纹和剪切带的比例不同。例如，HIPS在拉伸屈服时，可以观察到应力发白现象，但无细颈生成，此时的增韧机理属于银纹化为主的机理。ABS拉伸屈服时，银纹和剪切带比例相当。PVC（聚氯乙烯）/CPE（聚乙烯纤维）屈服时，有细颈而无应力发白现象，属于剪切屈服为主的增韧机理。

（3）三轴应力空化机理 不相容体系的三轴应力空化机理。如在PC/MES、PC/PE等合金中，由于MES、PE和PC的不相容，使基体与分散相界面呈脱离状态，进而在外力作用下产生分散相粒子周围的空化，这种空化作用也能吸收冲击时的能量。

（4）加入刚性粒子的增韧机理 刚性粒子的增韧机理又分为三种情况：①刚性有机填料（或粒子）增韧；②刚性无机填料（或粒子）增韧；③刚性、弹性填料（或粒子）混杂填充、增韧。

2. 影响高分子冲击强度的因素

与拉伸强度类似，影响冲击强度的因素也可以分为内因和外因。内因主要是与高分子结构有关，外因主要是与温度和外力作用速度有关。

（1）高分子的结构 增大高分子的极性或形成氢键。可以提高高分子的拉伸强度。但极性基团过密或取代基团过大，则冲击强度减小，材料脆性增大。高分子链支化程度增加，分子间距离增大，冲击强度提高，但拉伸强度下降。适度交联后，冲击强度与拉伸强度均可增大。高分子的结晶度增大，冲击强度下降，甚至表现为脆性。球晶的大小对冲击强度影响较大，其中，球晶越大，冲击强度下降越大。适当的双轴拉伸有利于提高冲击强度，分子分布更均匀，避免了薄弱部位。适量地加入增塑剂会增加链段运动能力，使冲击强度提高，但材料变软。

（2）温度和外力作用速度 在冲击试验中，温度对高分子材料的冲击强度影响很大，随着温度的升高，冲击强度逐渐增大，当温度接近玻璃化转变温度时，冲击强度将迅速增大，并且不同品种高分子之间的差别缩小。如普通PS在室温下很脆，但在玻璃化转变温度附近就变为韧性材料。对于结晶高分子，如果其中非晶部分的玻璃化转变温度在室温以下，则该结晶高分子必然有较高的冲击强度。热固性高分子的冲击强度受温度的影响很小。

外力作用时间长时，对冲击强度的影响，与温度升高时对冲击强度的影响相类似。

第四节 复合材料的力学性质

复合材料是将两种或两种以上性质不同的材料组合成一种综合性能优异的材料，它的性能优于任何一种基体材料，这种材料不但加工方便，而且能满足工业生产和日常生活的各项需求，对国家“十四五”规划中的新材料研究具有重要意义。高分子复合材料都是具有多相结构的，包括高分子和高分子复合（高分子共混物）、高分子和空气复合（高分子泡沫材料）和高分子与填料的复合（高分子纤维增强材料和高分子填充材料）。使用高分子复合材料除改进性能外，有时也可降低成本。

制备复合材料的方法有化学共聚方法和物理方法，化学共聚方法在其他教材中介绍，这里重点介绍物理方法，即增塑、增强、填充及高分子的共混等。

一、高分子的增塑作用

所谓高分子的增塑作用是指能使大分子链的柔性或材料的可塑性增大的作用。增塑作用可以分为内增塑、外增塑和自动增塑三类。

1. 内增塑作用

通过改变大分子链的化学结构，以达到增塑的目的，称为内增塑作用。它实际上是化学改性，即通过共聚、大分子反应等化学方法来改变大分子链柔顺性。这种增塑效果是最稳定，典型的例子是高抗冲聚苯乙烯。

2. 外增塑作用

在刚性链中加入低分子液体或柔性链的聚合物以达到增塑的目的，称为外增塑作用。加入低分子液体可以增塑的原因，是低分子液体的黏度比高分子的黏度低得多，相差可达1015倍，而在高分子中混入低分子时，其百分组成每改变20%，黏度就要降低1000倍，这样就有利于加工，如聚氯乙烯的增塑。

增塑剂的增塑作用，一般来说对高分子的玻璃化转变温度和黏流温度都有降低作用，但对柔性高分子和刚性高分子有一定差别。

对柔性高分子，加入增塑剂将使高分子链的活动性增大，从而引起玻璃化转变温度和黏流温度降低，而后者降低比前者大。如图7-24所示，随着增塑剂含量的增加，高弹区向较低温移动，弹性模量减小，即在一定应力及一定作用时间下形变增大了。如果增塑剂的含量增加到如图中曲线4的程度，则高弹态完全消失，体系变成为溶液。

对刚性高分子的增塑，随着增塑剂加入量的增加引起玻璃化转变温度和黏流温度降低，但当增塑剂的加入量在一定范围内时，由于增塑剂分子与高分子基团的相互作用，使刚性链变为柔性链，此时玻璃化转变温度显著降低，而黏流温度却降低不大，这种作用称为增弹作用（见图7-25）。这对生产很有用，如聚氯乙烯的玻璃化转变温度约为82℃，纯树脂只能作塑料使用，经过增塑后，在常温下具有很好的弹性，可用于制造人造革和薄膜。

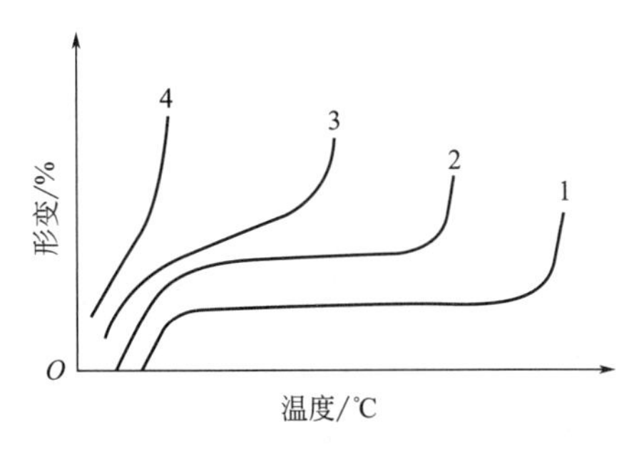

图 7-24 增塑剂加入量对柔性高分子形变-温度曲线的影响

1—纯柔性高分子；2～4—增塑高分子（增塑剂含量 4＞3＞2）

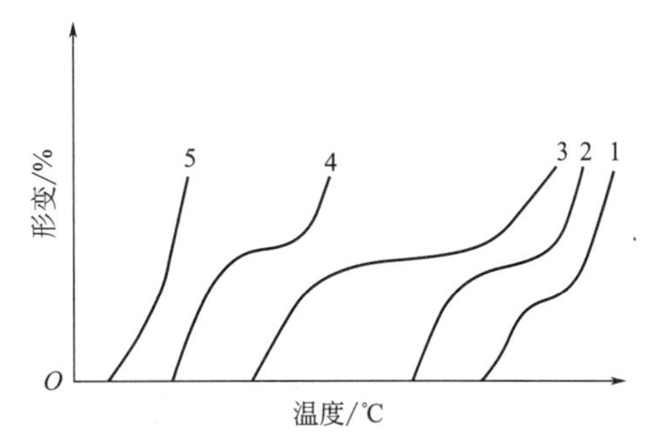

图 7-25 增塑剂加入量对刚性高分子形变-温度曲线的影响

1—纯刚性高分子；2～4—增塑高分子；5—高分子溶于增塑剂中（增塑剂含量 5＞4＞3＞2）

关于增塑作用的机理，主要是增塑剂起了屏蔽作用和隔离作用，即以大分子与小分子之间的相互作用代替了大分子链之间的作用，使高分子的链段运动容易，结果使玻璃化转变温度降低。其降低的结果可用式（6-5）、式（6-6）计算。

关于增塑剂的选择原则，主要考虑三个方面：①增塑剂必须与高分子材料互溶；②不易挥发（沸点较高），能长时间保存在制品中；③毒性、颜色、价格等方面。

从分子间相互作用来看，增塑剂与高分子相混溶应服从溶度参数相近规律。因此，可利用溶度参数数据来选择适用的增塑剂（见表 7-3），增塑剂可以单独使用，也可以混合使用。

表 7-3 某些常用增塑剂的溶度参数

增塑剂	$\delta/(J/cm^3)^{1/2}$	增塑剂	$\delta/(J/cm^3)^{1/2}$
石蜡油	31.40	邻苯二甲酸二-2-丁氧乙酯	38.94
芳香油	33.49	邻苯二甲酸二丁酯(DBP)	39.46
樟脑	31.40	磷酸三苯酯	41.03
己二酸二异辛酯	36.43	磷酸三甲苯酯	41.03
癸二酸二辛酯(DOS)	36.43	磷酸三二甲苯酯	41.45
邻苯二甲酸二异癸酯	36.84	二苯甲醚	41.19
癸二酸二丁酯	37.26	甘油三醋酸酯	41.19
邻苯二甲酸二异辛酯	37.26	邻苯二甲酸二甲酯	43.96

以聚氯乙烯为例，增塑剂的用量可按表 7-4 进行估算。

表 7-4 聚氯乙烯材料的增塑剂含量

材料类型	增塑剂份数(以 PVC 为 100 份计)	材料性能
硬板、硬管、硬粒料	＜10	较硬，基本保持 PVC 性质
软板、软管、软粒料	≈50	具有硬橡皮性质
电缆绝缘层	40	具有橡皮性质
电缆保护层	50	
薄膜	≈50	具有橡胶性质
塑料鞋	60	具有橡胶性质
人造革	≈65	具有软皮性质
泡沫	110	松软弹性体

柔性链的聚合物也可作为增塑剂使用，但需要在较高温度下捏合才能混溶，优点是持久性好。

3. 自动增塑作用

是指非人为加入增塑剂，而是由于某些自动的原因，如高分子中含有单体、低聚物或混入了杂质、吸收了水分所引起的增塑作用。

增塑剂的加入对高分子力学性能有很大的影响，如图 7-26 所示。压缩强度、拉伸强度都随增塑剂的加入而下降；同时，硬度、弹性模量及马丁耐热温度也都下降；当增塑剂量少时，冲击强度有所提高，当超过某一限度时，又明显下降。伸长率随增塑剂加入量的增大而升高。

二、高分子材料的增强及填充

在高分子中加一些补强剂或增强剂，使其强度得到不同程度的提高，这种作用称为增强作用，所获得的增强塑料在建筑器材、机器零部件、交通工具、电工零件等各方面获得越来越多的应用。这里只对增强材料的性质作一般的介绍。

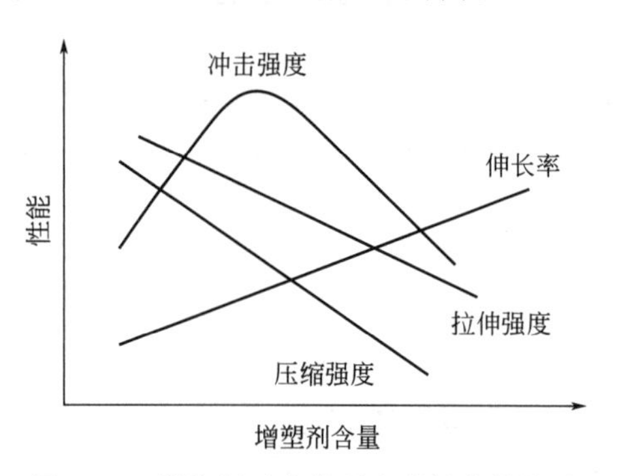

图 7-26 增塑剂对高分子力学性能的影响

对于热塑性塑料的增强，为了保证能用注塑机、挤出机成型，而多使用天然或合成纤维、玻璃纤维、石棉纤维、玻璃微珠、碳纤维等，工业上最常用的是玻璃纤维。经过玻璃纤维增强后的材料与纯树脂相比，具有如下性能：

① 静态强度，如拉伸强度、弯曲强度提高 2～4 倍；

② 动态强度，耐疲劳性能提高 2～3 倍；

③ 冲击强度，脆性材料提高 2～3 倍，韧性材料则变化不大；

④ 蠕变强度，提高 2～5 倍；

⑤ 热变形温度均有所提高，但幅度不大，为 10～200℃不等，其中无定形树脂提高的幅度小，结晶高分子提高的幅度较大；

⑥ 线膨胀系数、成型收缩率及吸水率等均下降。

各种热固性树脂的增强材料俗称玻璃钢。一般以玻璃布、棉布、麻布、合成纤维织物、玻璃纤维或棉花等作增强剂，经高温层压成型。可以做成机体、船壳、汽车盖、螺旋桨等。随原料不同，增强剂不同，加工方法不同，玻璃钢的性能差别很大，如表 7-5 所示。

表 7-5 由不饱和聚酯制成的玻璃钢与纯聚酯、金属的强度比较

性能	玻璃钢	纯聚酯	建筑钢	铝
密度/(g/cm^3)	1.9	1.3	7.8	2.7
压缩强度/MPa	49	150	350～420	70～110
弯曲强度/MPa	1050	90	420～460	70～180
冲击强度/(kJ/m^2)	156	7	100	44

在高分子材料中加入填充剂的过程称为填充。填充的目的，可以是改性，也可以是单纯的降低成本。如使用活性填充剂，即填充剂与高分子材料有较强的相互作用，能使强度提高。如橡胶中填充炭黑后，可以提高轮胎的耐磨性和弹性模量，所以称它为补强剂。对强度无影响的称为非活性填充剂，如碳酸钙、黏土、木屑等。又如用玻璃纤维填充塑料，称为玻璃纤维增强塑料。颗粒状活性填充剂具有交联作用，可以提高材料的强度和刚性。

三、高分子材料的共混改性

将结构不同的均聚物、共聚物甚至将分子量不同的高分子，通过一定的方法相互掺混，以获得材料的某些特定性能的方法，称为高分子材料的共混改性。与增塑、增强相比，共混改性也是增塑或增强的一种，只是改性剂是聚合物而已。

高分子材料的共混，可以采用溶液、乳液、机械混炼等不同的方法，方法不同，所得材料的相态也不相同。但总的来说，在固态高分子共混体系中，除少数用溶液法制备的两种完全互溶的均聚物能形成较均匀的体系外，一般均为微观或亚宏观结构上的多相体系。

如果两组分之间的混溶性很小，则分散相不能很好地分散，即使强行分散了，所制得的共混物也不会有很好的力学性质。相反，两组分的混溶性良好，力学性能又相近的高分子共混，虽然分散和彼此间的结合较好，但不能指望其共混物的力学性能有较大的改善，这种共混，往往是为了提高材料的加工性质。

为了获得所需的力学性能的改善，往往取力学性能相差较远的高分子作为共混的对象。通常，这样的高分子彼此间的混溶性不够好，需要加入对共混两组分均有一定混溶性的第三组分来改善共混物的性质。如在聚丙烯与聚乙烯共混中，加入乙烯-醋酸乙烯共聚物（EVA），后者就是一种第三组分，它能改善 PP/PE 共混材料的层离现象，并使冲击强度有较大提高（见表 7-6）。

表 7-6　材料冲击强度和组成的关系

材料	PP	PP/PE=80/20	PP/PE/EVA=80/20/5
无缺口冲击强度/(kJ/m^2)	64.8	140.6	189
缺口冲击强度/(kJ/m^2)	6.4	15.5	16.3

共混高分子材料的力学性能，除了取决于原料高分子的性能及配比外，在很大程度上取决于它们的混合状态，即各组分的混溶性及分散状态。一般来说，共混高分子的力学性能介于组成的各均聚物之间，如等规聚丙烯与低密度聚乙烯共混体系就是如此，见图 7-27 和图 7-28。

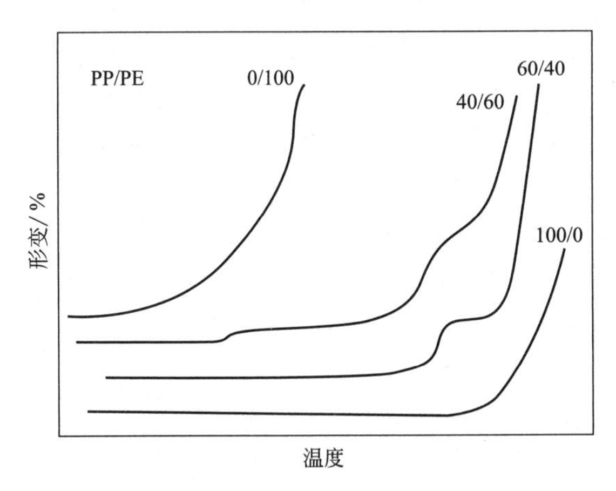

图 7-27　PP/LDPE 共混材料的热力学曲线

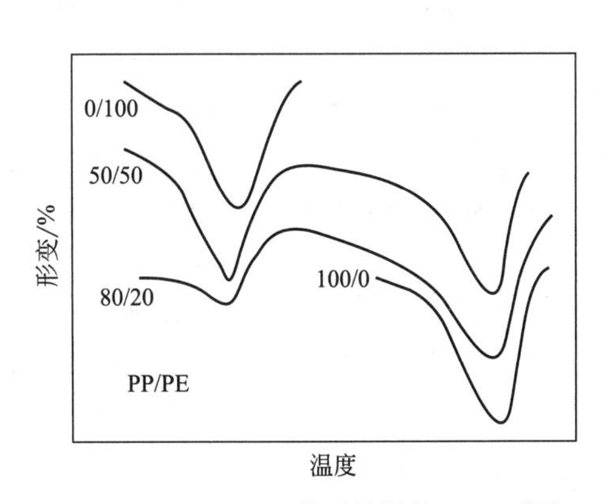

图 7-28　PP/LDPE 共混材料的 DTA 谱线

如果两个高分子是不互溶的，则共混材料存在两相，呈现两个玻璃化转变温度，对应各原组分的玻璃化转变温度，在动态力学性质曲线上也相应地发生变化。

同理，一个结晶性高分子在玻璃化转变温度和熔点之间，也存在两个相，也应同时具有高模量和高冲击性能，低压聚乙烯在 137℃（T_m）和－25℃之间，就是这种情况，这个温度区间相当宽，又在通常使用的温度范围内，所以日用制品中聚乙烯的性质是较好的。

为了提高刚性高分子材料的冲击性能，一般使用类橡胶高分子作为改性剂。这种类橡胶高分子应具备三个条件：一是玻璃化转变温度必须远低于使用温度；二是橡胶不溶于刚性高分子而成第二相；三是两种高分子在溶解行为上相似，使相与相之间有较好的黏着作用。当第三个条件达不到时，可加入第三组分，这样一个脆性的刚性高分子的冲击强度能提高5～10倍。塑料与橡胶共混就是如此。

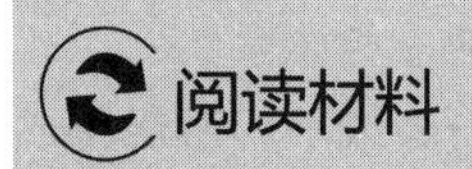

高分子理论的奠基人——施陶丁格

施陶丁格（Hermann Staudinger，1881.3.23—1965.9.8），德国有机化学家和高分子化学家。1953年12月10日，因在高分子领域的开创性成果，荣获诺贝尔化学奖。他提出的聚合物结构理论，以及对生物大分子的研究，为高分子化学、材料科学和生物科学的现代发展奠定了基础。

施陶丁格中学毕业后，进入哈雷大学跟随克里比（Klebe）教授攻读植物学，1903年夏，施陶丁格获博士学位，距他进入大学仅4年时间。1907年春，他向斯特拉斯堡大学提交了有关烯酮化学的“任职资格”论文，获得在大学授课的资格，1907年他被卡尔斯鲁厄技术大学聘为副教授，年仅26岁。在极短的时间内，他作为从事小分子有机化学研究的化学家，获得了令人瞩目的国际声誉。1912年夏，31岁的施陶丁格任苏黎世联邦技术大学教授，1926年任弗赖堡大学化学教授，1940年任该大学高分子化学研究所所长，一直工作到1951年退休并任终身名誉教授。

施陶丁格在小分子化学领域取得了丰硕的成果，共发表研究论文215篇，获专利51项。在卡尔斯鲁厄和苏黎世，施陶丁格除关注烯酮化学，还研究乙二酰氯、脂族重氮化合物、有机磷化物、异戊二烯和丁二烯的制备与聚合等；他发现叠氮化合物与磷烷反应生成磷腈，这种叠氮法，很快以“施陶丁格反应”闻名于世；施陶丁格通过萜烯的热分解反应，很方便地制得异戊二烯，通过类似的方法，施陶丁格对环己二烯进行高温热分解，制取丁二烯；他与鲁茨卡（L. Ruzicka，1939年诺贝尔化学奖得主）合作，成功分离出除虫菊的有效成分，为发展现代除虫菊酯杀虫剂打下了坚实的基础。

1920年左右，施陶丁格开始对大分子化合物，尤其是聚甲醛、橡胶和聚苯乙烯展开研究。他在《德国化学会会志》上发表了《关于聚合反应》的著名短文，提出了他的革命性学说。他认为，高分子量聚合物如聚甲醛、聚乙烯、聚氯乙烯和天然橡胶，都是由数目巨大的单体小分子通过共价键的重复连接而形成的线型长链分子。1926年，施陶丁格任弗赖堡大学教授并担任化学实验室主任以后，全力转向聚合物的研究。就在当年，斯维德贝格（T. Svedberg）和法拉斯（R. Fahraeus）首次用超离心机成功测定羟基和羰基血红蛋白的平衡沉降，为蛋白质化学中证明大分子的存在提供了关键性证据。1929年，施陶丁格成功地推导出高分子稀溶液的特性黏度η与分子量M之间的线性关系式，得出著名的施陶丁格定律$\eta=K_m M$，通过已知分子量的溶质计算出溶剂常数K_m，然后用于被测的未知分子量的聚合物。

施陶丁格一直试图为长链高分子的存在找到一种更直观有力的证明，他的学生辛格（R. Signer）使用流动双折射技术，成功地测量出一个长链分子的长度与宽度的近似比；到1934—1937年间，庞默拉（R. Pummerer）从天然橡胶的降解产物中，分离出微量的端基化合物，直接证实了橡胶的线型长链分子结构；1942年，施陶丁格和两位同事，获得了糖原粒子的电子显微图谱，根据渗透压法，测算出它的分子量为150万。施陶丁格的大分子概念，最终为化学家所接受。他对聚合物的性质、聚合物的合成法、结构分析、聚合机理和聚合物的分析化学的基础研究，对高分子工业的发展产生了重大的影响。

为了促进大分子化学和高分子科学新领域的发展，他在弗赖堡大学创立高分子化学研究所，是欧洲第一个完全致力于聚合物研究的科研机构。1943年，他创办第一份聚合物期刊《高分子化学学报》，为这一新领域的研究者搭建了交流研究成果的平台；施陶丁格还编写出版数部高分子化学著作，如《高分子有机化合物——橡胶和纤维素》、《高分子化学、物理与技术进展》、《高分子化学》和《高分子化学与生物学》等。由于在高分子化学领域的杰出成就，他获得欧洲多所著名大学的荣誉博士称号，还获得过费歇尔奖、康尼查罗奖和米希尔里希奖，1953年达到一生荣誉的顶峰，获得诺贝尔化学奖。

资料参考：

[1] 盛根玉．高分子理论的奠基者施陶丁格[J]．化学教学，2011（12）：63-67.

[2] 张清建．施陶丁格：高分子化学的奠基人[J]．自然辩证法通讯，2006（05）：94-99，112.

[3] 朱诚身．高分子化学之父——施陶丁格[J]．化学教育，1990（02）：57-59.

[4] 石方．现代高分子理论奠基者——H. 施陶丁格[J]．现代化工，1981（01）：55.

[5] Marc A Shampo，Robert A Kyle，David P Steensma. Hermann Staudinger—Founder of Polymer Chemistry [J]. Mayo Clinic Proceedings，2013，88（3）.

思考题

1. 解释下列概念

材料的应力，应变，拉伸强度，断裂伸长率，拉伸弹性模量，柔量

2. 高分子的力学性质有什么特点？试分析高分子这些特点的原因。

3. 试述高分子结构对高分子材料力学性能的影响。

4. 画出非晶态线型高分子弹性模量-温度曲线，指出各温度区域聚合物所处的状态，并阐述各区域中高分子分子运动和力学性能的特点。

5. 试从结构观点分析和比较非晶高分子的强迫高弹性、结晶高分子的冷拉、硬弹性高分子的拉伸行为和某些嵌段共聚物的应变诱发塑料-橡胶转变的异同点。

6. 比较高分子的韧性断裂和脆性断裂，并说明同一高分子是否在任何条件下都是脆性断裂或者韧性断裂？

7. 影响高分子强度的因素有哪些？试述高分子结构与强度的关系。

8. 定性说明分子量、取向和试样尺寸对高分子强度的影响。

9. 产生应力集中的原因是什么？试述应力集中与裂纹的关系。

10. 在成型加工中加入成核剂对聚丙烯的韧性有什么影响？其原因是什么？

习题

1. 指出常用的材料力学概念。
2. 画出结晶高分子和非晶高分子的应力-应变曲线，并加以适当解释。
3. 细颈如何产生？
4. 解释哪些因素影响高分子材料的强度。
5. 解释非晶高分子的应力-应变曲线的六种类型及应用。
6. 脆性断裂与韧性断裂有什么区别？在什么条件下可以相互转化？
7. 说明高分子的增塑作用与应用。
8. 影响材料脆韧转变的因素有哪些？
9. 影响高分子冲击强度的因素有哪些？
10. 如何提高高分子的韧性？

第八章

高分子的高弹性与黏弹性

虎克定律是普通弹性固体的理想情况，其模量是不依赖于时间和形变的常数。至于其他的普弹固体，只有当形变无限小时才接近虎克定律，而当进行有限形变时即告偏离，如有些金属在拉伸时应力与应变不呈线性关系，在应力较高时模量增高“应力发硬”，这可称为非虎克普弹固体，与上述普弹固体不同，高分子固体能呈现长程弹性形变，如硫化橡胶拉伸到原长的50%仍能呈现弹性，这可称为高弹固体。

作为材料使用的高分子，其力学性能是高分子一系列优异物理性能的基础，是决定高分子材料合理应用的主导因素，高分子力学性能的最大特点是高弹性和黏弹性。

高分子极大的分子量使得高分子链出现了一般小分子化合物所不具有的结构特点，即由于高分子链的构象改变所呈现的柔性，高分子链柔性在性能上的表现，就是高分子所独有的高弹性。与一般材料普弹性的根本区别在于，高分子的高弹性主要是起因于构象熵的改变。高分子的黏弹性是指高分子材料不但具有弹性材料的一般特性，同时还具有黏性流体的一些特性，弹性和黏性在高分子材料中同时呈现得特别明显。高分子的黏弹性能还有特殊的方面，即依赖于温度和（或）外力作用时间。

第一节　高分子的力学松弛现象

高分子的力学性质随时间的变化统称为力学松弛，根据高分子材料受到外力作用的情况不同，可以观察到不同类型的力学松弛现象，最基本的有蠕变、应力松弛、滞后现象和力学损耗等。

高分子的这种时间依赖关系不是由于材料性能的改变而引起的，而是由于它们的分子响应与外力达不到平衡，是一个速率过程。另外，高分子的力学行为有很大的温度依赖性，正是高分子的这种力学松弛本质及其随温度的变化造成了高分子具有独特的力学行为。因此，描述高分子材料的力学行为必须同时考察应力、应变、时间和温度四个参数。

一、蠕变

蠕变是指在一定的温度和较小的恒定应力（拉力、压力或扭力等）作用下，材料的应变随时间的增加而增大的现象。例如，古老的窗玻璃经几百年后会蠕变得上薄下厚；未交联的高分子能无限地蠕变下去，如硅橡胶生胶的冷流；交联高分子则蠕变到某一极限即停止，比如，软质PVC丝挂着一定质量的砝码，就会慢慢伸长，解下砝码后，丝会慢慢回缩，这就是软质PVC丝的蠕变和回复现象。

不同材料在恒应力下形变与时间的关系见图8-1，蠕变曲线见图8-2。

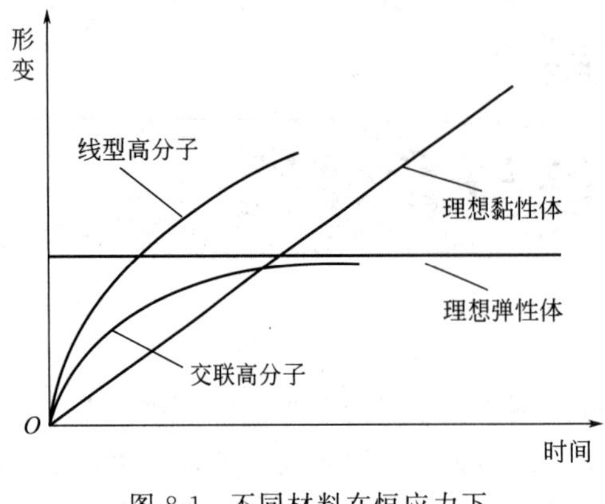

图 8-1 不同材料在恒应力下形变与时间的关系

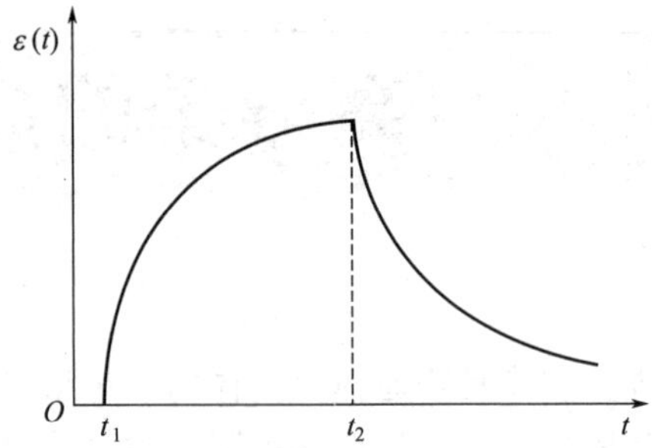

图 8-2 蠕变曲线

t_1—加荷时间；t_2—释荷时间

从分子运动和变化的角度来看，蠕变过程包括下面三种形变。

当高分子材料受到外力作用时，分子链内部键长和键角立刻发生变化，这种形变量是很小的，称为普弹形变，用 ε_1 表示：

$$\varepsilon_1=\sigma/E_1 \tag{8-1}$$

式中 σ——应力；

E_1——普弹形变模量。

当外力除去时，普弹形变能立刻完全回复。高弹形变是分子链通过链段运动逐渐伸展的过程，形变量比普弹形变要大得多，但形变与时间呈指数关系：

$$\varepsilon_2=(\sigma/E_2)\ (1-e^{-t/\tau}) \tag{8-2}$$

式中 ε_2——高弹形变；

τ——松弛时间（或称推迟时间），它与链段运动的黏度 η_2 和高弹模量 E_2 有关，$\tau=\eta_2/E_2$，外力除去时，高弹形变是逐渐回复的。

分子间没有化学交联的线型高分子，还会产生分子间的相对滑移，称为黏性流动，用 ε_3 表示：

$$\varepsilon_3=(\sigma/\eta_3)t \tag{8-3}$$

式中 ε_3——本体黏度，外力除去后黏性流动是不能回复的，因此，普弹形变和高弹形变称为可逆形变，而黏性流动称为不可逆形变。

高分子受到外力作用时以上三种形变是一起发生的。材料的总形变为：

$$\varepsilon(t)=\varepsilon_1+\varepsilon_2+\varepsilon_3 \tag{8-4}$$

三种形变的相对比例依具体条件不同而不同。

在玻璃化转变温度以下链段运动的松弛时间很长（τ 很大），ε_2 很小，分子之间的内摩擦阻力很大（η_3 很大），ε_3 也很小，因此形变很小；在玻璃化转变温度以上，τ 随着温度的升高而变小，ε_2 增大，而 ε_3 比较小；温度再升到黏流温度以上，不但 τ 变得更小，而且体系的黏度也减小，ε_1、ε_2 和 ε_3 都比较显著。由于黏性流动是不能回复的，因此对线型高分子来说，当外力除去后总会留下一部分不能回复的形变，称为永久形变。

蠕变与温度高低和外力大小有关，温度过低，外力太小，蠕变很小而且很慢，在短时间内不易觉察；温度过高，外力过大，形变发展过快，也感觉不出蠕变现象；在适当的外力作用下，通常在高分子的 T_g 以上不远，链段在外力下可以运动，但运动时受到的内摩擦力又较大，只能缓慢运动，则可观察到较明显的蠕变现象。

高分子蠕变性能反映了材料的尺寸稳定性和长期负载能力，有重要的实用性。主链含芳杂环的高分子，具有良好的抗蠕变性能，可以代替金属材料制造机械零件；硬质聚氯乙烯具有良好的抗腐蚀性能，可以用于加工化工管道、容器或塔器等设备，但聚氯乙烯容易蠕变，使用时必须增加支架以防止因蠕变而影响尺寸稳定性；聚四氟乙烯是摩擦系数最小的塑料，是很好的密封材料，但是其蠕变现象很严重，不能制造齿轮或精密机械元件。

二、应力松弛

与蠕变相对应的是应力松弛，是在恒定温度和形变保持不变的情况下，高分子内部的应力随时间而逐渐衰减的现象。作为研究形变行为时间依赖性的方法，它们几乎是等同的，都反映高分子内部分子的三种运动情况。

高分子受力拉伸时，分子链处于不平衡构象，分子链的链段顺着外力方向运动以减少或消除内部应力，逐渐过渡到平衡的构象；如果温度很高，远远超过 T_g，链段运动时受到的内摩擦力很小，应力很快就松弛掉了；如果温度太低，比 T_g 低得多，虽然链段受到很大的应力，但是由于内摩擦力很大，链段运动能力很弱，应力松弛极慢，不容易觉察得到；只有在玻璃化转变温度附近的几十摄氏度范围内，应力松弛现象比较明显。含有增塑剂的聚氯乙烯丝缚物，开始扎得很紧，后来会变松，就是应力松弛现象比较明显的例子。对于交联的高分子，由于分子间不能滑移，所以应力不会松弛到零，只能松弛到某一数值，正因为这样，橡胶制品都是经过交联的。

应力松弛可用来估测某些工程塑料零件中夹持金属嵌入物的应力，也可用来估测塑料管道接头内环向应力阻止接头处漏水的期间以及测定塑料制品的剩余应力。

三、滞后

高分子作为结构材料，在实际应用时，往往受到交变力（应力大小呈周期性变化）的作用，如轮胎、传送皮带、齿轮、消振器等，它们都是在交变力作用的场合使用的。对于理想的弹性固体（虎克弹性体），应变正比于应力，比例常数为固体的弹性模量，即应变也是相应的正弦应变。应力与应变之间没有任何相位差，在应力的一个周期里，外力所做的功完全以弹性能（位能）的形式储存起来，而后又全部释放出来变成动能，使材料回到它的起始状态，没有能量的损耗。

对于理想的黏性液体（牛顿黏流体），应力与应变速率成正比，应变与应力有 90°相位差，用以变形的功全部损耗为热。高分子对外力的响应部分为弹性的，部分为黏性的，应变与应力之间有一个相位差 δ，在每一形变周期中，损耗一部分能量。

各种材料对正弦应力的响应见图 8-3。

滞后现象是高分子在交变应力作用下，形变落后于应力变化的现象。滞后现象的发生是由于链段在运动时要受到内摩擦力的作用，当外力变化时，链段的运动跟不上外力的变化，所以形变落后于应力，有一个相位差。当然 δ 越大说明链段运动越困难，越是跟不上外力的变化。

滞后现象

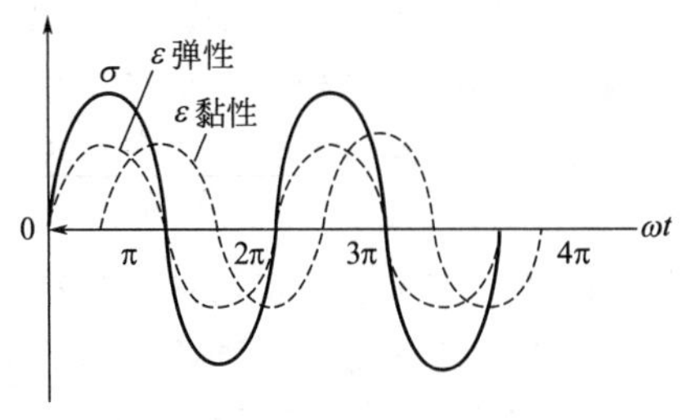

(a) 理想弹性固体和理想黏性液体

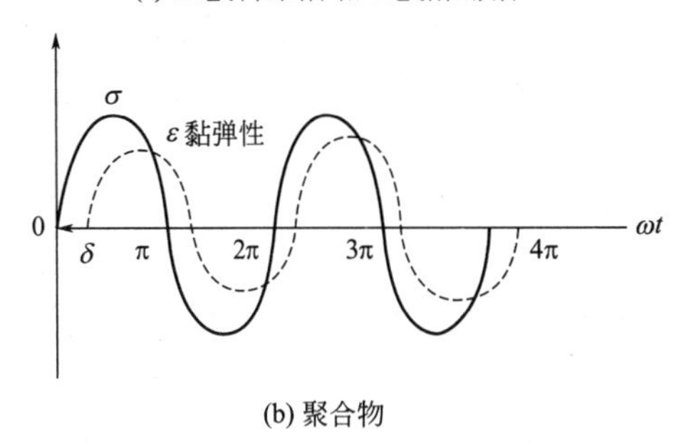

(b) 聚合物

图 8-3 各种材料对正弦应力的响应

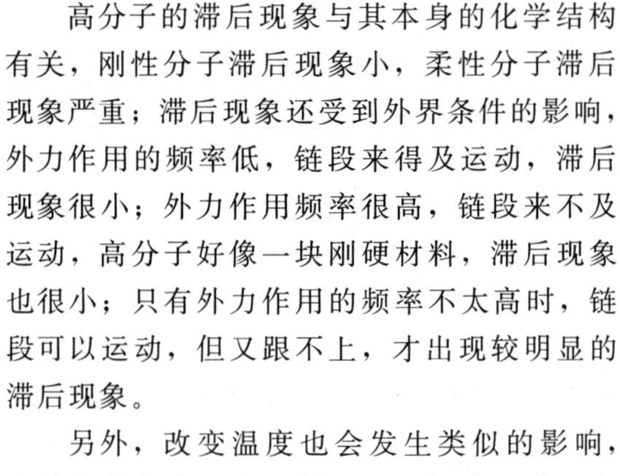

高分子的滞后现象与其本身的化学结构有关，刚性分子滞后现象小，柔性分子滞后现象严重；滞后现象还受到外界条件的影响，外力作用的频率低，链段来得及运动，滞后现象很小；外力作用频率很高，链段来不及运动，高分子好像一块刚硬材料，滞后现象也很小；只有外力作用的频率不太高时，链段可以运动，但又跟不上，才出现较明显的滞后现象。

另外，改变温度也会发生类似的影响，在外力的频率不变的情况下，提高温度，会使链段运动加快，当温度很高时，形变几乎不滞后于应力的变化；温度很低时，链段运动速度很慢，在应力增长的时间内形变来不及发展，因而也无所谓滞后；只有在某一温度，约 T_g 上下几十摄氏度范围内，链段能充分运动，但又跟不上，所以滞后现象严重。

因此，增加外力的频率和降低温度对滞后现象有着相同的影响。

四、力学损耗

当应力的变化和形变的变化相一致时，没有滞后现象，每次形变所做的功等于回复原状时取得的功，没有功的消耗。如果形变的变化落后于应力的变化，发生滞后现象，则每一循环变化中就要消耗功，这种作为热损耗掉的能量与最大储存能量之比 $\psi=2\pi\tan\delta$，称为力学损耗，有时也称为内耗，δ 称为力学损耗角。例如，交联橡胶拉伸与回复过程的应力-应变曲线如图 8-4 所示。由于高分子链段运动受内摩擦力影响，应变不能跟上应力变化，拉伸曲线（OAB）和回复曲线（BCD）并不重合，如果应变完全跟得上应力变化，则拉伸与回复曲线重合，如图 8-4 中 OEB 虚线所示。

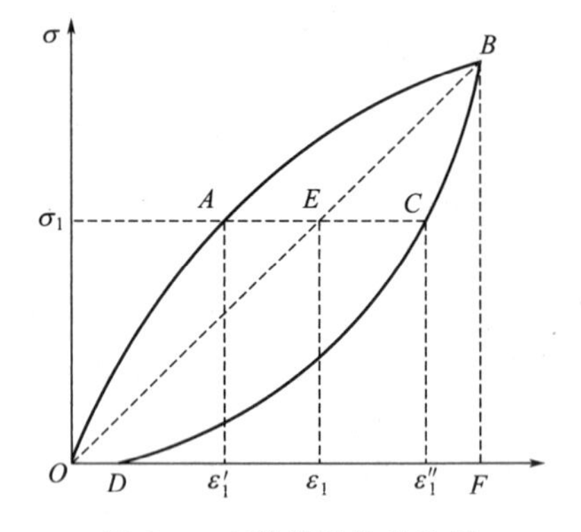

图 8-4 交联橡胶拉伸和回复的应力-应变曲线

也就是说，当发生滞后现象时，拉伸曲线上的应变达不到与其应力相对应的平衡应变值，回复曲线上的应变大于与其应力相对应的平衡应变值，即对应于 σ_1，$\varepsilon_1'<\varepsilon_1<\varepsilon_1''$。这种情况下，外力对高分子体系所做的功，一方面用来改变分子链的构象，另一方面用来提供链段运动时克服链段间内摩擦阻力所需的能量；回复时，高分子体系对外做功，一方面使伸展的分子链重新蜷曲起来，恢复到原来的状态，另一方面用于克服链段间的内摩擦阻力。这样一个拉伸-回复循环中，链构象的改变完全回复，不损耗功，所损耗的功用于克服内摩擦阻力，转化为热。

外力对橡胶所做的拉伸功和橡胶对外所做的回复功，分别相当于拉伸曲线和回复曲线下所包含的面积（$OABF$ 和 $DCBF$）。因此，拉伸-回复循环中所损耗的能量与这两块面积之差相当。通常，拉伸、回复两条曲线构成的闭合曲线称为“滞后圈”，“滞后圈”的大小等于单位体积试样在每一个拉伸-回复循环中（$\omega t=2\pi$）所损耗的功。

高分子内耗的大小与高分子本身的结构有关。顺丁橡胶分子链上没有取代基团，链段运动的内摩擦阻力较小，因此内耗较小；丁苯橡胶有庞大的侧苯基，丁腈橡胶有极性较强的侧氰基，链段运动时内摩擦阻力较大，因而它们的内耗比较大；丁基橡胶的侧甲基虽没有苯基大，也没有氰基极性强，但是侧基数目比丁苯橡胶、丁腈橡胶的多得多，所以它的内耗比丁苯橡胶、丁腈橡胶还要大。内耗较大的橡胶，吸收冲击能量较大，回弹性就较差。

高分子的内耗与温度也有关系（见图 8-5）。在玻璃化转变温度（T_g）以下，高分子受外力作用形变很小，这种形变主要由键长和键角的改变引起，速度很快，几乎完全跟得上应力的变化，δ 很小，所以内耗很小；温度升高，在向高弹态过渡时，由于链段开始运动，而体系的黏度还很大，链段运动时受到的摩擦阻力比较大，因此高弹形变显著落后于应力的变化，δ 较大，内耗也大；当温度进一步升高时，虽然形变大，但链段运动比较自由，δ 变小，内耗也小了。因此，在玻璃化转变区域将出现一个内耗的极大值，称为内耗峰；向黏流态过渡时，由于高分子分子间互相滑移，因而内耗急剧增加。

内耗与外载作用的频率也有很大关系（见图 8-6）。频率很低时，高分子的链段运动完全跟得上外力的变化，因此，内耗很小，表现出高弹性；在频率很高时，高分子链段运动完全跟不上外力的变化，内耗也很小，显示刚性，表现出玻璃态的力学性质；只有中间区域，高分子链段运动跟不上外力的变化，内耗在一定的频率范围将出现一个极大值，这个区域中材料的黏弹性表现得很明显。

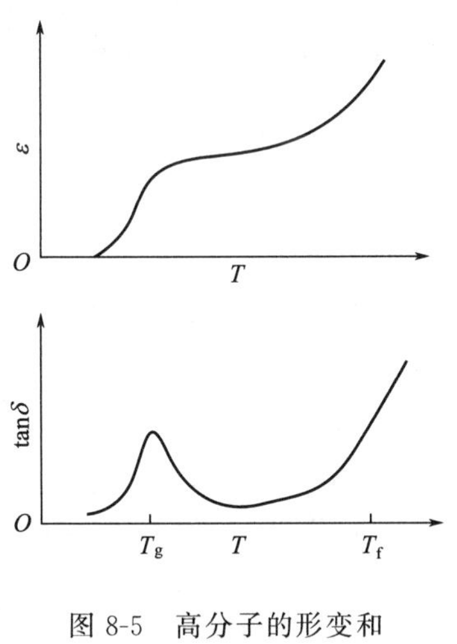

图 8-5 高分子的形变和内耗与温度的关系

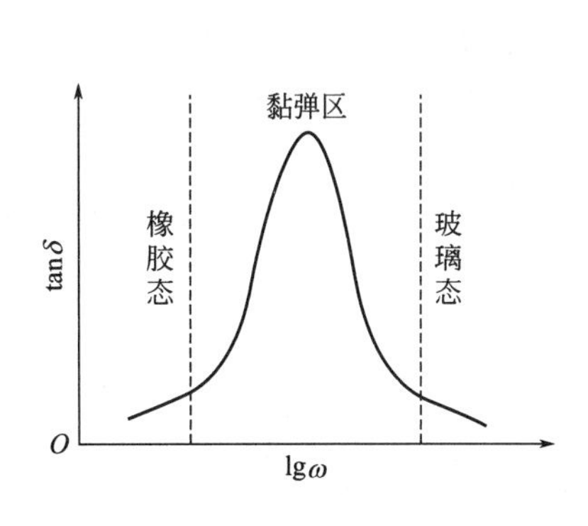

图 8-6 高分子的内耗与频率的关系

蠕变和应力松弛是静态力学松弛过程，而在交变的应力、应变作用下发生的滞后现象和力学损耗，则是动态力学松弛，因此有时也称后一类力学松弛为高分子的动态力学性质或动态黏弹性。

第二节　时温等效原理和 Boltzmann 叠加原理

一、时温等效原理

温度是影响高分子性能的重要参数。随着温度从低到高，包括力学性能在内的许多性能都将发生很大变化，在玻璃态向高弹态转变的温度区域（玻璃化转变温度）附近，若干性能甚至会发生突变。高分子在不同温度下或在不同外力作用时间（或频率）下都显示出一样的三种力学状态和两个转变，表明温度和时间对高分子力学松弛过程，从而对黏弹性的影响具有某种等效的作用。

从高分子运动的松弛性质已经知道，要使高分子链段具有足够大的活动性，从而使高分子表现出高弹形变；或者要使整个高分子能够移动而显示出黏性流动，都需要一定的时间（用松弛时间来衡量）。温度升高，松弛时间可以缩短，因此，同一个力学松弛现象，既可在较高的温度下，在较短的时间内观察到，也可以在较低的温度下较长的时间内观察到。因此升高温度与延长观察时间对分子运动是等效的，对高分子的黏弹行为也是等效的。这个等效性可以借助于一个移动因子 a_T 来实现，即借助于移动因子可以将在某一温度下测定的力学数据，变成另一温度下的力学数据，这就是时温等效原理。

对于非晶高分子，在不同温度下获得的黏弹性数据，包括蠕变、应力松弛、动态力学试验，均可通过沿着时间轴平移叠合在一起。

例如在 T_1、T_2 温度下，一个理想高分子的蠕变柔量对时间对数的曲线，只要将两条曲线之一沿横坐标平移 $\lg a_T$，就可以将这两条曲线完全重叠（图 8-7）。如果试验是在交变力场下进行的，则类似地有降低频率与延长观察时间是等效的，增加频率与缩短观察时间是等效的。因而同样可以将 T_1、T_2 两个温度下，动态力学测量得到的两条 $\tan\delta$ 对 $\lg\omega$ 曲线，借助同一个移动因子 a_T 叠合起来（图 8-8）。

移动因子 a_T 定义为：

$$a_T = \tau/\tau_s \tag{8-5}$$

式中　τ，τ_s——指定温度 T 和 T_s 时的松弛时间。

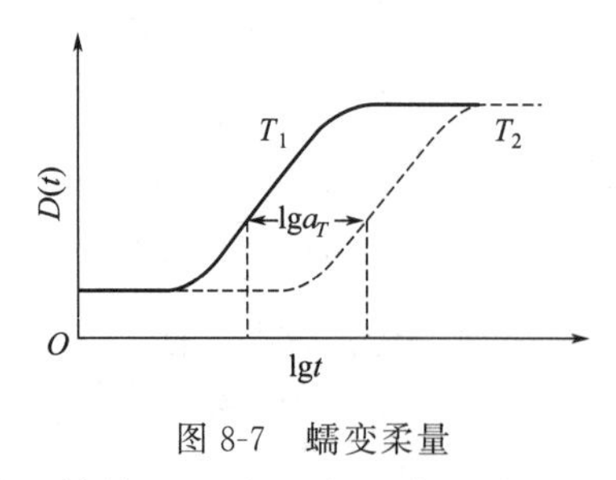

图 8-7　蠕变柔量

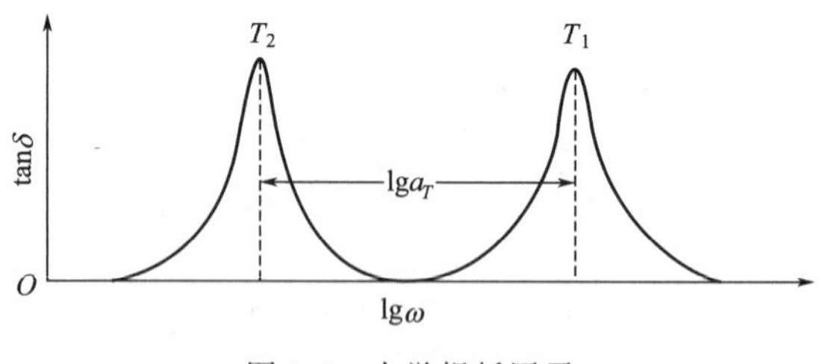

图 8-8　力学损耗因子

时温等效原理有很大的实用意义。利用时间和温度的这种对应关系，可以对不同温度或不同频率下测得的高分子力学性质进行比较或换算，从而得到一些实际上无法从直接试验测量得到的结果。例如要得到低温某一指定温度时天然橡胶的应力松弛行为，由于温度太低，应力松弛进行得很慢，要得到完整的数据可能需要等几个世纪甚至更长时间，这实际上是不可能的。为此，我们可以利用时温等效原理，在较高温度下测得应力松弛数据，然后换算成所需要的低温下的数据。

图 8-9 是绘制指定温度下高分子应力松弛叠合曲线的示意图。图 8-9 左边是在一系列温度下试验测量得到的松弛模量时间曲线，每一根曲线都是在一恒定温度下测得的，都只是完整松弛曲线中的一小段。图的右边则是左边试验曲线的叠合曲线。绘制叠合曲线时需先选定一个参考温度（图上以 T_s 为参考温度），参考温度下测得的试验曲线在叠合曲线的时间坐标上没有移动，而高于和低于这一参考温度下测得的曲线，则分别向右和向左水平移动，使各曲线彼此叠合连接而成光滑的曲线，就成叠合曲线。

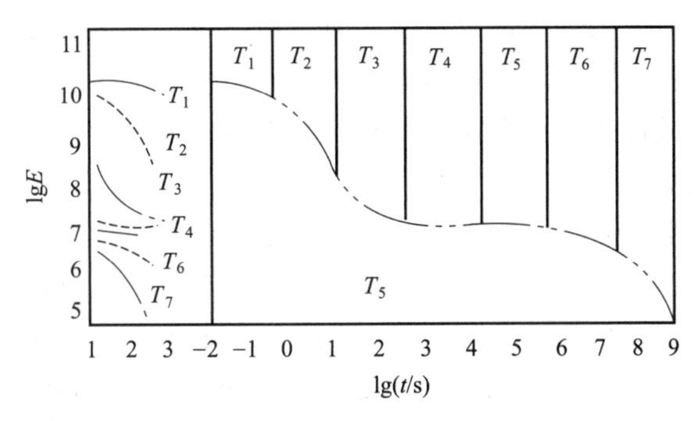

图 8-9 应力松弛叠合曲线示意

显然，在绘制叠合曲线时，各条试验曲线在时间坐标上的平移量是不相同的，如果将这些实际移动量对温度作图，可以得到像图 8-9 那样的曲线。实验证明，很多非晶线型高分子基本上符合这条曲线。

因此，Williams、Landel 和 Ferry 提出了 WLF 经验方程：

$$\lg a_T=\frac{-C_1(T-T_s)}{C_2+T-T_s} \tag{8-6}$$

式中 T_s——参考温度；

C_1，C_2——经验常数。

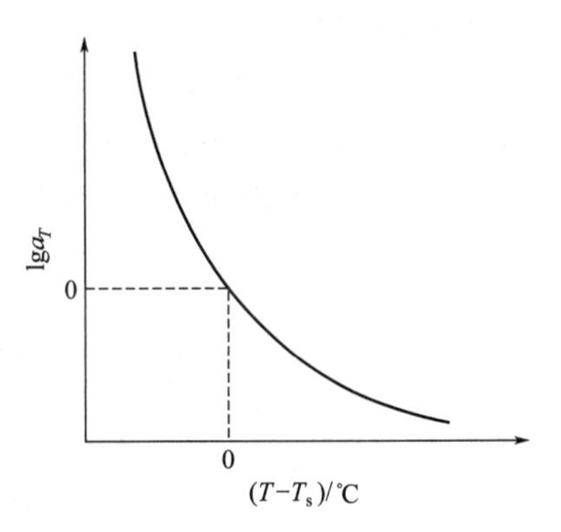

图 8-10 $\lg a_T$ 与（$T-T_s$）的关系曲线

WLF 公式表明移动因子与温度和参考温度有关。选择不同的温度作为参考温度，公式的形式不变，只是参数 C_1、C_2 不同了。当选择 T_g 参考温度时，则 C_1 和 C_2 具有近似的普适值（$C_1=17.4$，$C_2=51.6$）。由于各高分子以 T_g 为参考温度的 C_1、C_2 值之间差别过大，实际上不能作为普适值。进一步研究发现，采用另一组参数：$C_1=8.86$ 和 $C_2=101.6$，则对所有高分子都可以找到一个参考温度 T_s，与 $\lg a_T$ 对（$T-T_s$）曲线符合得较好（图 8-10），这个 T_s 通常落在 T_g 以上约 50℃处。

【例题 8-1】 25℃下进行应力松弛试验，测得某高分子的模量减少到 $10^5\,\mathrm{N/m^2}$ 需要 $10^7\,\mathrm{h}$。用 WLF 方程计算 100℃下模量减少到同样值需要多久？假设高分子的 T_g 为 25℃。

解：

$$\lg a_T=\lg\frac{t_{100℃}}{t_{25℃}}=\frac{-17.44(100-25)}{51.6+(100-25)}=-10.33$$

$$\frac{t_{100℃}}{t_{25℃}}=4.67\times10^{-11}$$

$$t_{100℃}=4.67\times10^{-11}\times10^{7}\,\mathrm{h}=4.67\times10^{-4}\,\mathrm{h}$$

移动因子 a_T 是高分子在不同温度下、同力学响应所需观察时间的比值。从分子运动观点考虑，当实验的观察时间与高分子某种运动单元的松弛时间相当时，材料就表现出相应的力学性能。因此，a_T 从微观上看，可以理解为不同温度时、高分子同一运动模式的松弛时间的比值。

二、 Boltzmann 叠加原理

大量的生产实践早已发现高分子的力学性能与其载荷历史有密切关系，甚至在制备、包装、运输过程中高分子所受的外力都对它们的力学性能有影响。高分子力学行为的历史效应包括两个方面的内容，其一是先前载荷历史对高分子材料变形性能的影响，其二是多个载荷共同作用于高分子时，其最终变形性能与个别载荷作用的关系，因此，Boltzmann 叠加原理阐明力学历史的效应是加和性的。

Boltzmann 叠加原理表明：①高分子材料变形是整个载荷历史的函数，或者说在时刻 t 所观察到的应变，除了正比于时刻 t 施加的应力外，还要加上时刻 t 以前曾经承受过的各应力在时刻 t 相应的应变；②个别载荷所产生的变形是彼此独立的，可以互相叠加以求得最终变形，或者说几个独立载荷所产生的变形之总和等于这几个载荷相加成的总载荷所产生的变形。

Boltzmann 叠加原理是高分子黏弹性的一个简单但又非常重要的原理，可用以解决各种黏弹性函数之间的关系问题。该原理指出，高分子的力学松弛行为是其整个历史上诸松弛过程的线性加和结果。对于蠕变过程，每个负荷对高分子变形的贡献是独立的，总蠕变是各个负荷引起的蠕变的线性加和；对于应力松弛，每个应变对高分子应力松弛的贡献也是独立的，高分子的总应力等于历史上诸应变引起的应力松弛过程的线性加和。这个原理之所以重要，在于利用这个原理，可以根据有限的实验数据，去预测高分子在很宽范围内的力学性质。

两个应力所引起的应变的线性加和及阶跃加荷程序下的逐步蠕变见图 8-11。

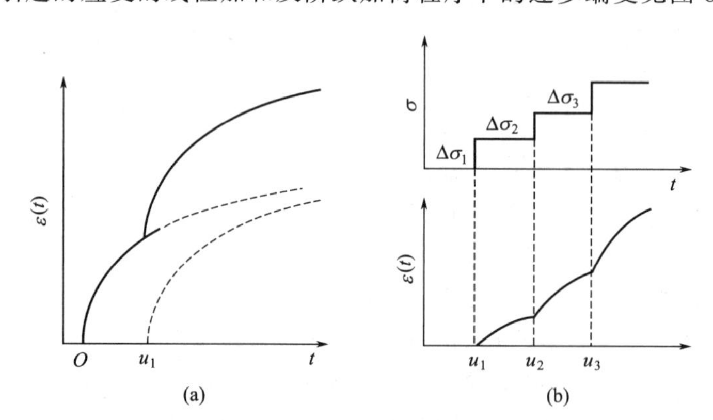

图 8-11 两个应力所引起的应变的线性加和及阶跃加荷程序下的逐步蠕变

对于高分子黏弹体，在蠕变试验中应力、应变和蠕变柔量之间的关系为：

$$\varepsilon(t)=\sigma_0 D(t) \tag{8-7}$$

式中，σ_0 是在 $t=0$ 时作用在黏弹体上的应力。如果应力 σ_1 作用的时间是 u_1，则它引起的形变为：

$$\varepsilon(t)=\sigma_1 D(t-u_1) \tag{8-8}$$

当这两个应力相继作用在同一黏弹体上时，根据 Boltzmann 叠加原理，则总的应变是两者的线性加和。

叠加原理的用处还在于通过它可把几种黏弹性行为互相联系起来，从而可以从一种力学行为来推算另一种力学行为。但是，Boltzmann 叠加原理不太适用于结晶高分子。这是因为 Boltzmann 叠加原理是在两个假设的基础上讨论了在不同时间下应力对高分子的影响，第一个假设是伸长与应力成正比，第二个假设是在一个给定的负荷下的伸长与在此之前的任何负荷引起的伸长无关。对于结晶高分子，结晶作用像交联一样改变了高分子的蠕变行为，大大降低了高分子的可变性，因此第一个假设已经没有根据了。

第三节　高分子黏弹性的力学模型

力学模型的最大特点是直观，通过分析，可以得到高分子黏弹性总的、定性的概括，因此常常为人们所采用，借助于一些简单的模型，可以对黏弹性作唯象的描述。

一个符合虎克定律的弹簧能很好地描述理想弹性体的力学行为，应变 ε 和应力 σ 成正比，与时间无关。

$$\sigma = E\varepsilon = \varepsilon / D \tag{8-9}$$

式中　E——弹簧的模量；

D——柔量。

一个活塞在充满黏度为 η 符合牛顿流动定律流体的小壶中组成的黏壶，能很好地描述理想流体的力学行为。

应变速率与应力成正比，与时间有关。

$$\sigma = \eta(\mathrm{d}\varepsilon/\mathrm{d}t) \text{或} \varepsilon = (\sigma/\eta)\ t \tag{8-10}$$

式中　η——液体的黏度；

$\mathrm{d}\varepsilon/\mathrm{d}t$——应变速率。

理想弹簧和理想黏壶见图 8-12。

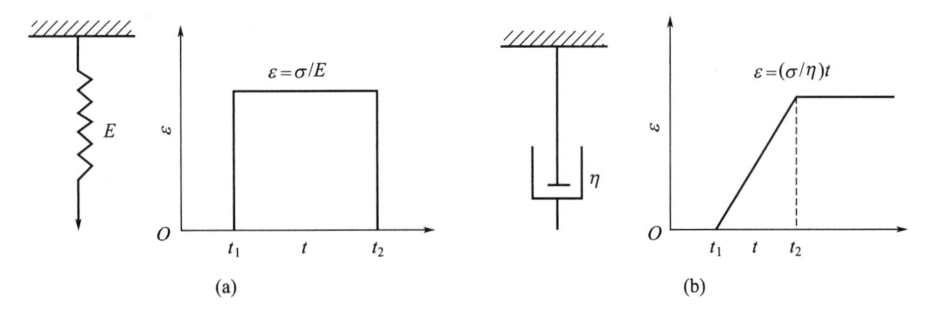

图 8-12　理想弹簧和理想黏壶

一、 Maxwell 模型

Maxwell 模型（见图 8-13）由一个理想弹簧和一个理想黏壶串联而成。该模型对模拟应力松弛过程特别有用。不加外力时，整个系统处于平衡状态。当施加向下的拉力 σ 并立即将两端固定时，弹簧很快地产生位移，而黏壶来不及运动，即模型应力松弛的起始形变 ε_0 由理想弹簧提供。此时，体系处于应力紧张的不平衡状态。随后，黏壶中活塞在黏液中慢慢移动从而放松弹簧消除应力，最后，应力完全消除达到新的平衡状态，完成了应力松弛过程。利用该模型可以计算应力、应变、时间三者之间的关系。

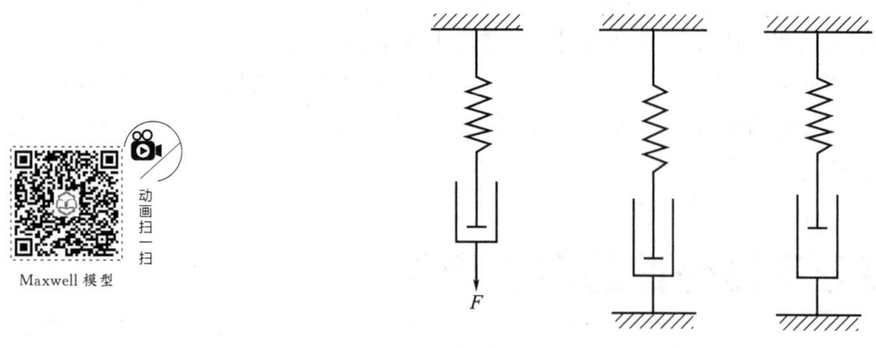

图 8-13 Maxwell 模型的蠕变过程

采用 Maxwell 模型模拟线型高分子的黏弹行为是定性符合的。Maxwell 模型用于模拟蠕变过程是不成功的，Maxwell 模型也不能模拟交联高分子的应力松弛过程。因为如果外加应力作用时间极短，材料中的黏性部分还来不及响应，观察到的是弹性应变，对于这样短时间的试验，材料可以看作是一个弹性固体。反之，若应力作用的时间极长，弹性形变已经回复，观察到的仅是黏性流体贡献的应变，材料的蠕变相当于一个简单的牛顿流体的黏性流动，而高分子的蠕变则要复杂得多。只有在适中的应力作用时间，材料的黏弹性才会呈现，应力随时间逐渐衰减到零，这个适中时间正是松弛现象的内部时间尺度松弛时间 τ。

二、 Kelvin 模型

将理想弹簧和理想黏壶并联是另一种组合方式，称为 Kelvin 模型或 Voigt 模型。

由于元件并联，作用在模型上的应力由两个元件共同承受，尽管随着时间的延续，应力在两个元件上的分布情况不断在改变着，但始终满足 $\sigma=\sigma_1+\sigma_2$，而两个元件的应变则总是相同的，$\varepsilon=\varepsilon_1=\varepsilon_2$。因此，根据元件的方程可以直接写出模型的运动方程：

$$\sigma=E\varepsilon+\eta\,(\mathrm{d}\varepsilon/\mathrm{d}t) \tag{8-11}$$

Kelvin 模型可以用来模拟交联高分子的蠕变过程。当拉力作用在模型上时，由于黏壶的存在，弹簧不能立刻被拉开，只能随着黏壶一起慢慢被拉开，因此形变是逐渐发展的。如果外力除去，由于弹簧的回复力，使整个模型的形变也慢慢回复。这与高分子蠕变过程的情形是一致的。在蠕变过程中，应力保持不变，$\sigma=\sigma_0$。

$$\mathrm{d}\varepsilon/(\sigma_0-E)=\mathrm{d}t/\eta \tag{8-12}$$

当 $t=0$ 时，$\varepsilon=0$，上式积分即得：

$$\varepsilon(t)=(\sigma_0/E)(1-\mathrm{e}^{-t/\tau})=\varepsilon_\infty(1-\mathrm{e}^{-t/\tau}) \tag{8-13}$$

式中 $\tau=\eta/E$；

$\varepsilon(t)$——$t\to\infty$时的平衡形变，蠕变过程的松弛时间 τ 有时称为推迟时间，表示形变推迟发生的意思。

图 8-14 是 Kelvin 模型的蠕变曲线。

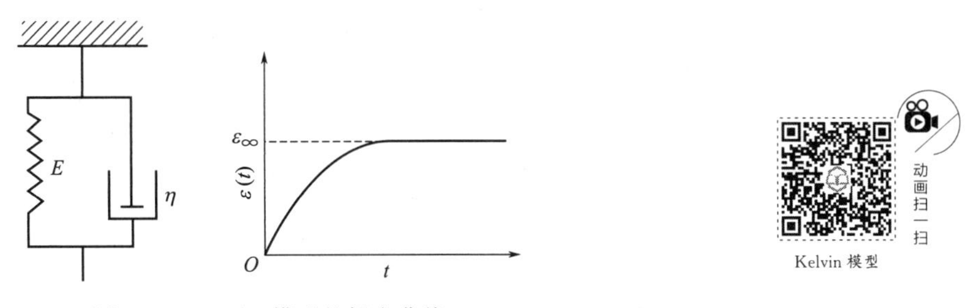

图 8-14 Kelvin 模型的蠕变曲线

Kelvin 模型可以用来模拟高分子的动态力学行为。但 Kelvin 模型不能用以模拟应力松弛过程，因为有黏壶并联在弹簧上，要使模型建立一个瞬时应变，需要无限大的力。同时由于模拟蠕变过程时没有永久变形，模型也不能模拟线型高分子的蠕变。

三、多元件模型

Maxwell 模型适用于线型弹性固体的应力松弛，Kelvin 模型适用于交联高分子的蠕变。但是，这两个模型都不能全面描述高分子静态黏弹性的一般行为，也不能描述动态黏弹性中 tanσ 与 lgω 之间的关系，若选用三元件或四元件模型则较为合适。

这个模型是根据高分子的分子运动机理设计的，考虑到高分子的形变是由三个部分组成的：第一部分是由分子内部键长键角改变引起的普弹形变，这种形变是瞬时完成的，因而可以用一个硬弹簧 E_1 来模拟；第二部分是链段的伸展、蜷曲引起的高弹形变，这种形变是随时间而变化的，可以用弹簧 E_2 和黏壶 η_2 并联去模拟；第三部分是由高分子相互滑移引起的黏性流动，这种形变是随着时间线性发展的，可以用一个黏壶 η_3 来模拟。高分子的总形变等于这三部分形变的总和，因此模型把这三部分元件串联起来，构成的四元件模型可以看作是 Maxwell 模型和 Kelvin 模型串联而成的（见图 8-15）。

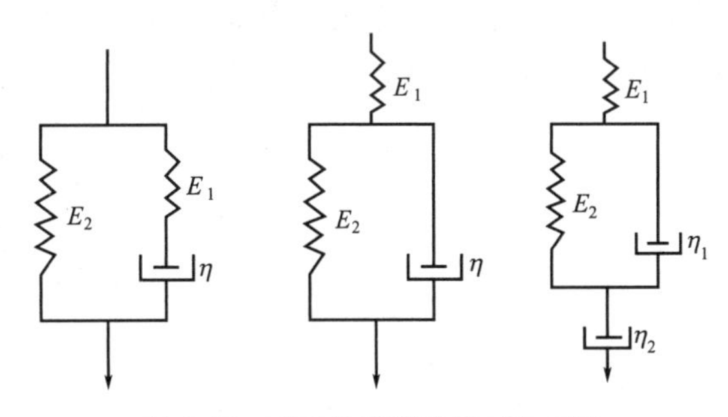

图 8-15 三元件模型和四元件模型

通过这样四个元件的组合，可以从高分子结构的观点出发，说明高分子在任何情况下的形变都有弹性和黏性存在。图 8-16 是四元件模型的蠕变曲线和回复曲线，以及各时刻对应的模型各元件的相应行为。

三、四元件模型虽然可以表示出高分子的黏弹行为的主要特征，但是它们都只能给出具有单一松弛时间的指数形式的响应，而实际的高分子由于结构单元的多重性及其运动的复杂性，其力学松弛过程不止一个松弛时间，而是一个分布很宽的连续谱，为此须采用多元件组合模型来模拟。

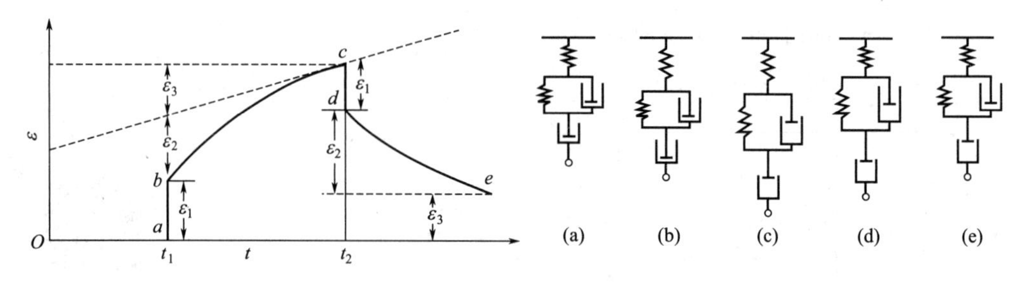

图 8-16 四元件模型的蠕变行为和回复曲线

多元件模型能帮助我们认识黏弹性现象，而不可能揭示黏弹性的实质，也不能解释高分子为何具有宽的松弛时间谱，不能解决高分子结构与黏弹性的关系，因此后来就发展了黏弹性的分子理论。分子理论是从高分子的结构特征出发，提出简化的分子模型，并利用高分子已知的微观物理量（如键长、键角、分子量、均方末端距和摩擦因子等），通过统计力学方法处理，求出高分子的各宏观黏弹性（如松弛时间分布、复数模量、复数黏度等），用以研究高分子的力学松弛过程。

四、广义的 Maxwell 和 Kelvin 模型

三元件、四元件模型用于高分子黏弹性的近似描述比二元件模型有了较大的改善。但是，这些模型仍然只有一个松弛时间，仍然不能完全反映高分子黏弹性行为。因此，常常采用一般性力学模型即广义的 Maxwell 和 Kelvin 模型来表示。虽然这两类模型是完全等效的，但前者描述应力松弛更为方便，后者描述蠕变较好。

广义的 Maxwell 模型是由 $n-1$ 个 Maxwelll 单元和一个弹簧组成（见图 8-17）。其中第 i 个 Maxwell 单元中弹簧的模量为 E_i，黏壶的黏度为 η_i，第 n 个单元仅有一个弹簧，它是为描述交联高分子的黏弹性行为而设计的。线型高分子原则上经过无限长的时间后，应力可以松弛至零，交联高分子则不同，由于受到网络间交联点的限制，应力最后松弛到某一平衡值就不再变化。这部分残余应力由第 n 个单元的弹簧来体现，因为弹簧的松弛时间为无穷大，如将广义的 Maxwell 模型用于线型高分子，则可设 $E_n=0$。

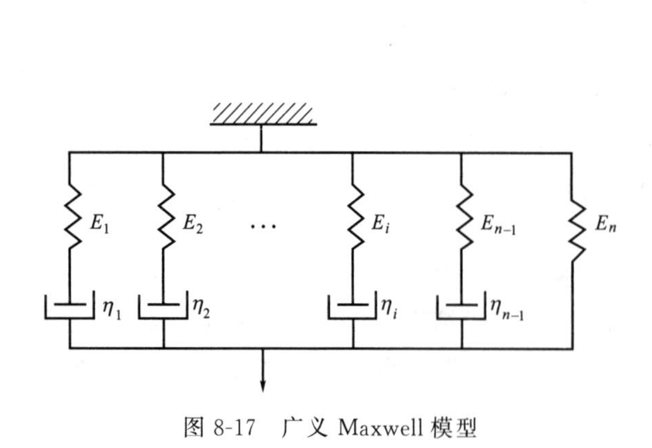

图 8-17 广义 Maxwell 模型

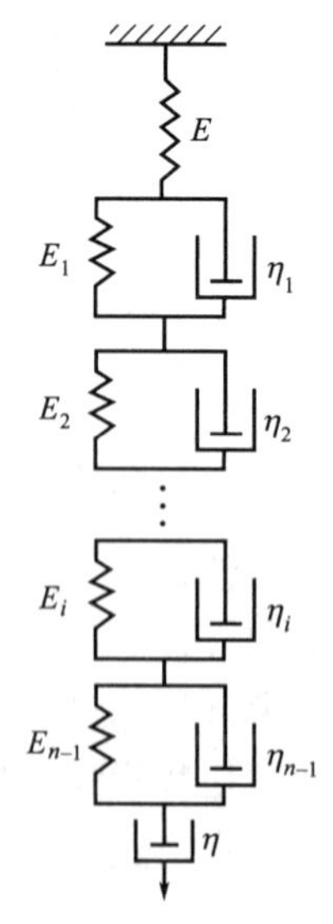

图 8-18 广义 Kelvin 模型

广义的 Kelvin 模型是由一个弹簧、$n-1$ 个 Kelvin 单元和一个黏度为 η_n 的黏壶串联而成的（见图 8-18）。第一个弹簧反映蠕变曲线中的普弹形变部分，$n-1$ 个 Kelvin 单元则反映其推迟高弹形变部分，最后一个黏壶反映曲线中黏流部分。

五、高分子的黏弹性能示例

掌握了线型黏弹性能的基本规律后，对于具体高分子的黏弹性能需要进行具体分析。有人曾选择两类八种高分子物体作为实例。这两类是：①四种黏弹液体，一种溶液和三种未交联的本体；②四种黏弹固体，两种是交联的，一种是玻璃态的，一种是结晶态的。

这八种样品的线型黏弹性能，主要用切变法和简单拉伸法求得，以柔量或模量对时间作双对数图，动态实验则以对数频率作为横坐标、黏弹函数之间进行转换，故每一试样可得到多种双对数图，图线能在时间（或频率）坐标上显示几个黏弹谱区域，如玻璃态到橡胶态的主转变区、橡胶平台区、交联高分子的似平衡区、未交联高分子的流动区等。这些区域与不同的分子行为相对应，其程度则依赖于分子量的高低，非晶或结晶，处在 T_g 之上或之下，交联或非交联，溶液或本体等。高分子黏弹液体和高分子黏弹固体的实例及特点见表 8-1。

表 8-1　高分子黏弹液体和高分子黏弹固体的比较

	实例	特点
高分子黏弹液体	①高分子稀溶液：2%聚苯乙烯（$\overline{M}=82000$，狭分布）的氯化联苯（$\eta=2.6$P）溶液，动态切变法，25℃	对溶剂的牛顿性干扰较小，高分子在溶液中几乎是在独立运动
	②低分子量非晶高分子本体：聚乙烯醇乙酸酯的分级样品，$\overline{M}=10500$ 或 $\overline{DP}=150$，切变蠕变法，75℃	线型高分子链长较短，无缠结。相邻高分子对黏弹性能的影响是运动链的短链节之间的局部阻力
	③高分子量非晶高分子本体：无规立构聚甲基丙烯酸甲酯，$\overline{M}_w=180000$，中宽分布，切变蠕变法，110℃	高分子量（>20000）导致缠结。相邻高分子对黏弹性能的影响，不仅是链节间的局部阻力，而且缠结能强烈影响分子运动
	④高分子量，长侧链，非晶高分子本体：聚甲基丙烯酸正辛酯，分级样品，$\overline{M}_w=3620000$，动态法和切变蠕变法	主链上每两个碳原子挂有柔顺的长侧链，几乎达总分子量80%，是梳状高分子
高分子黏弹固体	⑤高分子量非晶高分子本体：玻璃态聚甲基丙烯酸甲酯，$T_g\approx100$℃，切应力松弛法，切变蠕变法，-22℃	当远低于 T_g 时，主链骨架构型大多被冻结住，物体对外力的响应和普弹固体的形变相似
	⑥稍交联的非晶高分子本体：轻度硫化天然橡胶，平衡拉伸模量 $E_c\approx70$N，拉伸动态法，25℃	高度柔顺的线型高分子的网络结构，交联链段 $\overline{M}_c\approx4000$，由于交联，使短程重排被湮没，长程重排受到深刻影响
	⑦微交联的非晶高分子本体：丁二烯-苯乙烯（23.5%，质量分数）无规共聚物，用过氧化苯甲酰交联，$G_\tau=15$N，切变动态和切变蠕变法，25℃	微量交联使交联链段（$M_w=23000$）足以包括几个缠结链段（未交联高分子的 $M_c\approx4600$），黏弹性能与⑥显著不同
	⑧高度结晶的高分子本体：线型聚乙烯，室温时密度 0.965g/cm^3，结晶度颇高，在 $-70\sim70$℃之间无明显变化。拉伸应力松弛法，20℃	可作为结晶高分子的代表，其中包括各种结构单元，如片晶、纤晶，各式缺陷和非晶部分，规整的和不规整的区域都贡献黏弹性能

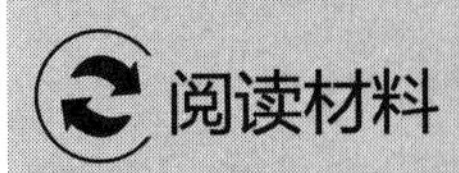

高分子物理化学的奠基者——弗洛里

保尔·弗洛里（Paul J. Flory）（1910.6.19—1985.9.9），美国高分子科学家。

弗洛里1931年毕业于曼彻斯特大学化学系，随后进入俄亥俄州立大学，完成了光化学和光谱学方面的物理化学博士论文，同年受聘于杜邦公司；1948年在康奈尔大学任教授。1957年任梅隆科学研究所执行所长；1961年任斯坦福大学教授；1953年当选为美国科学院院士。

弗洛里在高分子科学的广泛领域，尤其是高分子物理化学和物理学的研究方面，做出了重大贡献，开拓了许多新的领域。由于“在大分子物理化学实验和理论两方面带根本性的贡献”，弗洛里荣获1974年诺贝尔化学奖。

弗洛里在缩聚反应过程的研究中，采用了一个极其简单的“等反应活性”假设：“在反应中官能团活性与分子大小无关”，进而按照统计学方法，推导出高分子的分子量分布应具有几何级数型的数学表达式，即后人所称的“Flory分布”；同一时期，弗洛里在加聚反应机理的研究中，提出了十分重要的“链转移”概念。

1937年起，弗洛里把缩聚理论扩展到单体平均官能度大于2的反应体系，提出了网状高分子发生凝胶化的条件，以及临界反应程度的概念，弗洛里的理论和斯托克迈耶（Stockmayer）推广的理论，后来被公认为高分子凝胶化的经典之作。

1940～1943年，弗洛里开始了高分子溶液热力学和橡皮弹性领域的研究工作。其中影响最大的是关于溶液统计热力学的研究。他借助晶格模型，导出了高分子溶液混合熵，得出了著名的用体积分数表示的混合熵公式，与此同时，哈金斯（Huggins）也独立得出了相似的结果。这种晶格模型的高分子溶液理论称为Flory-Huggins理论，Flory-Huggins关于高分子溶液混合熵的经典公式正确描述了问题的物理本质，并得出相当可靠的定性预示。

1943年，为了发展高斯链网络理论，弗洛里首先提出了四链模型，此模型可以更真实代表实际网络，也容易推广到非高斯网络的情况；他还仔细研究了网络缺陷的类型，对松散端点的校正作了定量估算；此外，他还广泛研究了高分子溶液和熔体流动性质、高分子结晶热力学和动力学等，这些工作广泛为他人所引用。1948年春，弗洛里出版了第一部专著——《高分子化学原理》，这本书对化学界产生了重大影响，被誉为高分子科学的“圣经”。

从1949年起，弗洛里着重研究排除体积效应，他发现在一些特殊的状态下，体积排除的净效应可以消除，他称为θ状态，θ状态下溶液中的高分子表现出极其简单的理想性质，此时高分子链可用简单无规飞行链来作统计描写，弗洛里把这种链称为无扰链。为表彰他的这项工作，θ状态和θ温度分别称为Flory状态和Flory温度；弗洛里还证明，对于良溶剂中的柔性链，每一个长链分子引起溶液黏度的增大与其有效半径的立方成正比，比例系数近似为一常数，即所谓的Flory常数。

从20世纪60年代初期开始，弗洛里重点转入研究高分子链构象与性能的关系。他提出了一种普适的系统化方法——生成元矩阵法，采用矩阵连乘即可以具体计算各种构象平均性质；他还用大型电子计算机处理了许多典型的模型体系，对于各种高分子链构象及其与某些光学、电学和流体动力学性质的关系作了定量研究，这些成果成为他第二本专著——《链状分子的统计力学》。

弗洛里于1978年、1979年两次访华，在北京举行的中美双边高分子化学及物理学讨论会，介绍了结晶高分子的“插线板模型”和“刚性链高分子的向列型液晶序理论”，他总结了在关于刚性链统计热力学研究基础上所得的最新研究成果。Flory 被誉为“富于想象的化学家”、“手法纯熟的数学家”和“深刻的思想家”。

资料参考：

[1] In memory of Paul J. Flory [J]. Polymer Bulletin，1985，14 (3-4).

[2] 颜静，顾军渭，耿旺昌，闫毅. 从诺贝尔奖看高分子百年 [J]. 化学教育（中英文），2021，42 (04)：107-113.

[3] 朱鹏伟，吴大诚. 高分子物理化学的奠基者——弗洛里 [J]. 化学通报，1984 (08)：51-53.

思考题

1. 解释下列概念

蠕变　应力松弛　滞后　力学损耗　黏弹性　内耗

2. 什么是高分子的松弛性质？什么是高分子的松弛时间（弛豫时间）？

3. 举例说明非晶高分子的力学三态行为，并运用松弛原理解释。

4. 举例说明聚合物蠕变和应力松弛行为。

5. 分子量和交联度对高分子的应力松弛现象有什么影响？

6. 高分子产生内耗的机理是什么？内耗和高分子的分子结构、外界温度和外力频率有什么关系？

7. 阐述橡胶材料往复形变时产生滞后损耗的原因和对材料的影响。

8. 用四参数模型说明未交联橡胶的蠕变过程和形变机理。

9. 简述时温等效原理及其应用。

10. 简述 WLF 方程的适用温度范围及其用途。

习题

1. 高弹性有哪些特征？为什么高分子具有高弹性？

2. 什么叫热塑性弹性体？举例说明其结构与性能的关系。

3. 举例说明高分子的蠕变、应力松弛、滞后和内耗现象，并说明其产生的原因。

4. Maxwell 模型、Kelvin 模型和四元件模型分别适宜于模拟哪一类型力学松弛过程？

5. 为什么黏弹模型不适合用来说明结晶高分子的行为？

6. 什么是时温等效原理？该原理在预测高分子材料的使用性能方面和加工过程中各有哪些指导意义？

7. 什么是 Boltzmann 叠加原理？该原理有什么指导意义？

8. 有一种在 25℃恒温下使用的非晶态高分子。现需要评价这一材料在连续使用 10 年后的蠕变性能。试设计一种试验，可以在短期内（例如 1 个月内）得到所需要的数据，并说明这种试验的原理、方法以及试验数据的大致处理步骤。

第九章
高分子的流变性

流变学是一门研究材料流动及变形规律的科学，流变学自诞生以来既是一门理论深邃、实践性强的实验科学，又是一门涉及多学科交叉的边缘科学。

长期以来，流动与变形是属于两个范畴的概念，流动是液体材料的属性，而变形是固体材料的属性。液体流动时，表现出黏性行为，其形变不可恢复并耗散能量。而固体变形时，表现出弹性行为，形变能够恢复且形变时储存能量，恢复时还原能量。

通常液体流动时遵从牛顿流动定律，且流动过程总是一个时间过程，只有在一段有限时间内才能观察到材料的流动。而一般固体变形时遵从虎克定律，其应力-应变之间的响应为瞬时响应。牛顿流体与虎克弹性体是两类性质简化的抽象物体，实际材料往往表现出远为复杂的力学性质，如玻璃、混凝土、泥石流、地壳、血浆。高分子熔体或溶液，既能流动，又能变形，既有黏性，又有弹性，变形中有黏性损耗，流动时又有弹性记忆效应，黏弹性结合，流变性共存。这类材料，仅用牛顿流动定律或虎克弹性定律无法全面描述其力学响应规律，必须通过流变学进行研究。

广义而言，流动与变形也是两个紧密相关的概念。流动可视为广义的变形，而变形也可视为广义的流动，两者的差别主要在于外力作用时间的长短及观察时间的不同。

高分子流变学研究的内容十分丰富，可分高分子结构流变学和高分子加工流变学两大块。结构流变学又称微观流变学或分子流变学，主要研究高分子材料的流变性质与其微观结构之间的联系，沟通宏观流变性质与微观结构参数之间的联系，深刻理解高分子流动的微观物理本质；加工流变学属宏观流变学，主要研究与高分子材料加工工程相关的理论与技术问题，例如研究高分子材料加工条件变化与产品力学性质及流动性质之间的关系，以及流动性质与高分子材料分子结构之间的关系。

第一节　牛顿流体和非牛顿流体

一、牛顿流体

理想的黏性液体只受到很小的切力作用就会产生流动，由于流动而产生的形变是不可逆的，因此形变（应变）不仅仅是应力的函数，也与时间有关。

液体的流动有层流（或称片流）和湍流。在流动速度不大时，黏性液体的流动是层流。当流动速度很大或遇到障碍物时会形成漩涡，流动由层流变为湍流。层流可以看作液体以薄层流动，层与层之间有速度梯度。要维持层与层之间一定的速度梯度需要加一定的切力，相应地，液体内部反抗这种流动的内摩擦力叫作黏度（切黏度）。

考察流动液体中一对平行的液层，它们之间的距离为 dy，由于液层单位面积上受切力 f_x 的作用，上液层比下液层的速度大 dv，则上、下液层之间的速度梯度为 dv/dy。实验证明，切力 f_x 与流动时层与层之间的速度梯度 dv/dy 即成正比，即：

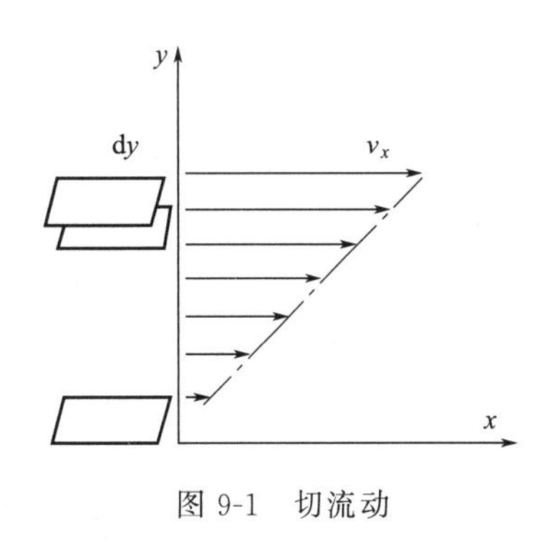

图 9-1 切流动

$$f_x = \eta dv/dy \tag{9-1}$$

比例系数即为切黏度 η，这就是牛顿流动定律，凡符合牛顿流动定律的液体叫作牛顿流体。从应力应变的角度来看，dv/dy 就是切变速率 dr/dt（一般简写为 $\dot{r}$），f_x 就是切应力 $\sigma_{切}$，所以牛顿流动定律更一般的形式为：

$$\sigma_{切} = \eta dv/dy \quad 或 \sigma_{切} = \eta \dot{r} \tag{9-2}$$

图 9-1 是牛顿流动定律的图解表示。通常把切应力 $\sigma_{切}$ 与切变速率 $\dot{r}$ 的关系曲线叫作流动曲线，牛顿流体的流动曲线是一条通过原点的直线，切黏度 η 即是该直线的斜率，是一常数。一般说来，流动体系的流动特性取决于流动函数 $\sigma = \phi(\dot{r})$ 的形式以及它的参数值，这个函数的图解表征就是流动曲线，因此不同流动体系的流动特性均可由它们的流动曲线的形状得到基本的了解，尤其是高分子，由于没有解析形式的流变方程，流动曲线的重要性更是不言而喻的。

剪切流动

从分子运动角度来看，流动是分子质量中心的移动，由于分子间存在相互作用力，因此流动过程中分子间就产生反抗分子相对位移的摩擦力（内摩擦力），液体的黏度就是分子间内摩擦力的宏观度量。切黏度 η 等于单位速度梯度时单位面积上所受到的切力。牛顿流体在圆管内流动时，速度分布呈抛物线状，如图 9-2 所示。

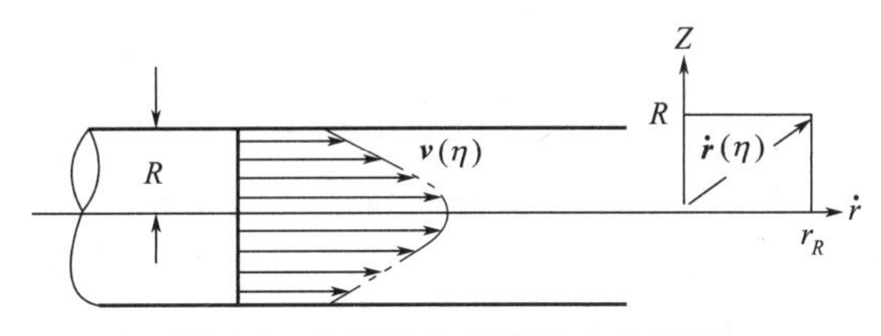

图 9-2 牛顿流体在圆管中的流动

在管壁处的速度为零，在管中心处速度达极大值。而切变速率在中心为零，随 η 直线增大到管壁时 $\dot{r}$ 值达最大，标注 $\dot{r}_R$。流量（单位时间的流动体积）为：

$$Q = \pi R^3 \dot{r}_R / 4 \tag{9-3}$$

即管壁的切变速率 $\dot{r}_R = 4Q/(\pi R^3)$，管壁的切应力 $\sigma R = R\Delta P/(2L)$，这里 R、L 是圆管的半径和长度。表征液体流动性质的一个无量纲参数是雷诺数，当流速增大到 $Re > 2000$ 时，液体流动从层流变为湍流。对高分子熔体来说，由于 η 值很大 [$10^3 \sim 10^9$P（1P=1Pa·s）]，在加工情况下 $\dot{r}_R < 10^4 s^{-1}$，实际的雷诺数往往较小，一般 $Re < 10$，不可能产生黏性流动的湍流。

二、非牛顿流体

牛顿流体是最典型、最基本的流体，小分子物质的流动大都属于这种类型，图 9-3(a)。但包括高分子熔体以及高分子浓溶液、分散体系在内的许多液体并不完全服从牛顿流动定律。这类液体统称为非牛顿流体，它们的流动是非牛顿流动。对于非牛顿流体，由于难以找到反映本质的解析形式的流变方程，总是由它们的流动曲线来对其流动性能作出基本的判定。

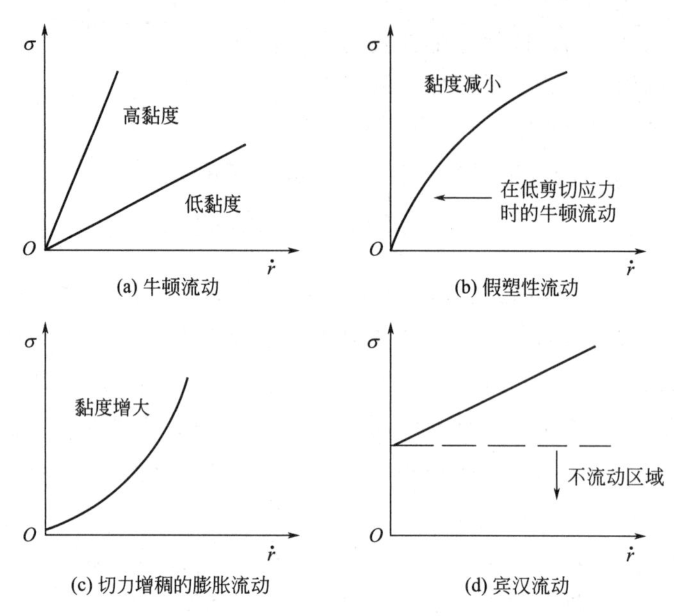

图 9-3 各种类型的流动曲线

符合图 9-3（b）的流动体系称为假塑性体。其流动曲线偏离起始牛顿流动阶段的部分可以看作有类似塑性流动的特性。尽管曲线没有实在的屈服应力，但曲线的切线不通过原点，交纵轴于某一 σ 值，又好像有一屈服值，所以称为假塑性体。

假塑性体的切黏度随切变速率的增大而减小（切力变稀），这主要是由于流动过程中在切力作用下流动体系的结构发生了改变。因此有所谓结构黏度的概念，即切黏度的切变速率依赖性，也称结构黏度。

图 9-3（c）为切力增稠的流动，流动曲线向上弯曲，无屈服应力，切黏度随切变速率的增大而增大。一般悬浮体系具有这一特征，高分子分散体系如胶乳、高分子熔体/填料体系、油漆颜料体系的流变特性可以具有这种切力增稠现象。

图 9-3（d）是这类流动曲线中最简单的，叫作塑性流动。它的特点是在切应力 σ 小于一定值时根本不流动，即 $\dot{r}=0$；当 σ 大于临界值时产生牛顿流动，用数学式来表示就是：

$$\sigma-\sigma_y=\eta\dot{r} \tag{9-4}$$

该临界值 σ_y 一般称作屈服应力。该式也叫作宾汉（Bingham）方程，有时塑性流动也称宾汉流动，符合宾汉流动的流动体系称为宾汉体。

由于在非牛顿流体中切黏度 η 的数值不再是一个常数，而是随切变速率（或切应力）而变化，因此取流动曲线上某一点的 σ 与 $\dot{r}$ 之比值，称为表观切黏度：

$$\eta=\sigma/\dot{r} \tag{9-5}$$

高分子熔体、溶液、分散体系除分子量很小外，都是非牛顿流体，高分子液体（熔体和溶液）在外力或外力矩作用下，表现出既非虎克弹性体，又非牛顿黏流体的奇异流变性质。在圆管内流动的速度分布不是抛物线，而是接近柱塞流动，速度梯度集中于管壁。在流动中还可能有分子量的分级效应，使分子量小的部分在管壁多于管轴。高分子流动的非牛顿性对成型加工极为重要，因为切黏度的值不是一个单值常数，而是随切应力或切变速率的大小而变化。其力学响应十分复杂，而且这些响应还与诸多内、外因素相关，主要的因素包括高分子材料的结构、形态、组分、温度、压力、时间及外部作用力的性质、大小和作用速率等。

绝大多数高分子熔体和溶液的流动行为接近于假塑性体，它的流动曲线包括三个区域：在很低切变速率区是斜率为 1 的直线，符合牛顿流动；在很高切变速率区是另一斜率为 1 的直线；在这两区域之间的过渡区是非牛顿流动区。在很低的切变速率区的牛顿黏度通常称为零切变速率黏度 η_0，在很高切变速率区的极限牛顿黏度称为 η_∞。

高分子熔体和溶液的极限牛顿黏度小于零切变速率黏度，即 $\eta_\infty<\eta_0$，分子量越大其差值越大。在过渡区域非牛顿流动的切黏度数值用前面提及的表观切黏度表示。在切变速率范围不大的情况下，流动曲线的过渡区可取直线近似，以此直线的斜率 $n=\mathrm{d}l_\mathrm{g}\sigma/\mathrm{d}l_\mathrm{g}\dot{\gamma}$ 来表征流动的非牛顿性程度，n 就叫作非牛顿性指数。显然，牛顿流动 $n=1$，高分子熔体和溶液的流动 $n<1$。

高分子熔体和溶液流动曲线形状的解释是：在足够小的 $\sigma_{切}$ 或 $\dot{\gamma}$ 时，大分子构象分布不改变，流动对结构没有影响，高分子熔体为具有恒定切黏度值的牛顿流体，当切应力 $\sigma_{切}$ 或切变速率 $\dot{\gamma}$ 较大时，在切应力作用下大分子构象发生变化，长链分子偏离平衡构象而沿流动方向取向，使高分子解缠和分子链彼此分离，结果使大分子间的相对运动更加容易，这时表观切黏度随 $\sigma_{切}$、$\dot{\gamma}$ 的增大而下降，当 $\sigma_{切}$、$\dot{\gamma}$ 增大到一定程度以后，大分子的取向达到极限状态，取向程度不再随 $\sigma_{切}$、$\dot{\gamma}$ 而变化，高分子熔体又遵守牛顿流动定律，表观切黏度又成为常数。

高分子分散体系如胶乳、高分子熔体/填料体系、油漆颜料体系的流动特性很复杂，被分散相在切力作用下往往有结构形成或结构破坏过程，前者导致切黏度随 $\dot{\gamma}$ 的增大而增大（切力增稠），后者的切黏度随 $\dot{\gamma}$ 的增大而减小（切力变稀）。

【例 9-1】 已知某种流体的黏度（η）与切应力（σ）的关系为 $A\eta=(1+B\sigma^n)/(1+C\sigma^n)$。并符合 $\mathrm{d}\gamma/\mathrm{d}t=m\sigma^n$。式中，$n$ 为流动行为指数；A、B、C、m 均为常数。若已知 $C>B$，问此流体属于何种类型流体？

解： 由于 $C>B$，当 $\mathrm{d}\gamma/\mathrm{d}t$ 增大时，即 σ^n 增大，则原式中 $1+C\sigma^n>1+B\sigma^n$，由于 A、B、C 为常数，因此 η 减小，即流动行为指数 $n<1$，所以这种流体为假塑性流体。

三、高分子熔体切黏度的影响因素

1. 切应力和切变速率的影响

大分子链段在流动场中能产生取向，而且在临界分子量 M_c 以上又能缠结，因此，大大增加了流动场中链段取向的可能性。在切变速率很低时，大分子链段缠结有足够的时间滑脱，因此，在应力还没有达到能使分子取向时，缠结已经被解开了；在切变速率较高时，缠结点之间的链段在解缠以前先产生取向，因此，高分子熔体处于静止状态时应比流动状态时具有更高的缠结浓度。大分子链段的缠结会使流动变得更为困难，使其黏度增大，在切变速率很高时，缠结实际上已不复存在，黏度也应该达到较小的数值，并与切变速率无关，流动再次呈现牛顿性。

表观切黏度的切应力依赖性比切变速率依赖性更能明显反映流动性能与分子结构的关系，有些高分子如聚甲醛的熔体切黏度对切应力的敏感性极大，有些高分子，如尼龙的熔体由于分子量较小，切黏度对切应力的敏感性则很小。当高分子熔体的切变速率（在成型过程中的挤出速度）增大到一定数值后，挤出物的外形会逐渐变得不规整，速度越高，不规整越严重，直到最后熔体破裂。

图 9-4 是三种驱油用树枝状高分子（支化程度 HPDA3.0＞HPDA2.0＞HDPA1.0）溶液，剪切前后表观黏度 η 随剪切速率 σ 的变化结果。从图中可以看到，随着流变仪 σ 剪切速率的增加，树枝状高分子表观黏度 η 逐渐下降，呈现假塑性流体特征且下降速度有先增大后减小的趋势。

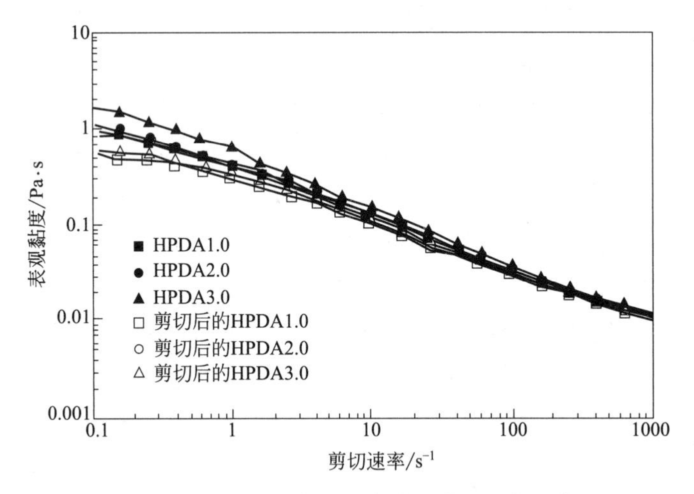

图 9-4 三种驱油用树枝状高分子溶液，剪切前后表观黏度 η 随剪切速率 σ 的变化结果

2. 分子量的影响

高分子分子量的大小对黏性流动影响极大。分子量的增大能够引起表观切黏度的急剧增大和熔体流动指数大幅度下降。

高分子熔体的零切变速率黏度 η_0 与重均分子量 $\overline{M}_w$ 之间存在着如下经验关系（其中 M_c 是临界分子量）：当 $\overline{M}_w > M_c$ 时，与高分子的化学结构、分子量分布及温度无关；当 $\overline{M}_w < M_c$ 时，略依赖于高分子的化学结构和温度。当 $\overline{M}_w > M_c$ 时，高分子链相互缠结，η_0 强烈地依赖于分子量，一旦分子链长得足以产生缠结，施加在某个高分子链上的力就会传递并分配到其他链上去，因此 M_c 可以看作发生分子链缠结的最小分子量值，一般 M_c 包含主链上大约 600 个左右原子。

降低分子量可以增大熔体的流动性，改善加工性能，可以使成型加工设备简单、高分子与配合剂容易混合均匀、制品表面光滑等等，但会影响制品的力学强度和橡胶的弹性，所以在三大合成材料的生产中要恰当地调节分子量的大小。

不同用途和不同成型加工方法对分子量有不同的要求。合成橡胶一般控制高分子的分子量在几十万左右；合成纤维的分子量则要低一些；塑料的分子量通常控制在橡胶和纤维之间。但是不同的成型加工方法对分子量大小的要求也不相同，一般地说，注射成型用的分子量较低，挤出成型用的分子量较高，吹塑成型（中空容器）用的分子量介于两者之间。

3. 分子量分布的影响

高分子熔体出现非牛顿流动时的切变速率随分子量的加大而向低切变速率值移动。相同分子量时，分子量分布宽的出现非牛顿流动的切变速率值比分子量分布窄的要低得多，这一点在实际生产中具有重要意义。例如，一般模塑加工中的切变速率都比较高，在此条件下，单分散或分子量分布很窄的高分子，其黏度比一般分布或分子量分布宽的同种高分子高，因此，一般分布或分子量分布宽的高分子比分布窄的更容易挤出或模塑加工。

在 $\lg\eta$-$\lg\sigma$ 的图 9-5 上，如果分子量分布相似，开始出现非牛顿流动的切应力值几乎与分子量无关，分子量增大整个曲线向上移。根据这个事实，可以用熔体指数来划分分子量不同的牌号（P_{m}/MPa）。

由于分子量分布宽窄对熔体黏度的切变速率依赖性很大，通常测定的熔体指数不能反映注射成型时的流动性。

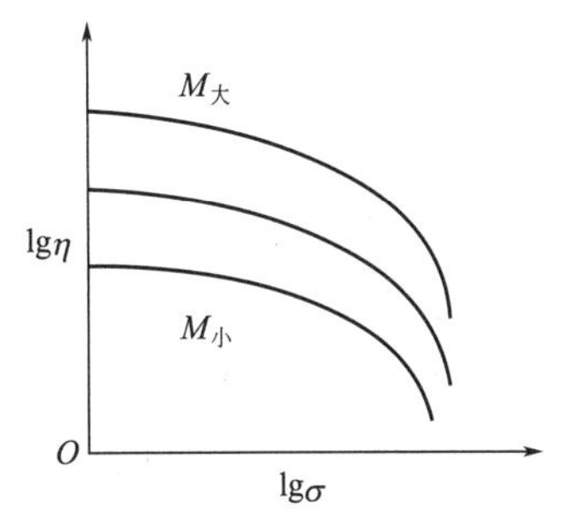

图 9-5　分子量对高分子熔体黏度的影响

天然橡胶的分子量分布比较宽，其中低分子量部分，不但其本身流动性好，对高分子量部分还能起增塑作用。另一方面，在平均分子量相同的情况下，分子量分布较宽，说明有相当数量的高分子量部分存在，正因为这样，在其流动性能得到改善的同时又可以保证一定的物理力学性能。

对于塑料来说，分子量分布太宽并不有利。因为塑料的分子量一般都较低，而且成型加工过程中加入的配合剂也比橡胶制品的少，所以混料的矛盾并不突出，分子量分布宽虽然有利于控制成型加工条件，但分子量分布太宽对其他性能也将带来不良影响。

4. 支化的影响

短支链一般对高分子熔体的黏度影响不大，而长支链可能有显著影响，有些支链虽然比较长，但仍小于产生缠结所需要的长度，这样的支化分子比分子量相同的线型分子结构更为紧凑，因此支化分子间的相互作用往往比较小，黏度就会降低。

若支链很长，以致支链本身就能产生缠结，这样的支化高分子在低切变速率下的黏度要比分子量相同的线型高分子高。然而，某些支化高分子即使其支链长到足以产生缠结，但在低切变速率下的黏度却仍比分子量相同的线型高分子低，这可能是由于支化分子结构较为紧凑，因而产生缠结的分子量 M_{c} 比线型分子高得多，也可能是由于支化高分子黏度比线型高分子更易受切变速率的影响。

5. 温度对黏度的影响

高分子的黏度随温度的变化有很大变化，高分子从流动温度到分解温度的区间是不大的，实际用于加工的温度区间更小。

图 9-6 是部分水解聚丙烯酰胺 HPAM 的黏度随温度变化的曲线，从图中可看出，当温度升高时，高分子黏度明显降低。在工作温度范围内，HPAM 不会发生化学降解，因此溶液黏度降低的主要原因是发生了机械降解。随温度的升高，高分子分子热运动加剧，分子间

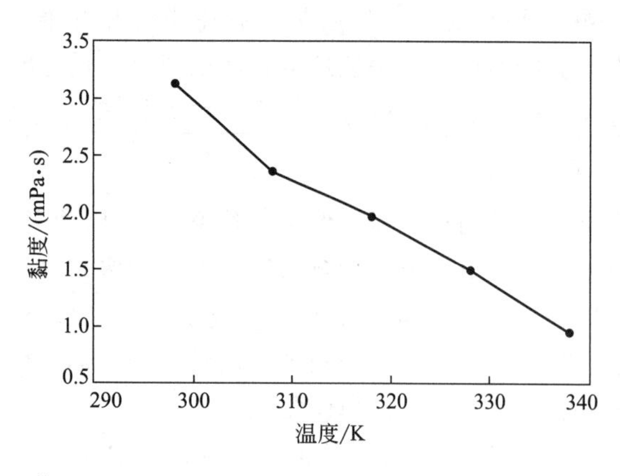

图 9-6 HPAM 溶液在不同温度下的黏度

作用力下降，缠结的分子链间发生解缠结作用，缠结点随之减少，导致低温状态下由较多缠结点形成的溶液内部整体网状结构遭到破坏，流动阻力随之降低；同时，随温度升高，水分子运动加剧，水分子与高分子链形成的氢键断裂，从而使高分子链的水动力学半径减小，溶液黏度降低。

在实际生产中，成型加工过程工艺条件的选择必须综合黏度与温度及切力两方面的影响加以考虑。

6. 压力的影响

在成型时，高分子熔体会由于压力而产生体积收缩，体积缩小使分子链之间的相互作用增大，所以压力使熔体黏度增高，对高分子熔体流动来说，压力的增大相当于温度降低。从图 9-7 中可看出，PET 的剪切黏度随 P_m 的增大呈指数增大，这可从自由体积受压力的影响规律来理解。熔体所受压力升高，自由体积变小，使分子链段活动能力降低，熔体的流动性下降，导致 PET 熔体剪切黏度增大。

在挤出机、注塑机和毛细管挤出流变计中压力能达到相当高的数值，压力引起黏度的提高值可以被高分子的黏性发热抵消掉一部分，并且切变速率对黏度的影响很大，掩盖了压力对黏度的影响，因而由压力增大所引起的黏度增大一般不易察觉。

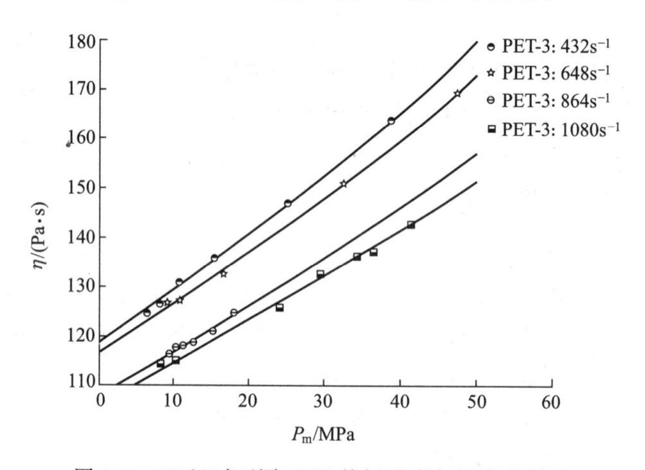

图 9-7 295℃时不同 PET 剪切黏度与压力的关系

第二节 高分子熔体流动中的弹性效应

高分子熔体在切应力下不但表现出黏性流动，产生不可逆形变，而且还表现出弹性，产生可回复的形变，弹性形变的发展和回复过程都是松弛过程。弹性形变的性质是高分子链特有的高弹形变。流动场中分子链的取向使体系的熵减少，这与橡胶弹性交联理论中熵的减少相似，所以高分子熔体是一种高弹性液体，高分子熔体在流动时，不但有切应力，而且还有法向应力。当流线有收敛时，在流动方向也有速度梯度，因而还有拉伸应力，这些力都会产生弹性形变。成型加工过程中的弹性形变及其随后的松弛与制品的外观、尺寸稳定性、内应力等有密切的关系。

一、可回复的切形变

采用转子式流变仪（例如同轴圆筒流变仪）进行如下实验：先对流变仪中的液体施以一定的外力，使其形变（例如令同轴圆筒流变仪的转子旋转一定角度），记录其形变曲线，然后在一段时间内维持该形变保持恒定。实际上在此期间，液体内部的大分子链仍在流动，发生相对位移，这种流动应该是真实的黏性流动。然后撤去外力，使形变自然回复，可以发现实际上只有一部分形变得到回复，另一部分则作为永久变形保留下来，该永久变形是由于上述分子链相对位移造成的，其中可回复形变量表征着液体在形变过程中储存弹性能的大小，永久变形则描述了液体内黏性流动的发展。黏弹性流体的形变及形变回复见图 9-8。

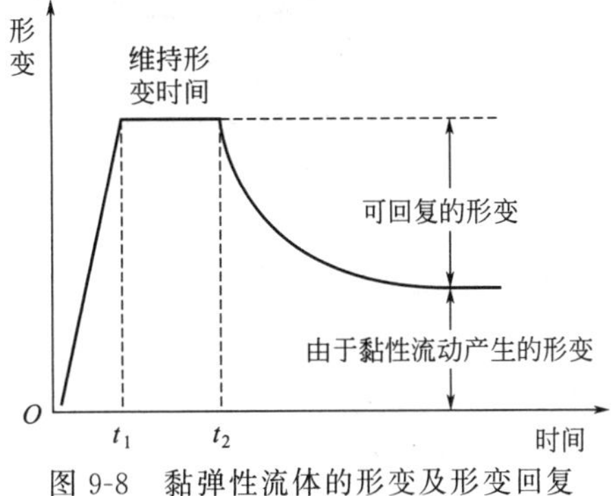

图 9-8　黏弹性流体的形变及形变回复

从可回复的弹性形变 $\gamma_{弹}$、切应力 σ 可以定义熔体的切模量 G，即：

$$\gamma_{弹}=\sigma/G \tag{9-6}$$

高分子熔体的切模量在低应力时是一常数，此后随 σ 的增大而增大。弹性形变在外力去除后的松弛快慢由松弛时间 $\tau=\eta/G$ 决定，τ 值越大，松弛时间越长。如形变的实验时间尺度比高分子熔体的 τ 值大很多，此时弹性形变在该时间内几乎都松弛了，形变主要反映黏性流动。反之，如果形变的时间尺度比高分子熔体的 τ 值小很多，黏性流动产生的形变还很小，形变主要反映弹性。与切黏度相比，高分子熔体的切模量对温度、压力和分子量并不敏感，但都显著地依赖于高分子的分子量分布。分子量大和分子量分布宽时，高分子熔体的弹性表现得特别显著。

二、法向应力效应

法向应力是高分子熔体弹性的主要表现，当高分子熔体受剪切时，通常在和力 F 垂直的方向上产生法向应力，法向应力的定义和关系式如下剪切场中法向应力示意见图 9-9。

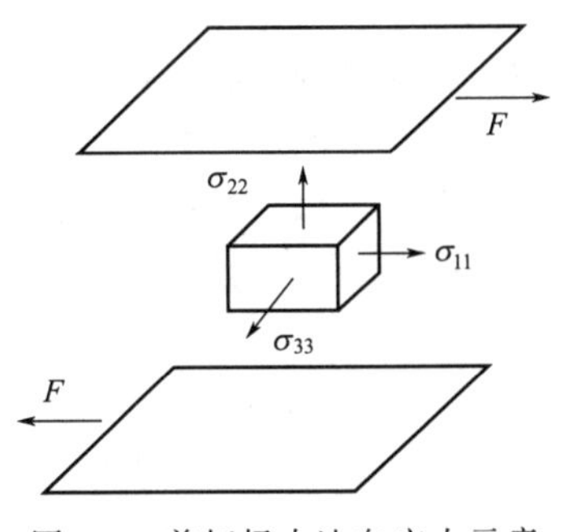

图 9-9　剪切场中法向应力示意

第一法向应力差$=\sigma_{11}-\sigma_{22}$，有使剪切平板分离的倾向；第二法向应力差$=\sigma_{22}-\sigma_{33}$，第三法向应力差$=\sigma_{33}-\sigma_{11}$，有使平板边缘处的高分子产生突起的倾向。

法向应力引起的高分子熔体反常现象包括爬杆现象和挤出物胀大。

1. 爬杆现象

爬杆现象（或包轴效应）又称为韦森堡效应，韦森堡效应的实验现象是：如果用一转轴在液体中快速旋转，高分子熔体或浓溶液与低分子液体的液面变化明显不同，低分子液体受到离心力的作用，中间部位液面下降，器壁处液面上升；高分子熔体或溶液受到向心力作用，液面在转轴处是上升的，在转轴上形成相当厚的包轴层，如图 9-10 所示。

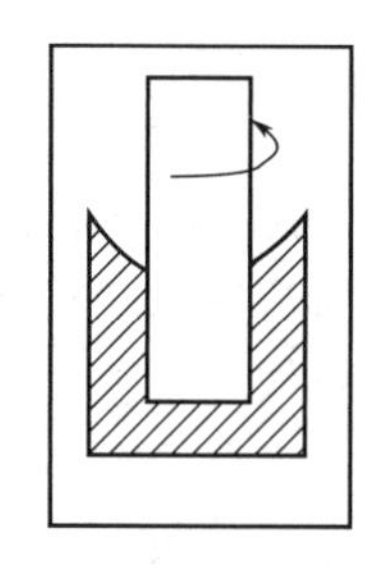
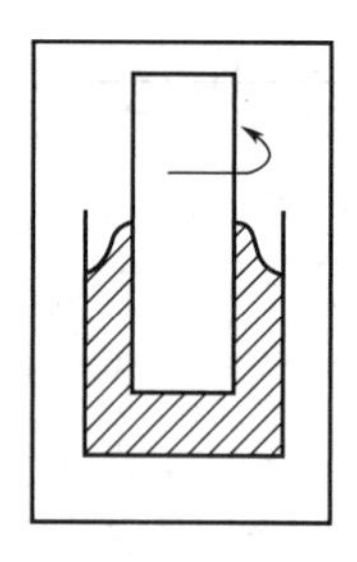

图 9-10 包轴效应（韦森堡效应）

因此，包轴现象可以解释为：由于靠近转轴表面熔体的线速度较高，分子链被拉伸取向缠绕在轴上，距转轴越近的高分子拉伸取向的程度越大，取向了的高分子有自发回复到蜷曲构象的倾向，但此弹性回复受到转轴的限制，使这部分弹性能表现为一种包轴的内裹力，把熔体分子沿轴向上挤（向下挤看不到），形成包轴层。

2. 挤出物胀大

挤出物胀大（离模膨胀）现象是被挤出流体具有弹性的又一个典型表现，挤出物胀大现象又称巴拉斯效应。当模孔为圆形时，挤出胀大现象可用胀大比 B 来表征：

$$B = D_{\max}/D_0 \tag{9-7}$$

式中 $D_{\max}$——挤出物直径的最大值；

D_0——模孔直径。

高分子流体的挤出胀大现象可通过高分子链在流动过程中的构象改变加以说明。

无规线团状的大分子链经过口模入口区的强烈拉伸流场和剪切流场时，其构象因沿着流动方向取向而发生改变。在口模内部的剪切流场中，分子链除了发生真实的不可逆塑性流动外，还有非真实的可逆弹性流动，也引起构象变化。这些构象变化虽然随着时间进程有部分松弛，但因高分子材料的松弛时间一般较长，直到口模出口处仍有部分保留。于是在挤出口模失去约束后，发生高分子链的弹性回复，即构象回复而胀大。

高分子通过口模的流动，是分子链发生相对位移的黏性流动与构象变化引起的弹性流动的综合，从物理意义看，挤出胀大现象表征着流动后高分子材料所储存的剩余可回复弹性储能的大小。

通常，B 值随切变速率增大而显著增大。在同一切变速率下，B 值随模孔长径比 L/D 的增大而减小，并逐渐趋于稳定值。温度升高，高分子熔体的弹性减小，B 值降低。因为当长径比变小时，收敛入口处的弹性储能增加，则弹性回复主要是由入口处的拉伸弹性形变引起的，然而当成型段足够长时，弹性储能将最后完全消除，挤出胀大主要是由口模流动中剪切变形所致，见图 9-11。

高分子分子量变高、分布变宽，B 值增大。这是因为分子量大，松弛时间长之故。此外，高分子链的支化严重影响挤出物胀大，长支链支化，B 值大大增大。加入填料，能减少高分子的挤出物胀大，刚性填料的效果最为显著。

另外，挤出胀大并不是出口即达最大值，而是有延时效应，对于弹性和非弹性材料，其胀大过程各不相同。挤出胀大延时效应见图 9-12。

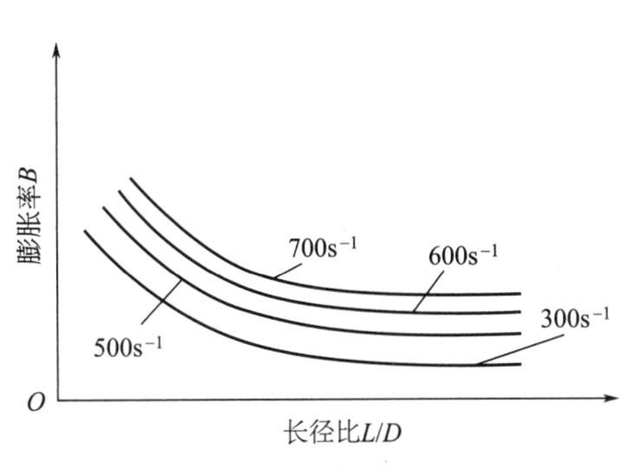

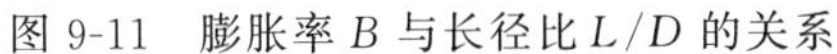

图 9-11　膨胀率 B 与长径比 L/D 的关系

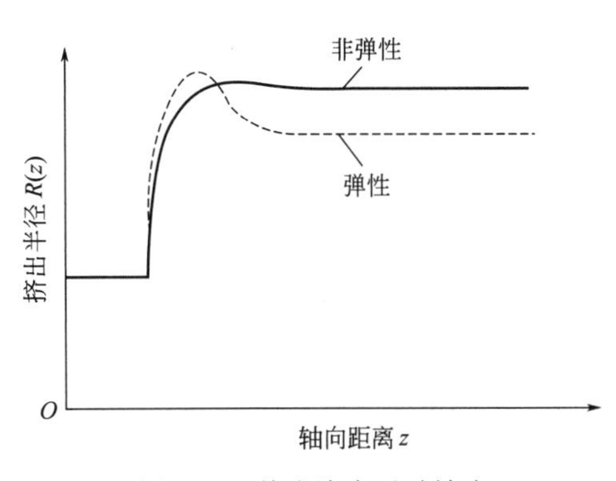

图 9-12　挤出胀大延时效应

挤出物胀大比对纺丝、控制管材直径和板材厚度、吹塑制瓶等均具有重要的实际意义。为了确保制品尺寸的精确性和稳定性，在模具设计时必须考虑模孔尺寸与胀大比之间的关系，通常模孔尺寸应比制品尺寸小一些，才能得到预定尺寸的产品。

三、不稳定流动

高分子熔体在挤出时，切应力超过一极限值时，熔体往往会出现不稳定流动，挤出物外表不再光滑，呈波浪形、鲨鱼皮形、竹节形、螺旋形畸变等（见图 9-13），最后导致不规则的挤出物断裂。这些挤出物外形畸变都是周期性重复的，对制件外观极为重要，也是挤出工艺生产速度的限制因素。

有多种原因造成熔体的不稳定流动，其中熔体弹性是一个重要原因。

对于小分子，在较高的雷诺数下，液体运动的动能达到或超过克服黏滞阻力的流动能量时，则发生湍流；对于高分子熔体，黏度高，黏滞阻力大，在较高的切变速率下，弹性形变增大，当弹性形变的储能达到或超过克服黏滞阻力的流动能量时，导致不稳定流动的发生，因此，把高分子这种弹性形变储能引起的湍流称为高弹湍流。

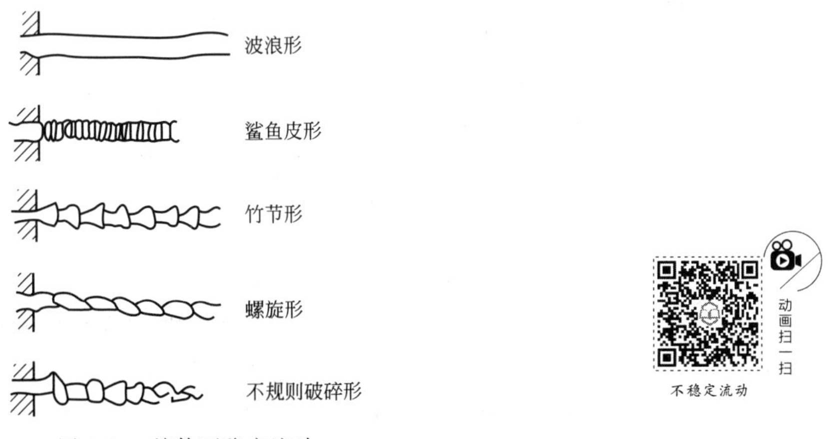

图 9-13　熔体不稳定流动

引起高分子弹性形变储能剧烈变化的主要流动区域通常是模孔入口处、毛细管壁处以及模孔出口处，不同高分子熔体呈现出不同类型的不稳定流动。

例如，热塑性塑料以稳态流线型流的形式流过毛细管模头，在模头周围交界部分的熔体将产生回复，均匀地胀大得到具有光滑表面的挤出物，但当热塑性塑料熔体在圆槽流动并遇到圆槽直径的突然缩小时，这个收敛流动特征意味着存在死区，在那里物料被阻滞，由层流变成湍流，改变了物料的热历史，更为重要的是叠合在剪切流动上的收敛流动产生了一个延伸分量，当流体接近截面变化处，这个分量迅速增大，如果延伸应力达到某临界值，熔体将会破裂，熔体的“碎片”将回复某些延伸形变，这种局部延伸破裂出现的次数与高分子熔体本身、流动条件、截面积的相对变化以及其他一些因素有关。结果，使模头出口处的材料具有交变的应力历史，挤出后具有交变的回复，致使挤出物产生畸变。从外表上就能看出表面的粗糙甚至螺旋状不规则图案。

另外，鲨鱼皮斑的产生原因，也可以这样解释，在通过模头的流动过程中，邻近模头壁的高分子材料几乎是静止的，但如果离开模头，这些材料就必须迅速地被加速到与挤出物表面一样的速度，这个加速会产生很高的局部应力，如果这个应力太大，会引起挤出物表层材料的破裂而产生表面层的畸变，这就是鲨鱼皮斑。鲨鱼皮的形貌多种多样，从表面缺乏光泽到垂直于挤出方向上规则间隔的深纹。鲨鱼皮不同于非层状流动，基本上不受入口角度等模线的影响，它依赖于挤出的线速度，而不是延伸速率，且肉眼能见的缺陷是垂直于流动方向的，而不是螺旋式或不规则的。分子量低、分子量分布宽的高分子材料在高温和低挤出速率下挤出，很少能观察到鲨鱼皮斑，在模头端部加热能降低熔体表面的黏度，可以有效减少鲨鱼皮斑现象。

图 9-14 是多分散系数对临界剪切速率的影响。因为熔体破裂行为受高分子黏度和可回复剪切弹性所影响。因此多分散性增大可降低树脂表观黏度，同时降低了剪切弹性模量（表现为出模膨胀增加），只有当黏度（η）和剪切弹性模量（G）达到适当平衡才能获得最小表观松弛时间，获得最佳的挤出条件。

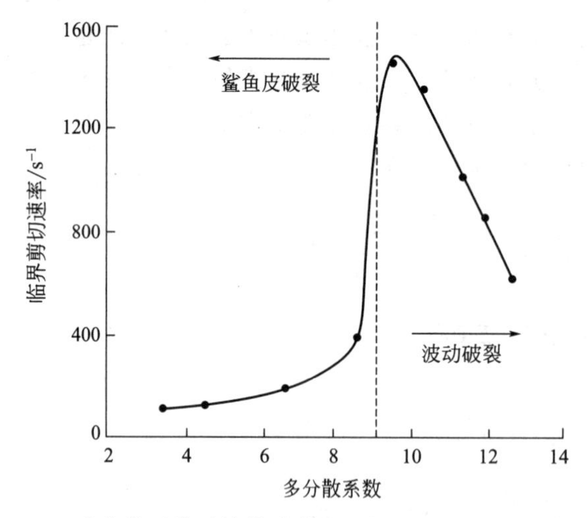

图 9-14 多分散系数对熔体破裂出现的临界剪切速率的影响

因此，在高分子的加工过程中，应该尽可能避免熔体的不稳定流动，以确保成型制品的外观和质量，例如，为了避免熔体在模孔入口处的死角，可将模孔入口设计成流线型，此外，提高加工温度，可以使熔体破裂在更高的切变速率下发生。

四、动态黏度

材料的动态黏弹性指的是在交变的应力（或应变）作用下，材料表现出的力学响应规律。在交变应力下高分子熔体的黏性和弹性反应不相同，弹性形变与应力同相位，不消耗能量，黏性形变的形变速率与应力同相位，需要消耗能量。

研究材料动态黏弹性的重要性在于：在动态测量时，可以同时获得有关材料黏性行为及弹性行为的信息，即同时研究黏、弹性；容易实现在很宽频率范围内的测量，按时温等效原理，容易了解在很宽温度范围内材料的性质；由于动态黏弹性与材料的稳态黏弹性之间有一定的对应关系，因此，通过测量可以沟通两类材料性质间的联系。

第三节　高分子材料典型加工成型过程的流变分析

高分子材料成型加工过程中，材料内部力场和温度场的分布和变化不仅决定了高分子制品的外观形状和质量，而且影响链结构、超分子结构及织态结构的形成和改变，是决定高分子材料最终结构和性能的中心环节。因此对高分子材料成型加工过程进行正确的流变分析已经成为改进和优化加工工艺的重要研究内容之一。

一、混炼工艺与压延工艺

混料与压片是橡塑工业中最典型最常见的工艺过程，主要通过两个或多个辊筒相向旋转，对物料进行熔融、混合、剪切、压实等作用而完成。从工程的角度看，辊筒上的加工过程可分为对称性过程和非对称性过程两种。所谓对称性过程，指辊筒有相等的半径（$R_1=R_2$）和相等的辊筒表面线速度（$v_1=v_2$）；非对称性过程指辊筒半径不等（$R_1 \neq R_2$）或表面线速度不等（$v_1 \neq v_2$）。实际加工过程多为非对称性过程。如采用等径辊筒，但设置两辊筒的表面线速度不等，从而加强对物料的剪切。

现在发展起来的异径辊筒压延机，也是典型的非对称性过程，设计中，有意识地令压延机的一两个辊筒的直径适当减小，由一大一小两辊筒构成一对异径辊筒。与等径辊筒相比，异径辊筒压延机具有许多优点。除压延精度有较大提高外，从流变学角度看，异径辊筒压延机还有辊筒横压力减小、体积流量增大、单位体积流量的能耗下降等优点，一般异径辊筒压延机是在原等径辊筒压延机规格上使其中一个辊筒适当缩小。理论计算和实验均表明，随着辊径不对称性变大，辊筒横压力、体积流量及单位体积流量的能耗均单调地减小或增大，且在辊距越小时这些优点越明显，当然从实际工程角度看，异径辊筒的辊径不对称性也不能无限制地任意加大。

对高分子材料在辊筒上的加工过程进行流变分析，首先需进行恰当的分解处理，提出恰当的简化模型。通过分析，对辊筒系统及其被加工的物料作近似假定：

① 设辊筒上的加工过程为对称性过程，两辊筒半径相等（$R_1=R_2$），辊筒表面线速度相同（$v_1=v_2$）。熔融物料在筒壁无滑移运动，即最贴近辊筒壁的一层熔体是随辊筒一起运动的；

② 被加工物料为不可压缩的牛顿型流体，黏度和密度均为常数。在两辊筒间隙中，物料的流动为稳定的二维等温流动；

③ 流动时物料的惯性力及重力忽略不计。

在两辊筒间隙中，取直角坐标系如图 9-15 所示，坐标原点在辊距（两辊最小间距）的中心，x 方向为物料主要流动方向，y 方向为两辊筒轴心连线方向，z 方向垂直于纸面向外。可见物料是在 Oxy 平面上自左向右流动的，z 方向的速度等于零。

设辊距为 $2H_0$，辊筒表面上各点的纵坐标可以表示成 x 的函数，$y=h(x)$，函数形式与辊筒形状有关；辊径 $R_1=R_2=R$，设 $R\gg H_0$；辊筒表面线速度 $v_1=v_2=v$。

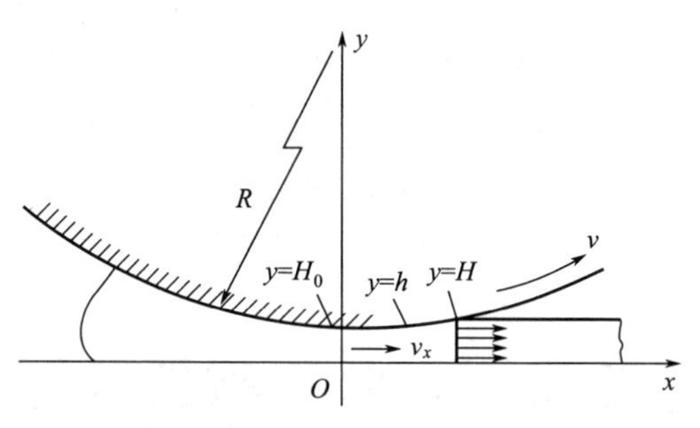

图 9-15 对称的开炼机、压延机辊筒间隙中的坐标系

由于辊隙中物料的流动为不可压缩流体的二维稳定流动，且牛顿型流体只有黏性而无弹性，忽略重力和惯性力，考虑到物料在两辊筒之间流动时，由于 $R\gg H_0$，所以在离辊距中心 O 不远的一段流道内，流道宽度变化不大；流动方向主要在 x 方向，有 $v_x\gg v_y$；剪切应力的变化主要发生在 y 方向，因此，可以把原来物料在 Oxy 平面的二维流动，在一段流道内简化成为只沿 x 方向的一维流动，这种简化假定称作润滑近似假定。

流经两辊筒间隙流道内，存在几何关系：

$$h=H_0+(R-\sqrt{R^2-x^2}) \tag{9-8}$$

在 $R\gg x$ 的流道内：

$$h=H_0+\frac{x^2}{2R}=H_0\left(1+\frac{x^2}{2RH_0}\right) \tag{9-9}$$

h 与 H_0 的几何关系见图 9-16。设体积流量为 Q，引入参量 λ：

$$\lambda^2=\frac{Q}{2vH_0}-1 \tag{9-10}$$

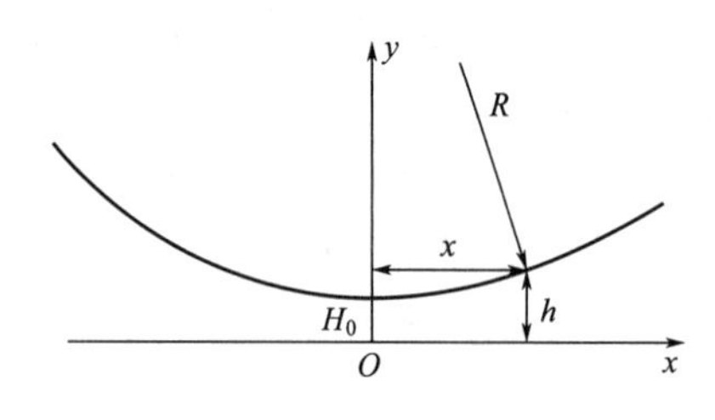

图 9-16 h 与 H_0 的几何关系

λ 是非常重要的一个参数。λ 的意义为，当量纲为 1 的坐标 $x'=\pm\lambda$ 时，为两辊筒间物料内的压力取极值的位置。进一步分析表明，在 $x'=-\lambda$ 处，辊筒间物料内的压力取极大值；在 $x'=+\lambda$ 处，压力取极小值。极小值的位置就是胶料脱辊处，胶料脱离辊筒时，物料内的压力为常压 $p_0=0$。由此可见，λ 值就是胶料脱辊处的量纲为 1 的坐标值，是一个可以测量的参数，它与胶料性质及工艺操作条件均有关。

由此，通过计算分析可获得辊筒间胶料内的压力分布如图 9-17 所示。

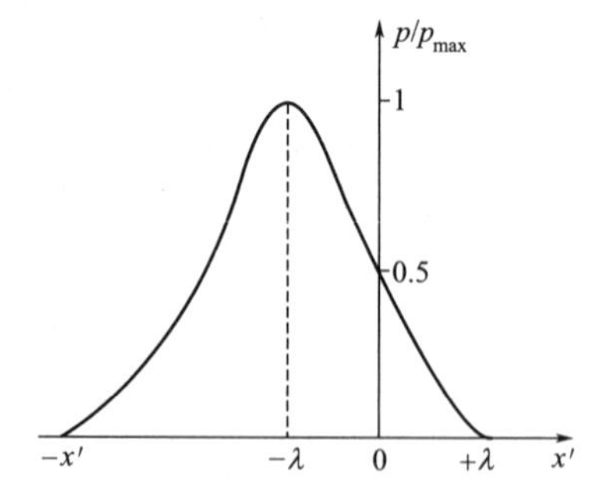

图 9-17 辊筒间胶料内的压力分布

图 9-17 中横坐标取量纲为 1 的坐标 x'，代表流道长度；纵坐标为量纲为 1 的压力比 p/p_{max}。

由图 9-17 中可见，流道内物料压力存在一个极大值，两个极小值。极大值的位置在辊距之前 $x'=-\lambda$ 处；在 $x'=+\lambda$ 处物料内压力为极小值，此点为物料脱离辊筒表面的位置，亦称出料处。可见在两辊筒间最小辊距处，物料内压力并非取极大值，而仅为最大压力的一半。物料中的最大压力是在物料进入最小辊距之前的一段距离上达到的。图中还有一个压力极小值在 $x=-x'_0$ 处，此处实际上为物料刚进入辊筒处（亦称吃料处），此处物料尚未承受辊筒压力，压力 $p(-x'_0, \lambda)=0$。

同样，通过计算分析可以获得两辊筒间物料速度分布如图 9-18 所示。

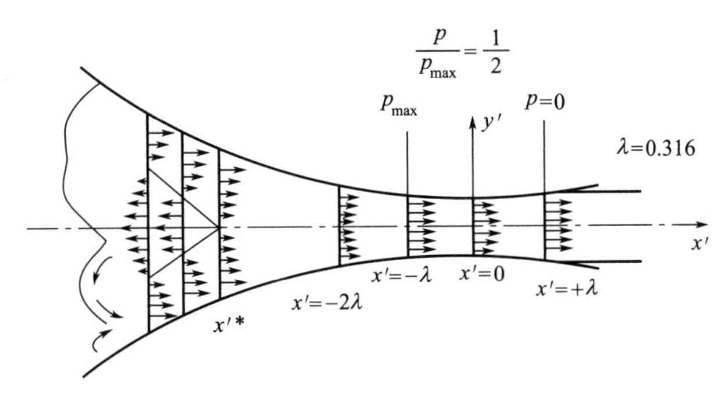

图 9-18 两辊筒间物料速度分布示意

图中有两个特殊点：$x'=\pm\lambda$ 处，$v_x=v_0$，即压力极大值处（$x'=-\lambda$，$p=p_{max}$）和物料脱辊处（$x'=+\lambda$，$p=0$）。物料流速等于辊筒表面线速度，且速度沿 y 方向均等分布，这一特点保证了料片速度均匀、平稳地压出。

结合压力分布图，以 $p=p_{max}$ 点为分界点，可把辊筒间的流道分为两个区。在 $-\lambda<x'<\lambda$ 区域内，前方压力小，后部压力大，压差作用向前，形成正压力流。各层物料流速均大于或等于辊筒表面线速度，速度沿 y 方向呈“超前速度分布”。特别在 $x'=0$，即最小辊距处，流速最大。

在 $x'<-\lambda$ 区域内（进料区），前方压力大，后部压力小，形成反压力流。各层物料流速均小于或等于辊筒表面线速度，速度沿 y 方向呈“滞后速度分布”。随着 x'减小，会出现一个驻点 x'^*，在这一点的物料流速分布中，中心线那一层物料（$y'=0$ 处）的流速等于零。

当 x'更小，在 $x'<x'^*$ 区域中，流速分布呈现更复杂的情形。各层物料有的向前流，有的向后流，正负流速并存。在辊筒壁附近物料流速为正，而在中心线附近流速为负，从而形成物料的旋转运动（涡流）。这种旋转运动对橡胶混炼工艺是有益的，混炼时在此处加入配合剂，有助于物料均匀分散。

显然驻点 x'^* 的位置与具体操作条件及物料性质（λ 值）有关，可根据需要加以调节。比如在压延工艺中不希望有物料大涡流（旋转运动）存在。为便于吃料和进行补充混炼，一般在喂料辊的入口处，希望有少量堆料；而为使贴胶平整，在工作辊的入口处应排除涡流。

二、挤出成型过程

挤出成型过程为橡塑制品加工的基本工艺过程之一，橡胶工业中，挤出成型又称压出成型。在塑料工业中，挤出成型产品的产量几乎占全部塑料制品产量的一半，如管材、型材、棒材、板材以及丝、薄膜、电线电缆的涂覆和涂层等连续生产的产品都采用挤出成型工艺加工。

挤出过程的设备由两部分组成：一部分为挤压部分，主要为螺杆挤出机，根据结构不同分为单螺杆挤出机、双螺杆（又有平行双螺杆、锥形双螺杆之分）挤出机等，借以塑化、输送、计量物料；另一部分为机头口型部分，主要指机头、口型及定型、牵引机构，借以将物料制成规定形状、尺寸的制品。

挤出机的核心是螺杆。根据其工作原理和物料在挤出过程中的状态变化，可将螺杆工作部分分为喂料段、压缩塑化段和匀化计量段三部分。

① 喂料段又称固体输送段，螺杆相当于一个螺旋推进器，在这段中，物料依然是固体状态。螺杆喂料和送料能力的强弱是保证机器正常工作的前提条件，研究这部分的理论主要为固体输送理论。

② 压缩塑化段中，物料在剪切力场与温度场作用下开始熔融、塑化，由固态逐渐转变为黏流态。并因螺杆设计有一定的压缩比，使熔体压实、排气，研究此部分的理论主要为熔融、塑化理论和相变理论。

③ 匀化计量段又称挤出段，从压缩段来的黏流状物料在此进一步压紧、塑化、拌匀，并以一定的流量和压力从机头口型流道均匀挤出，这一段中螺槽的截面是均匀的，研究此部分的理论即流变学理论。

1. 物料在匀化计量段螺槽中的流动

设想螺槽断面为矩形细纹，等深等宽，假定螺槽深度 $h \ll$ 螺槽宽度 W，另有 $h \ll$ 螺杆直径 $2R$，于是任一小段螺槽内物料的流动，可近似视为在两平行板间的流动。为研究方便起见，将机筒与螺杆侧剖并在平面上展开，并取直角坐标系 $Oxyz$，注意原点 O 在机筒内表面上，y 轴垂直向下指向螺杆，如图 9-19 所示。

设螺杆运动时表面线速度为 v^*，其值为 $|v^*|=2\pi Rn$，n 为螺杆转速，则随着螺杆旋转，螺槽内物料任一点的速度，可沿螺纹方向（z 方向）和垂直于螺纹方向（x 方向）分解成：

$$v=v_x\boldsymbol{i}+v_z\boldsymbol{k} \tag{9-11}$$

式中 $\boldsymbol{i}$，$\boldsymbol{k}$——沿 x、y 方向的单位矢量。

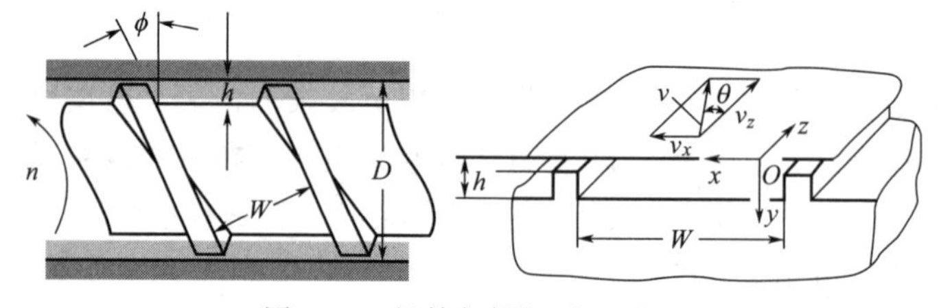

图 9-19 机筒与螺杆平面展开

可以看出，v_z 是物料沿螺槽的正向流动速度，v_x 是物料的横向流动速度。v_z 对物料挤出贡献不大，但对形成螺槽内物料的环流，从而促进物料的混合与塑化有重要作用，同时它也是引起漏流的重要因素，y 方向为速度梯度的方向，不同速度的流层之间发生剪切。螺槽内物料的实际流动为两种流动的叠加，实际的速度分布应为 v_{z1} 的直线速度分布和 v_{z2} 的抛物线速度分布的叠加。

螺槽内物料流动的流速分布见图 9-20。

根据速度分布很容易求得螺槽内物料的体积流量为：

$$Q=Q_{\text{拖曳流}}+Q_{\text{压力流}} \tag{9-12}$$

体积流量可以分解为两部分，其中由 v_z^* 引起的物料流动对体积流量的贡献为正贡献，而由压力梯度引起的流动对体积流量的贡献为负贡献，即反流。

再考虑 x 方向的流动，这种流动与螺槽侧壁的方向垂直，除引起物料在螺槽内发生环

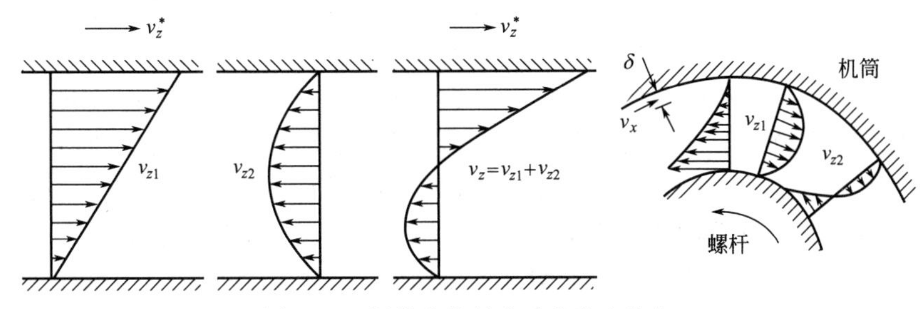

图 9-20 螺槽内物料流动的流速分布

流外，主要是引起漏流。漏流是由于物料在一定压力作用下，沿 x 方向流过螺槽突棱顶部与机筒内壁的径向间隙 δ 造成的，这种流动可视为物料通过一个缝模的流动，缝模截面垂直于 x 方向，缝高为 δ，缝长为 $2\pi R/\cos\theta$（图 9-21）。

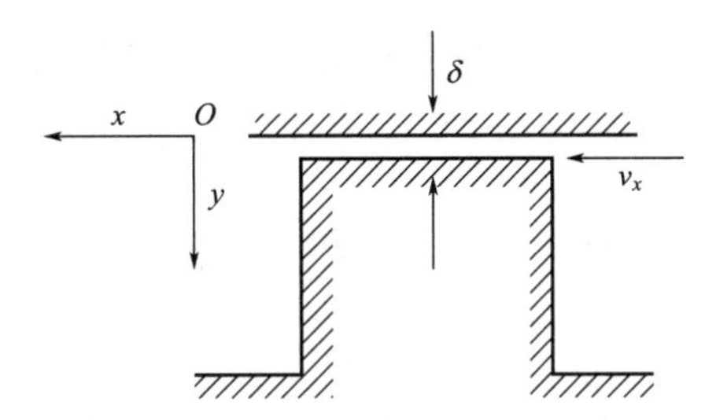

图 9-21 螺槽突棱顶部与机筒内壁径向间隙中的漏流

将三部分体积流量加在一起，得到在螺杆匀化计量段中物料总体积流量：

$$Q=Q_{拖曳流}+Q_{压力流}+Q_{漏流} \tag{9-13}$$

其中拖曳流量为正流量，主要取决于转速 n；压力流量与漏流量为负流量，其大小取决于压差 Δp 和物料黏度 η_0，当然螺杆的几何构造参数均起着重要作用。螺杆中挤出物料的总体积流量由三部分组成，一旦正流量小于负流量，则螺杆挤出功能失效。

$$Q=\alpha n-\beta\frac{\Delta p}{\eta_0}-\gamma\frac{\Delta p}{\eta_0} \tag{9-14}$$

式中 Δp——沿螺杆轴向全长的总压力降；

α——正流系数；

β——反流系数；

γ——漏流系数。

α、β、γ 为仅与螺杆几何尺寸有关的量，它们表征了螺杆的挤出特性。

2. 机头口型中物料的流动

物料从匀化计量段挤出后直接进入机头口型区，其通过机头口型的流动可视为具有一定黏度的流体在压力作用下穿过具有一定截面形状的管道的流动。

参照牛顿型流体流过圆形管道的压力流流量分析，可得知物料通过机头口型的流量应满足以下公式：

$$Q_k=K(\Delta p_k/\eta_{0k}) \tag{9-15}$$

式中 Δp_k——机头口型区物料的压力降，对稳定挤出过程而言，该压力降应等于螺杆内部从机头到加料口的压力降 Δp；

η_{0k}——物料在机头口型区的黏度，由于机头口型区的温度设置与匀化计量段不等，故 η_{0k} 与 η_0 一般也不相等；

K——机头口型区的流通系数，取决于机头口型的几何参数和流动液体的类型。

对于螺杆挤出机而言，欲使之处于稳定挤出状态，物料在螺杆部分的流动状态必须与在机头口型区的流动状态相匹配，也就是要求通过螺杆部分的流量一定要与通过机头口型区的流量相等，物料在螺杆部分的压力降也要与在机头口型区的压力降相等。

上述讨论是在作了若干简化假定的基础上得到的，与实际挤出成型过程有一定出入，实际的非牛顿型流体的工作特性要复杂得多。高转速条件下，压力造成的反流和漏流影响较为显著，总体积流量下降较多。物料通过机头口型时，体积流量随压差的增大急剧上升，这与被加工物料的假塑性行为有关，压差大时物料“剪切变稀”效应明显，黏度下降导致流量急剧增大。

因此，在实际分析挤出成型过程的流变状况时，一定要根据实际情况对简化理论进行修正。例如，在挤出成型电线、电缆、型材、轮胎内胎、胶管等制品过程中，对制品的形状、尺寸要求较严格，挤出物料流量的波动 ΔQ 要求控制在一定的范围内，即要求挤出成型过程应当稳定。

为描述挤出成型过程的稳定性，定义一个不稳定挤出系数：

$$u=\Delta Q/p_1 \tag{9-16}$$

其物理意义是考察当匀化计量段入口处的物料压力因某种原因发生波动时，螺杆挤出机的流量有多大变化，u 值越大，表示挤出过程越不稳定。式中，p_1 为螺杆匀化计量段入口处的物料压力，在多数情况下，可近似看作加料口处物料的压力。

实行稳定挤出的一些流变学措施如下。

① 为稳定挤出，首先要求尽量减少不稳定源。匀化计量段入口处的压力 p_1 应尽可能保持稳定，这要求加料口供料速度必须均匀。

② 要实现稳定挤出，在其他条件不变的情况下，应适当地减小螺槽深度 h 和减小机筒与螺杆突棱的间隙 δ。但如果螺槽太浅，会使流量锐减，且容易造成剪切摩擦生热过大，使物料受损，因此对螺槽深度的选择应综合考虑。

③ 调节机头流通系数可调节挤出过程的稳定性。一般小口径机头 K 值较小，u 值较小，易实现稳定挤出。

④ 物料黏度越大，不稳定挤出系数 u 越小，因此在保证质量的前提下，适当降低挤出温度，有助于稳定挤出。

⑤ 适当增加螺杆长度 L，也会使不稳定挤出系数下降。由于被加工物料有松弛特性，因此如果在加料口处物料发生内压力波动，但经过长螺杆 L，至匀化计量段会得到较多的松弛、变弱，从而使挤出过程稳定。

三、纤维纺丝成型过程

纤维纺丝和薄膜吹塑成型过程是高分子材料加工业的重要一支。在这两种成型过程中物料承受强烈的拉伸变形，流动过程主要为拉伸流动过程。所谓拉伸流动，从流变学意义来讲，指物料运动的速度方向与速度梯度方向平行。

纤维纺丝过程为一维的单轴拉伸，只在一个主要流动方向有速度梯度；薄膜吹塑过程属二维的双向拉伸，物料在两个互相垂直的方向上流动且均有速度梯度。拉伸流动也存在于其他高分子材料加工过程，如压延、挤出、注塑过程中，可以说，凡是流道截面有显著变化的流场中，都有拉伸流动存在。

1. 稳态单轴拉伸流动的数学解析

典型的单轴拉伸流场的数学表示式：

$$v_1=f(x_1) \qquad v_2=v_3\neq 0 \tag{9-17}$$

下标 1 表示拉伸方向，下标 2、3 表示两垂直于拉伸的方向，2、3 方向又互相垂直。当物料沿 1 方向拉伸时，由于假定体积不变，将沿 2、3 方向收缩成丝，故物料沿 2、3 方向的速度不等于零。设 v_2、v_3 分别仅是坐标 x_2、x_3 的函数。

x_1 方向的拉伸速率定义为：

$$\dot{\gamma}_E=\partial v_1/\partial x_1=d_{11} \tag{9-18}$$

则根据不可压缩流体的连续性方程得到：

$$d_{22}=d_{33}=-\dot{\gamma}_{E/2} \tag{9-19}$$

再考虑应力张量的情形。对单轴拉伸流动而言，只有第 1 方向有拉伸张力，而另外两个方向不受力，所以有 $T_{11}\neq 0$，而 $T_{22}=T_{33}=0$，根据应力张量的分解公式和各向同性压力的定义，进一步可得偏应力张量各分量分别为：

$$\begin{cases}\sigma_{11}=\dfrac{2}{3}T_{11},\ \sigma_{22}=\sigma_{33}=-\dfrac{1}{3}T_{11}\\ \sigma_{11}-\sigma_{22}=-3p=T_{11}\\ \sigma_{22}-\sigma_{33}=0\end{cases} \tag{9-20}$$

所谓稳态单轴拉伸，对一个材料元来讲，指其所承受的拉伸速率始终为常数，$\dot{\gamma}_E$＝常数。由此可定义拉伸黏度：

$$\eta_E=T_{11}/\dot{\gamma}_E \tag{9-21}$$

定义中采用总应力张量分量 T_{11}，理由是法向应力分量中含有各向同性压力成分，而各向同性压力的定义有一定的任意性。一般流变测量时，测得的往往是总法向应力值，而 σ_{11} 的大小很难确定。

$$\eta_E=(\sigma_{11}-\sigma_{22})/\dot{\gamma}_E \tag{9-22}$$

由此可见拉伸黏度与第一法向应力差值有关，拉伸流动主要反映了液体流动时的弹性效应。对高分子液体而言，其拉伸黏度的变化远比剪切黏度复杂得多，至今尚无一种完善的本构方程理论可以全部说明这些复杂性质。

2. 稳态单轴拉伸流动的本构模型描述

一些描述高分子材料流变性质的本构方程模型，或从唯象论角度，或从分子论角度说明了稳态和动态剪切流场中材料的某些流变性质。原则上讲，一个好的本构模型，特别是既考虑了材料的黏性性质，又考虑了材料弹性性质的本构模型，亦应能描述材料在拉伸流场的弹性行为，至少应该能够作定性说明。Oldroyd 三常数模型对拉伸黏度的描述如图 9-22 所示。

由图 9-22 可见，拉伸速率 $\dot{\gamma}_E$ 较小时，拉伸黏度随 $\dot{\gamma}_E$ 增大而增大；拉伸速率 $\dot{\gamma}_E$ 很高时，拉伸黏度又有随 $\dot{\gamma}_E$ 增大而下降的趋势。

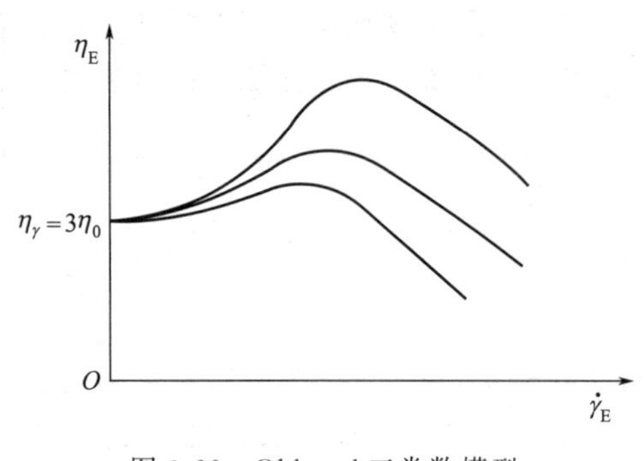

图 9-22 Oldroyd 三常数模型对拉伸黏度的描述

3. 纤维纺丝成型原理简介

常规的化学纤维纺丝成型方法有三种：熔体纺丝、湿法纺丝和干法纺丝。熔体纺丝中，本体高分子熔化后由喷丝板挤出，液态丝条通过冷却介质时逐渐固化，而后由下方的卷绕装置高速拉伸成丝。湿法纺丝是对于熔点高于分解温度的高分子，如聚丙烯腈，不能采用熔体纺丝，则可将其溶解于适当的溶剂，令溶液从喷丝头挤出，形成的丝条或者通过凝固浴得到固化丝线，纺丝液中的溶剂在凝固浴中通过反扩散机理被除去；或者让丝条穿过一个通干热空气的密闭室，溶剂蒸发而丝条固化，即干法纺丝。

研究纤维纺丝的一个重要参数为纤维的可纺性，它常用材料的最大拉伸比 $(v_L/v_0)_{max}$ 表示，指拉伸丝条断裂时的拉伸比值。

一般来说，$(v_L/v_0)_{max}$ 值越大，材料的可纺性就越好，实验表明，材料的可纺性与材料的实际拉伸黏度及材料的分子结构参数有关。物料的表观拉伸黏度 η_{Ea} 越低，最大拉伸比值越大，其可纺性越好；从分子量考虑，平均分子量低的纤维容易产生毛细破坏（微裂纹），而分子量高的纤维易发生内聚破坏，因此分子量中等的物料可纺性最好；当平均分子量接近时，分子量分布宽的材料拉伸黏度高，从而可纺性差，而窄分布的物料的最大拉伸比值大。

高分子熔体在薄膜吹塑成型过程中的拉伸变形行为与在熔体纺丝成型中的拉伸变形行为相似，是两种典型的拉伸流动的范例。

拉伸流动远比剪切流动复杂得多，但是，至少可以得到以下明确的结论：

① 实际生产过程中，每一个具体材料元承受的拉伸速率不是定值，而是处于非稳态拉伸流动中；

② 材料的表观拉伸黏度也非定值，它随着拉伸速率变化或者增大，或者减小，或者基本维持不变；

③ 材料的表观拉伸黏度一般随温度升高而下降；

④ 材料的拉伸行为（包括纺丝成型和吹膜成型）与材料的分子结构参数、形变历史和环境工艺条件密切相关。

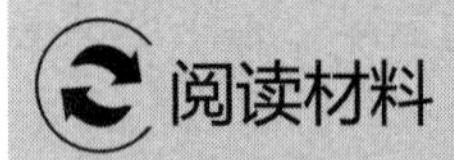

尼龙和氯丁橡胶的发明者——卡罗瑟斯

华莱士·卡罗瑟斯（Wallace Carothers）（1896.4.27—1937.4.29），美国化学家。

卡罗瑟斯 1920 年自塔基奥学院获得理学学士学位，1921 年伊利诺伊大学硕士毕业，1922 年起，在伊利诺伊大学有机化学家罗格·亚当斯（Roger Adams）的指导下攻读博士学位，获得博士学位后，卡罗瑟斯留在伊利诺伊大学担任有机化学的讲师。1926 年他前往哈佛大学，继续从事有机化学的教学工作。

1928 年 2 月，他正式在杜邦就职，开始专注于高分子材料领域的研究。卡罗瑟斯认为，如果高分子化合物是许许多多的原子通过化学键连接得到的，那么一定可以通过化学反应将小分子变成高分子。卡罗瑟斯在总结前人经验的基础上，另辟蹊径，从系统地研究缩聚理论入手，获得有关形成线型高分子化合物反应的基本理论，并用这一理论指导“设计”出类似于天然蚕丝分子结构的高分子化合物。接着，他又从缩聚理论的角度出发，明确提出必须先获得能形成酰胺键的化合物，并把酰胺键高分子化。他设想新纤维的结构应该是由小分子以“尾-尾”形式连接而成，通过对大量含氨基和羧基的有机化合物进行筛选，从几十种化合物中找到了理想的原料——己二酸和己二胺，1935 年，卡罗瑟斯制成了理想的新纤维——尼龙（Nylon），尼龙问世后，首先以袜子的形式于 1939 年在美国试销，1940 年 5 月 15 日，尼龙袜在市场上敞开供应，受到了广大顾客的欢迎，在美国形成了一股“尼龙热”。

卡罗瑟斯不仅成功开发了尼龙，还促成了另一种重要的高分子材料——合成橡胶的发现。1930 年，卡罗瑟斯的团队意外地发现，氯丁二烯的分子发生聚合会得到富有弹性、类似天然橡胶的固体，卡罗瑟斯抓住这个发现进行后续研究，促成了第一种合成橡胶——氯丁橡胶的发明。

卡罗瑟斯对发展高分子科学的理论体系也做出了很大的贡献。他不但深刻地阐述了缩聚反应理论及反应历程，同时还科学地把高分子化合物分成缩聚物和加聚物两大类，这种分类方法一直沿用到今天；卡罗瑟斯提出了预测高分子化合物分子量的卡罗瑟斯方程，解决了合成高分子材料过程中如何控制分子链的长度的问题。

在有关高分子化合物本质的争论中，卡罗瑟斯的实验为施陶丁格的假说提供了有力的证据，1953 年，施陶丁格获得诺贝尔化学奖，在获奖后所做的报告中，施陶丁格特地提到了卡罗瑟斯在合成尼龙方面所做的工作；1974 年诺贝尔化学奖得主、著名高分子科学家保尔·弗洛里（Paul J. Flory）也曾在卡罗瑟斯手下工作，在获奖演说中，弗洛里深情回忆起在杜邦的岁月，感谢卡罗瑟斯引领自己走上探索高分子世界的道路。

1936 年，卡罗瑟斯当选美国科学院院士，这是化学工业界的研究人员首度获此殊荣。然而令人痛惜的是，他还未能见到自己的研究成果实现工业化生产，便因劳累过度，过早的机能衰退而患病，于 1937 年 4 月 29 日溘然长逝。在卡罗瑟斯离世几十年后的今天，凝聚了他以及同时代许多科学家心血的高分子材料已经极大地改变了我们的生活。

资料参考：

[1] 魏昕宇．尼龙之父：华莱士·卡罗瑟斯 [J]．新材料产业，2017（12）：61-65.

[2] 魏昕宇．尼龙之父 [J]．科学世界，2015（09）：96-99.

[3] 韩棐，王芳．聚酰胺发明者——卡罗瑟斯 [J]．包装世界，2000（06）：9.

[4] 成晓旭，杨浩之．卡罗瑟斯与尼龙 [J]．自然杂志，1982（04）：288-290.

思考题

1. 解释下列概念

牛顿流体　非牛顿流体　假塑性流体　触变性流体　流凝流体　剪切黏度　拉伸黏度　表观黏度

2. 高分子黏性流动的特点有哪些？阐述其原因。

3. 什么是法向压力效应？挤出物膨胀的原因是什么？

4. 分析高分子的分子量和分子量分布对熔体黏度和流变性的影响。

5. 高分子的链结构对高分子黏度的影响有哪些？

6. 温度、切变速率对高分子熔体黏度有哪些影响？加工过程中如何运用这些规律？

7. 举例说明温度对不同结构高分子黏度的影响。

8. 某种高分子在加工过程中出现部分降解，重均分子量从 1×10^6 下降到 7×10^5，这种高分子的熔体黏度会出现哪些变化？阐述产生这种结果的原因。

9. 高分子成型加工中，可以采用提高温度或提高剪切速率的方法降低熔体的黏度，聚碳酸酯和聚甲醛分别采取哪一种方法最有效？

10. 试述聚合物分子量、增塑剂、剪切速率、静压力对高分子熔体剪切黏度的影响。

习题

1. 什么是假塑性流体？通常条件下，绝大多数高分子熔体和浓溶液为什么均呈现假塑性流体的性质？

2. 高分子的黏性流动有何特点？

3. 高分子的分子量和分子量分布对高分子熔体的黏度和流变性有哪些影响？

4. 从高分子结构观点讨论工艺温度、切变速率对高分子熔体黏度的影响。

5. 解释牛顿流体、非牛顿流体、切黏度、拉伸黏度、不稳定流动、熔体破裂的概念。

第十章
高分子的其他性质

高分子材料在特定的外部环境下还会表现出各种特殊的物理性能，利用高分子材料的这些特殊物理性能可以将其应用于许多专门化领域。例如，高分子材料优良的电学性质使其在电子和电工技术中已成为不可缺少的材料。大多数高分子固有的电绝缘性长期被用来隔离与保护电流，但是随着导电高分子的开发，一些特殊结构的高分子材料已被用作半导体甚至导体。此外，高分子材料的扩散与渗透性能、光学性能、表面与界面性质和热物理性能等都是决定材料用途的主要影响因素。本章将对高分子材料的电学、扩散与渗透、光学、表面与界面和热物理性能展开讨论。

第一节 高分子的电性能

高分子的电性能是指高分子在外加电压或电场作用下的行为及其表现出的各种物理现象，包括在交变电场中的介电性质，在弱电场中的导电性质，在强电场中的击穿现象以及发生在高分子表面的静电现象。与高分子的化学结构直接相关的电性能主要有介电常数、静电和导电性，通常根据高分子在低电场强度下的行为来评估；而放电、介电击穿和耐电弧性通常是在非常高的电场强度下，高分子显示的重要电性能，可以被认为是最终的电性能。

根据导电能力的差异，物质通常可以分为导体、半导体和绝缘体，传统的有机高分子通常不能导电，电导率一般在 10^{-15}S/cm 以下，是一类绝缘体，作为良导体的金属的电导率一般在 $10^{4}\sim10^{6}$S/cm，半导体则介于金属与绝缘体之间，其电导率一般在 $10^{-4}\sim10^{2}$S/cm。

研究高分子的电学性质有很大的实际意义。一方面，工程技术应用上需要选择及合成合适的高分子材料：制造电容器应选用介电损耗小而介电常数尽可能大的材料；绝缘要求选用介电损耗小而电阻系数高的材料；电子工业需要优良高频和超高频绝缘材料；纺织工业需要使材料有一定的导电性能，避免电荷积聚而给加工使用造成困难。另一方面，高分子的电学性能往往非常灵敏地反映了材料内部结构的变化，因而是研究高分子结构分子运动的一种有力手段。

一、高分子的极化及介电常数

(一) 分子的极性和极化

1. 分子的极性

原子以一定的几何构型组成分子。对整个分子来说，若其中电子层的电荷与核电荷中心相重合，则这种分子叫作非极性分子，若中心不重合则称为极性分子。

有机化合物和高分子化合物主要由共价键构成，这种键的本质是成键电子对的电子层在成键方向上重叠的结果。共价键的电子层分布可以恰好在两个成键原子的中间，也可以偏向电负性较大的原子一边，前者称为非极性键，后者称为极性键。分子的极性或键的极性常用偶极矩 μ 表示，它是两个电荷中心之间的距离 d 和极上电荷 q 的乘积，偶极矩是一个矢量，方向统一规定为由正指向负，单位是“德拜”（Debye），以 D 表示。

偶极矩的矢量加和规律，是指分子中每个化学键都有一个偶极矩，称为键矩，分子的总偶极矩等于分子中所有键矩的矢量和。因此，非极性分子偶极矩矢量和为零，极性分子则依其组成和结构，各有一定大小不同的偶极矩。

高分子的分子偶极矩也符合偶极矩的矢量加和规律，按其值大小，通常将高分子分为四类，见表 10-1。

表 10-1 高分子的分子极性分类

类别	偶极矩	分子类型	名称
1	$\mu=0$	非极性分子	聚乙烯、聚丁二烯、聚四氟乙烯等
2	$0<\mu\leqslant0.5$	弱极性分子	聚苯乙烯、聚异丁烯、天然橡胶等
3	$0.5<\mu<0.7$	极性分子	聚氯乙烯、聚酰胺、有机玻璃等
4	$\mu>0.7$	强极性分子	酚醛树脂、聚酯、聚乙烯醇等

2. 分子的极化

在外电场作用下，分子中电荷分布将会发生相应的变化。从而产生一个附加的分子偶极矩。对极性分子来说，还会发生在电场中的取向，结果介质呈现出极性，这就是极化。按照极化机理不同分为电子极化、原子极化和取向极化。

（1）电子极化　电子极化是在外电场作用下每个原子中价电子云相对于原子核的位移，这种极化是在维持原有化学键基本不变的基础上产生的，因而能量几乎没有变化，而且极化所需的时间极短，为 $10^{-15}\sim10^{-13}$s，并能在外电场消除时很快恢复原状。因此电子极化又称快速弹性极化，由此产生的偶极矩称为诱导偶极矩，诱导偶极矩的大小与电场强度有关。

（2）原子极化　原子极化是外加电场引起原子核之间的相对位移，因为其移动单元为原子，移动时受到阻力，故极化所需时间至少要 10^{-13}s，并且在极化过程中伴随着能量的损失，由此产生的诱导偶极矩，也与外电场强度成正比。

（3）取向极化　在没有电场作用时，分子的不规则热运动使其平均偶极矩等于零；但在电场作用下，具有永久偶极矩的极性分子的正电荷移向负极，负电荷移向正极，而使极性分子沿着电场方向排列，产生分子取向，称为取向极化。

由于取向极化是极性分子或高分子的链节沿着电场方向转动，需要克服其惯性及分子间内摩擦阻力，因而取向需较长的时间，一般约为 10^{-9}s，同时要消耗相当大的能量。分子热运动总是使极性分子排列趋于杂乱，温度高时，热运动抵消了电场对分子的极化，所以，取向极化产生的偶极矩不仅与外电场强度成正比，而且与温度有关。

原子极化和电子极化又统称为变形极化或诱导极化。非极性分子在外电场作用下只产生诱导极化，而具有永久偶极矩的极性分子，置于均匀外电场中除发生诱导极化外，还能发生取向极化，故此时其总的偶极矩是诱导偶极矩和取向偶极矩之和。

（二）介电常数

1. 介电常数的概念

以电压 U 加在一个真空平行板电容器上，在极板上产生一定的电荷 Q，则这个真空电容器的电容为：

$$C_0 = Q/U \tag{10-1}$$

如果在两极板间充满电介质，这时电容器的电容 C 比 C_0 增加了 ε 倍，C 与 C_0 的比值 ε 就定义为介电常数。

介电常数 ε 是一个量纲为 1 的量，它反映了电介质储存电能能力的大小，是电介质材料十分重要的指标。在电子技术中，制造高容量的电容器就要求有介电常数大的高分子材料。

2. 影响介电常数的因素

（1）分子结构　介电常数的数值首先与介质的极化有关，而介质极化又与分子结构有关，分子极性越大，极化程度越大，介电常数也就越大（见表 10-2）。

表 10-2　分子结构与介电常数的关系

类型	分子结构	偶极矩	介电常数
1	非极性分子	$\mu=0$	$\varepsilon=1.8\sim2.0$
2	弱极性分子	$0<\mu\leqslant0.5$	$\varepsilon=2.0\sim3.0$
3	极性分子	$0.5<\mu<0.7$	$\varepsilon=3.0\sim4.0$
4	强极性分子	$\mu>0.7$	$\varepsilon=4.0\sim7.0$

分子中极性基团若在主链上，由于活动性小则对介电常数影响较小，若在侧基上影响较大。

分子结构对称性越高，介电常数就越小。如对同一高分子，全同立构的高分子介电常数最高，间同立构的高分子最低，无规立构的高分子介于两者之间。

交联使分子取向活动困难，降低了介电常数。拉伸使分子排列整齐，增大了分子间作用力，使活动性降低，因而介电常数减小。支化可使分子间作用力减弱，介电常数升高（见表 10-3）。

表 10-3　高分子的介电常数

高分子名称	介电常数 ε	高分子名称	介电常数 ε
聚乙烯(无定形)	2.3	聚甲基丙烯酸乙酯	2.7/3.4
聚丙烯(部分无定形)	2.2	聚 α-氯丙烯酸甲酯	3.4
聚苯乙烯	2.55	聚 α-氯丙烯酸乙酯	3.1
聚邻氯苯乙烯	2.6	聚丙烯腈	3.1
聚四氟乙烯(无定形)	2.1	聚 2,6-二甲基苯醚	2.6
聚氯乙烯	2.8/3.05	聚对苯二甲酸乙二酯(无定形)	2.9/3.2
聚醋酸乙烯酯	3.25	聚碳酸酯	2.6/3.0
聚甲基丙烯酸甲酯	2.6/3.7	聚己二酰己二胺	4.0

（2）外加电场频率　极化过程需要时间，所以外电场频率对介质极化影响很大。在不同频率的电场下可测得不同的介电常数。在低频电场中，三种极化都跟得上电场的变化，因此介电常数就是静电场下的数值 ε_0，频率增高后，首先取向极化跟不上，当频率超过某一范围时，总极化率变为 $\alpha\sim\alpha\mu$，介电常数也发生降落。在高频电场下，最后只会发生电子极化，介电常数达到最小值 ε_∞（见图 10-1）。

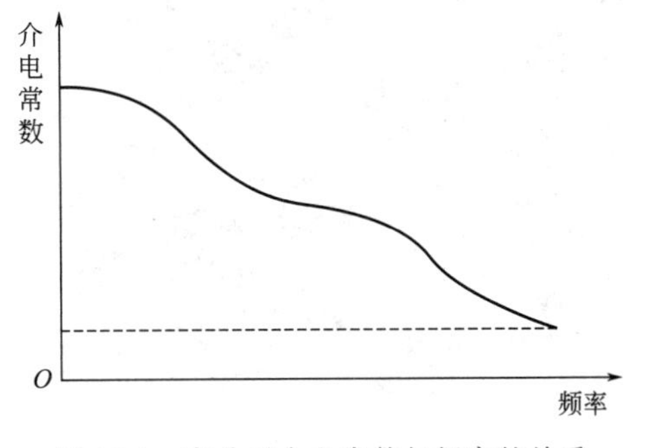

图 10-1　高分子介电常数与频率的关系

（3）温度的影响　温度只与取向极化有关。因此，非极性高分子介电常数与温度关系不大。温度对取向极化有两种相反的作用，一方面温度升高，分子间作用力降低，黏度减小，有利于取向，极化加强。另一方面温度升高，分子热运动激烈，不利于取向而使极化减弱。因此极性高分子一般来说在温度不太高时，前者占主导地位，介电常数增大，到超过一定温度范围后，后者占主导地位，介电常数减小。

（三）高分子的介电损耗

1. 介电损耗

电介质在交变电场中会消耗一部分电能，使介质本身发热，这种现象称为介电损耗。

2. 介电损耗产生的原因

主要有两个原因导致材料的介电损耗：①电介质中含有能导电的杂质，它在外电场作用下产生电导电流，消耗一部分电能，转化为热能，使介质本身发热；②电介质在电场中发生极化时，为了克服介质内的黏滞阻力，也要消耗掉一部分电能。其中以偶极子转向滞后于电场改变时的取向极化所消耗的电能为最大，这部分电能也转化为热量。

极性电介质在电场中发生极化时，如果电场的频率很低，偶极子的转向完全跟得上电场的变化，即偶极子的转动与电场可同步，则在电场变化一周中电场的能量基本上不被损耗。

如果交变电场频率很高，偶极子完全跟不上电场的变化，取向极化完全不发生，那么也不吸收能量，没有电能损耗。若电场在某一范围频率，由于介质的黏滞作用，偶极子转向受到摩擦阻力，落后于电场的变化，这时偶极分子在电场作用下发生强迫运动，因此电场能量损耗很大，造成介电损耗。

工程上，一般用介电损耗角正切的概念描述各种材料介电损耗的不同。

$$\tan\delta = \text{每个周期内介质损耗的能量}/\text{每个周期内介质储存的能量} \tag{10-2}$$

$\tan\delta$ 越大，表示材料在交变电场中能量损耗越大。可用实验直接测定 $\tan\delta$，非极性高分子的 $\tan\delta$ 值在 3×10^{-4} 左右，极性高分子的 $\tan\delta$ 值在 10^{-2} 左右。

3. 影响介电损耗的主要因素

（1）分子结构　高分子的分子极性大小和极性基团的密度，是决定介电损耗大小的内因。极性越大，密度越高，则介电损耗越大。

（2）杂质　导电杂质或极性杂质（包括水）的存在，会增大高分子的电导电流和极化率，使介电损耗增大，杂质是引起非极性高分子介电损耗的主要原因。功能填料是决定高分子基复合材料介电性能的关键组分。目前用作高介电、低损耗高分子基复合材料中的功能填料主要包括金属导体、铁电陶瓷、有机半导体等，它们的种类、结构、粒径大小和形貌均对材料的介电性能产生明显影响。

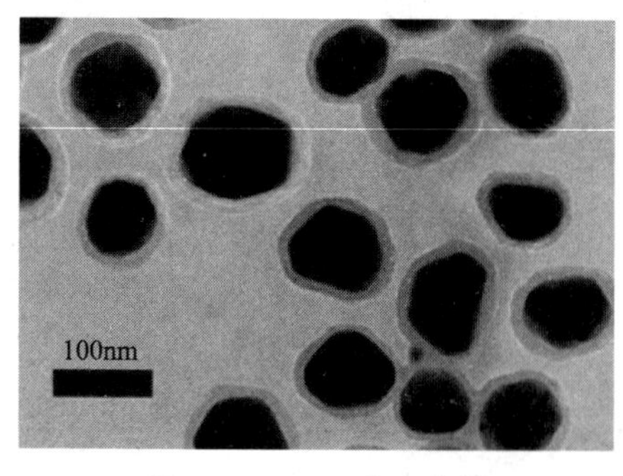

图 10-2　Ag-C 核壳结构

控制填料体积分数在逾渗阈值附近，可以很大程度提升介电常数，同时控制颗粒的分散性，使粒子又不构成导电通路，从而能赋予材料较低的介电损耗和良好的力学性能。目前改进的方法之一是制备核壳结构的混合填料，如图 10-2 所示。为了阻止导电粒子间的接触，阻碍电子在粒子间迁移，得到高介电常数和低介电损耗，可在导电粒子外包覆绝缘壳层，形成屏障和连续的势垒网。此种复合材料的高介电常数主要来源于界面极化，即在不均匀介质中，无序排布的自由电荷在电场作用下会聚集在绝缘壳层形成的界面处，产生空间电荷极化。

以改性的多壁碳纳米管（MWNTs）作为导电填料，与PVDF复合制得复合材料，介电常数高达4500，远高于不改性时的介电常数300，如图10-3所示。

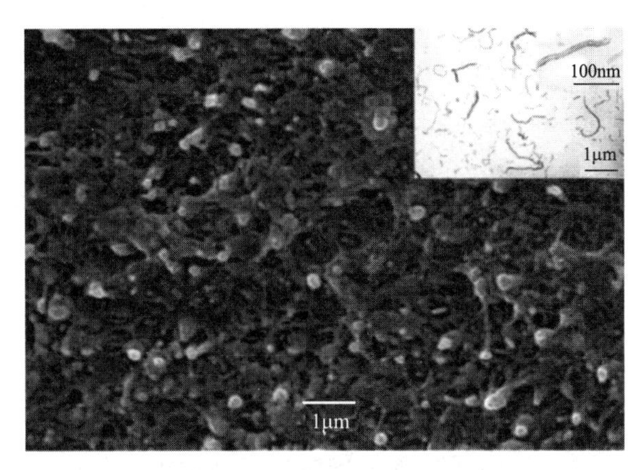

图10-3　多壁碳纳米管填充PVDF（右上角图为改性后的MWNTs）

（3）电压　外电压增高，使取向极化增加，又增大了电导电流，使介电损耗增加。

（4）频率　低频和很高频率时，介电损耗小，在一定频率范围内，介电损耗有极大值。

（5）温度　温度的影响与频率的影响相似。低温时介电损耗不大，随温度升高而出现一个极大值，温度再升高，介电损耗又下降了。因此在恒定温度下改变频率或在恒定频率下改变温度对介电损耗的影响具有同样的效果。

（6）增塑剂的影响　加入非极性增塑剂能降低高分子的黏度，使取向极化容易进行，相当于升温的效果。对于同一频率的电场，加入非极性增塑剂可使介电损耗峰值向低温方向移动。

极性增塑剂的加入，不但能增加高分子链的活性，使取向极化过程加快，而且引入了新的偶极损耗，所以介电损耗迅速增加。

二、高分子的导电性

（一）概述

高分子的导电性与金属、酸、碱、盐溶液的不同，因其内部分子或原子的排列不同而有不同的导电性，某些高分子既具有半导体的电导率，又有导体的电导率。从导电机理上看，在高分子中存在着离子电导和电子电导，即导电载流子可以是电子、空穴，也可以是正、负离子。

一般地说，大多数高分子都存在离子电导，带有强极性原子或基团的高分子，由于本征解离，可以产生导电离子。在合成、加工和使用过程中，掺杂进高分子的催化剂、添加剂、填料以及水分和其他杂质的解离，都可以提供导电离子。在没有共轭双键、电导率极低的非极性高分子中，外来离子是导电的主要离子，因而这些高分子的导电机理是离子导电。共轭高分子、高分子的电荷转移络合物、高分子的自由基-离子化合物和有机金属高分子等高分子导体、半导体具有强的电子电导。部分高分子的电学性能见表10-4。

表 10-4 部分高分子材料的电学性能

名称	比体积电阻（对数值）	比表面电阻（对数值）	介电常数 /MHz	介电损耗	短时间的击穿强度 /(cm^3·kV/mm)
聚乙烯	16	9	2.3	0.0003	10
聚苯烯	18	10	2.5	0.0002	24.1
PMMA	15	—	3	0.025	20
聚四氟乙烯	16	12	2.0	0.0002	20
天然橡胶(软)	15	—	2.5	0.007	18
天然橡胶(硬)	15	—	3.0	0.008	20
硅氧橡胶	14	13	3～11	0.003	24
环氧树脂玻璃钢	11	—	4	0.005	108

(二) 影响高分子导电性的因素

1. 分子结构

分子结构是决定材料导电性的内在因素，也是最重要的因素。

饱和的非极性高分子具有最好的电绝缘性能。它们的结构本身既不能产生导电离子，也不具备电子电导的结构条件，高分子绝缘体的电导率高达 $10^{23}\Omega\cdot m$，这比实测值高出好几个数量级。实际上聚苯乙烯的电阻率约为 $10^{18}\Omega\cdot m$，而聚四氟乙烯、聚乙烯则在 $10^{16}\Omega\cdot m$ 左右，这正好说明高分子绝缘体的载流子来自结构以外的因素，经纯化后的高分子电阻率会有数量级的增加。

极性高分子的电绝缘性次之。聚砜、聚酰胺和聚氯乙烯等的电阻率约在 $10^{12}\sim10^{15}\Omega\cdot m$。这些高分子中的强极性基团可以发生微量的本征解离，提供本征的导电离子。同时，这些高分子的介电常数较高，在其中杂质离子间的库仑力将降低，使解离平衡移动，载流子的浓度增大。这些可能是极性高分子的电阻率低于非极性高分子的原因。

具有长共轭双键结构的高分子，由于共轭双键中的 π 电子能在整个分子域中运动，相当于分子内的自由电子，并且有很高的迁移率，使这类高分子的电阻率大幅度降低，有很好的导电性。

2. 分子量

分子量对高分子导电性的影响与导电机理有关。对于电子电导，分子量的增大会延长电子的分子内通道，电导率增大；对于离子电导，则随着分子量的降低，直到链端效应使高分子内部自由体积增加时，离子迁移率增大，电导率将增大。

3. 结晶与取向

结晶与取向使绝缘高分子的电导率下降，因为在这些高分子中，主要是离子电导，结晶与取向使分子紧密堆积，自由体积减小，因而离子迁移率下降。对于电子电导的高分子，结晶使分子紧密整齐堆积，有利于分子间电子的传递，电导率随结晶度的增加而升高。

4. 杂质

杂质使高分子的绝缘性下降。因为对绝缘高分子来讲，导电载流子大多来自外部。其中最需要注意的是水分的影响，表面干净的高分子电导率是很低的，但如果吸附了空气中的水分，加上 CO_2 或其他盐类杂质的溶解，将使离子载流子的浓度大大增加，从而提高电导率。高分子加工过程中加入的各种添加剂，也是一些外来的杂质，特别是极性的增塑剂和稳定剂、离子型催化剂、导电填料等，对高分子的导电性都会有很大的影响。

5. 温度

高分子的电导率随温度的升高而急剧地下降，这主要是因为随温度的升高，高分子中导电载流子的浓度急剧增加。

三、高分子的介电击穿

1. 介电击穿

随着电场强度逐步升高，电流、电压间的关系已不再符合欧姆定律，dU/dI 逐渐减小，电流比电压增大得更快，当达到 $dU/dI=0$ 时，即使维持电压不变，电流仍然继续增大，材料突然从介电状态变成导电状态。在高压下，大量的电能迅速释放，使电极之间的材料局部地被烧毁，这种现象就称为介电击穿，$dU/dI=0$ 处的电压 U_b 称为击穿电压，击穿电压是介质可承受电压的极限。

2. 高分子的介电击穿机理

一般按高分子的介电击穿形式可分为电击穿、热击穿和化学击穿。

（1）电击穿　电击穿是在高电压作用下，高分子中微量杂质离解产生的离子和自由电子沿电场方向高速运动，撞击高分子分子，使之分裂成电子和阳离子，这些新生电子又做高速运动，撞击出更多的电子和阳离子，以致电导电流迅速增大，最终导致击穿。所以，决定击穿的主要因素是电场强度，而与冷却时间、外加电压作用时间的关系不大。

（2）热击穿　热击穿的决定因素是热量的积累。一定电压下，介电损耗的热量来不及散发，使高分子温度迅速上升，而这又使电导率增大，介电损耗更大，产生更多的热量，温度上升得更快，如此恶性循环，导致高分子氧化、熔化、焦化而形成损坏，发生击穿。热击穿的击穿强度与温度有关，温度越高，击穿强度越低；与电压作用时间有关，短脉冲下的击穿电压比长时间作用时的大得多；与散热条件有关，击穿发生在散热不好的部位。

（3）化学击穿　化学击穿是在高压下长期工作后出现的，强的电场作用使高分子表面或它的小孔附近引起局部空气的碰撞电离，从而生成臭氧 O_3 和二氧化氮 NO_2，这些物质使高分子老化而引起电导的增大，最后导致击穿。

由于击穿试验是一种破坏性试验，因此有时用耐压试验来代替，即根据需要在高分子上预加一试验电压，经过一定时间后如果发生击穿就认为产品合格，这个试验电压规定为耐压值。常见高分子的介电强度数据见表 10-5。

表 10-5　常见高分子材料的介电强度数据

名称	E_b/(MV/m)	名称	E_b/(MV/m)
聚乙烯	18～28	聚乙烯薄膜	40～60
聚丙烯	20～26	聚丙烯薄膜	100～140
聚氯乙烯	14～20	聚酯薄膜	100～130
聚苯醚	16～20	聚酰亚胺薄膜	80～110
聚甲基丙烯酸甲酯	18～22	聚苯乙烯薄膜	50～60
聚砜	17～22	芳香聚酰胺薄膜	70～90
酚醛树脂	12～16	环氧树脂	16～20

四、高分子的静电现象

1. 静电现象

任何两种物质，互相接触或摩擦时，只要其内部结构中电荷载体的能量分布不同，在它们各自的表面就会发生电荷再分配，重新分离之后，每一种物质都将带有比其接触或摩擦前过量的正（或负）电荷，这种现象称为静电现象。

高分子在生产、加工和使用过程中，只要高分子中几百个原子中转移一个电子，就会使高分子带有相当可观的电荷量，而使它从绝缘体变成了带电体。例如塑料从金属模具中脱出来时就会带电，合成纤维在纺织过程中也会带电，塑料、纤维和橡胶制品在使用过程中，产生静电更是常见。干燥的天气，脱下合成纤维的衣服时，经常可以听到放电的响声，如果在暗处，还可以看到放电的辉光。

由于一般高分子的电绝缘性能很好，它们一旦带有静电，则这些静电荷的消除很慢，例如聚乙烯、聚四氟乙烯、聚苯乙烯和聚甲基丙烯酸甲酯产品，得到静电荷后可保持几个月。

2. 静电起电机理

电子克服原子核的作用，从材料表面逸出，所需要的最小能量，称为逸出功或功函数。不同物质的功函数不同。两种金属接触时，它们之间的接触电位差与它们的功函数之差成正比，这种接触在界面上形成电场，在电场作用下电子将从功函数小的一方向功函数大的一方转移，直到在接触界面处形成的双电层产生的反向电位差与接触电位差相抵消时，电荷转移才停止，结果功函数高的金属带负电，功函数低的金属带正电。

电介质与金属接触时，界面上也必然发生类似的电荷转移，根据上述原理可以测出各种高分子的功函数，表 10-6 为部分高分子的功函数。两种电介质接触时，它们之间的接触电位差应该也与它们的功函数之差成正比，接触起电的结果，同样应该是功函数高的带负电而功函数低的带正电，因此表中高分子的顺序应该就是接触起电顺序，任意两种高分子接触起电，位于表中前面的高分子必带负电，后面的带正电。

表 10-6 部分高分子的功函数

名称	功函数/eV	名称	功函数/eV
聚四氟乙烯	5.75	聚乙烯	4.90
聚三氟氯乙烯	5.30	聚碳酸酯	4.80
氯化聚乙烯	5.14	聚甲基丙烯酸甲酯	4.68
聚氯化乙烯	5.13	聚醋酸乙烯酯	4.38
氯化聚醚	5.11	聚异丁烯	4.30
聚砜	4.95	尼龙 66	4.30
聚苯乙烯	4.90	聚氧化乙烯	3.95

摩擦起电的情况则要复杂得多，轻微摩擦时的起电特征与接触起电比较接近，但剧烈摩擦时起电特征却有很大的不同。在剧烈摩擦时，局部接触面以较高的速度相对运动，高分子因而发热甚至软化，有时两接触面间还有质量的交换，这就使情况复杂化了。但是总的来说，高分子的摩擦起电顺序与其功函数大小的顺序基本上是一致的。

3. 静电的危害、防治与利用

（1）静电的危害　高分子在加工和使用过程中发生摩擦使其带有静电电荷在所难免，又因为高分子是良好的绝缘体，电荷又不容易消除，所以危险性巨大。有些塑料制品，得到静电荷后可以保持几个月，在实际应用中有着潜在的危险；聚丙烯静电纺丝过程中，纤维与导丝辊摩擦产生静电荷，其电压高达15000V以上，这些电荷又不易消除，使纤维的疏松、梳理、纺纱、拉伸、加捻、织布及打包等工序难以进行；塑料地板，人的走动产生摩擦而使其带上静电荷，这种静电很容易吸附灰尘、水气，给清洁工作造成很大麻烦。

防止静电危害的发生可以从抑制静电的产生和及时消除产生的静电两方面考虑。

(2) 静电的利用　高分子的静电现象一般是有害的，但是有时也有一定的作用。例如，人们利用高分子很强的静电现象研制成静电复印、静电记录等新技术，推动了科研和生产的进步。

静电纺丝方法是一种制备连续纳米长纤维的方法。其过程为高分子溶液的带电液滴在高压电场中，受静电力的驱动发生伸长而进行静电纺丝。静电纺丝独特的弯曲扰动现象，是其可纺制纳米纤维的机理，因为弯曲扰动现象的存在，在这一运动过程中，纺丝液射流在极短的时间内可发生倍数的伸长，形成直径在100nm～1μm左右具有一定分子链取向和晶态结构的亚微米/纳米纤维。同时，在弯曲扰动阶段纺丝液射流中的大部分溶剂(90%以上)通过挥发脱除，因此成纤过程中纤维内部形成的分子链取向和晶态结构可以得到改善并趋于冻结，并且，因为大部分溶剂是以挥发的形式脱除的，所以所得到的纤维具有良好的表面形貌，正是静电纺丝方法特有的成纤原理和溶剂脱除方式，使其为制备具有超细直径、极小缺陷、均一结构的优质聚丙烯腈(PAN)原丝(见图10-4)提供新的方法，使进一步制备具有优异力学性能的连续纳米碳纤维成为可能。

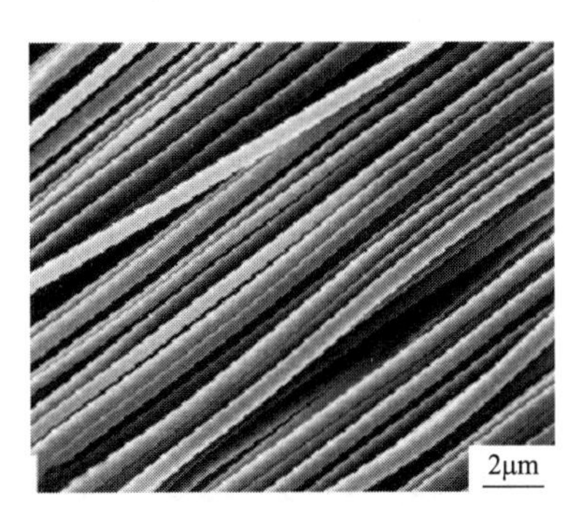

图10-4　静电纺丝得到的PAN纳米初生纤维的扫描电子显微镜(SEM)照片

第二节　高分子的光学性质

当光线照射高分子时，一部分在表面发生反射，其余的进入内部产生折射、吸收、散射等现象。高分子的光学性能可简单地分为线性光学性能和非线性光学性能两部分。

一、光的折射和非线性光学性质

当光线由空气入射到透明介质中时，由于在两种介质中的传播速率不同而发生了光路的变化，这种现象称为光的折射。通常将各种物质对真空的折射率简称为该物质的折射率(n)，n与两种介质的性质及光的波长有关。

$$n=\sin i/\sin r \tag{10-3}$$

式中　n——折射率；

i——入射角；

r——折射角。

大多数碳-碳高分子的折射率大约为1.5，当碳链上带有较大侧基时，折射率较大，带有氟原子和甲基时，折射率较小。部分高分子材料的折射率见表10-7。

表 10-7 部分高分子材料的折射率

名称	折射率(n)	名称	折射率(n)
聚乙烯	1.49	聚乙基乙烯基醚	1.454
聚苯乙烯	1.591	聚醋酸乙烯酯	1.467
聚甲基苯乙烯	1.587	聚丙烯酸甲酯	1.479
聚异丙基苯乙烯	1.554	聚丙烯酸乙酯	1.469
聚偏二氟乙烯	1.42	聚丙烯酸丁酯	1.466
聚四氟乙烯	1.35	聚甲基丙烯酸甲酯	1.490
聚氯乙烯	1.539	聚对苯二甲酸乙二酯	1.640
聚丙烯腈	1.514	聚己二酰己二胺	1.530

光波作为一种电磁波，使介质极化一般是一种谐振过程。对于微观的原子或分子，其极化强度 P 与电场强度 E 关系的表达式为：

$$P=\alpha E+\beta E^2+\gamma E^3+\cdots \tag{10-4}$$

对于宏观材料，其极化强度 P 与电场强度 E 的关系为：

$$P=\varepsilon_0[\chi^{(1)}E+\chi^{(2)}E^2+\chi^{(3)}E^3+\cdots] \tag{10-5}$$

式中 α——微观线性极化率；

$\chi^{(1)}$——宏观线性极化率；

β，γ——微观高阶极化系数或非线性系数；

$\chi^{(2)}$，$\chi^{(3)}$——宏观高阶极化系数或非线性系数；

ε_0——真空介电常数。

当光在各向同性的线性电介质中传播时，光是一种电磁波，在介质中可激发交变的电磁场，会使电介质的价电子偏离平衡位置形成偶极子，使介质得到极化，在场强较低的情况下，高次项的极化率对极化强度的贡献可被忽略，极化偶极或极化强度正比于电场强度，呈线性关系。

在很高的电场强度下，极化强度与电场强度之间呈现非线性关系，有些材料高次项的极化率比较大，尤其在光波场足够强时，光在介质激发的电磁场场强较高，高次项的极化率对极化强度的贡献就不能被忽略。当场强很大时，物质将表现为非线性光学行为。例如，激光通过石英晶体时，除了透过原频率的光线之外，还可观察到倍频光线，这就是二阶极化系数不为零、产生非线性光学效应之故。

非线性极化系数的大小与分子结构有关。凡是有利于极化过程进行和极化程度提高的结构因素均可使非线性系数增大。高分子二阶非线性光学材料的制备方法通常是将本身具有较大 β 值的不对称性共轭结构单元连接到高分子链侧旁，或者直接与高分子材料复合。

利用高分子良好的线性光学性能，可以制备一些光学器件，如最具代表性的是广泛用于通信的高分子光纤。高分子光纤的优点是柔韧性好、端面易加工易修复、价格低廉，但也有耐热性差、损耗大的缺点。高透明性的聚苯乙烯（PS）和聚甲基丙烯酸甲酯（PMMA）、聚碳酸酯（PC）和苯甲基硅橡胶等均可作为光纤的芯，采用折射率更低的高分子材料作为皮层，可有效地实现光线在光纤内的全反射。

近些年来，高分子非线性光学材料引起了人们的极大兴趣，可望在光电调制、信号处理等许多方面获得应用，例如，生活中常见的 DVD 影碟机，如果采用非线性光学材料做它的光学读写头，可做到激光束在不同频率间的切换，从而兼容存储信息更多的蓝光光盘。

二、光的反射

照射到透明材料上的光线，除有部分折射进入物体内部之外，还有一部分在物体表面发生反射，如图 10-5 所示。

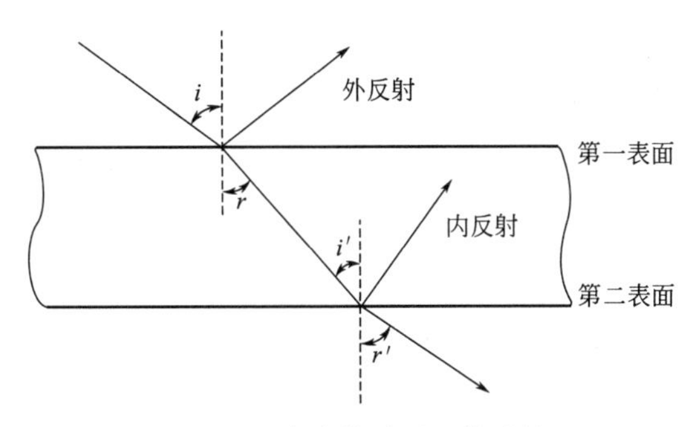

图 10-5 光在物质界面的反射

$$I_0=I_0/2[\sin^2(-r)/\sin^2(i+r)+\tan^2(i-r)/\tan^2(i+r)] \qquad (10\text{-}6)$$

式中 I_0——入射光强；

i——入射角；

r——折射角。

因为折射角 r 可表示为折射率的函数：

$$r=\arcsin(\sin i/n) \qquad (10\text{-}7)$$

则反射光强 I_r 与折射率 n 和入射角 i 有关。对于确定的材料，n 是一定的，I_r 随 i 的增大而增加。

当没有吸收或散射发生时，则反射和透射光波的能量和等于原始波的能量。同时，在垂直和平行于边界表面的方向上分别存在反射。当从临界入射角之上的较密致的介质射到较不密集的介质（即 $n_1>n_2$）时，所有的光被反射并且 $R_s=R_p=1$。

对于第一个表面，光线由光疏介质进入光密介质，r 恒小于 i。但对于第二个表面，光线由光密介质进入光疏介质，r' 恒大于 i'。当 $i'=i_c'$ 时，有可能使 $r'=90°$，此时，折射光沿着两种介质的界面掠过且强度非常弱，反射光的强度接近入射光的强度。当 $i'>i_c'$ 时，折射光消失，入射光全部反射，称作全反射。令 $r'=90°$，由折射率的定义可以得到全反射的临界条件为：

$$\sin i_{c'}=1/n \qquad (10\text{-}8)$$

根据全反射原理，在吸光性极小的光学纤维中，只要使 $i'\geqslant i_c'$，光线就不能穿过纤维表面进入空气中，故可实现在纤维的弯曲处不会产生光的透射，这也就是光导纤维应用的基础。

三、光的吸收

光从物质中透过时，透射光强 I 与入射光强 I_0 之间的关系可由朗伯-比尔定律描述：

$$I=I_0\exp(-ab) \qquad (10\text{-}9)$$

式中 b——试样的厚度；

a——物质的吸收系数，它是材料的特征量，通常与波长有关。

高分子的颜色由其本身结构、表面特征以及所含其他物质所决定。玻璃态高分子在可见光范围内没有特征的选择吸收，吸收系数 a 值很小，通常为无色透明的；部分结晶高分子含有晶相和非晶相，由于光的散射，透明性降低，呈现乳白色；高分子中加入染料、颜料或者含有杂质，均会产生颜色变化。

第三节 高分子的扩散与渗透性能

一、高分子的渗透性

在高分子材料的许多应用领域中，对气体、蒸气、液体等小分子的透过性具有重要意义。高分子材料应用于包装薄膜领域时，要求薄膜对湿气、氧、二氧化碳或带腐蚀性气体的低渗透性；应用于含湿产品的包装或含挥发物产品的包装容器时，对湿气和挥发物应具有很低的透过性；应用于轮胎产品时，材料应对空气有尽可能小的透过率。在某些应用领域中，利用高分子对不同物质的不同透过性，可使混合物质分离，例如海水淡化、天然果汁浓缩、超纯水提取或生物制品提纯或脱色。在药物的控制释放中也有广泛的应用。

高分子薄膜由于结构上总是存在针孔缺陷、微小气孔和大分子之间的间隙，不可能绝对地不透过任何气体、蒸气和液体，但不同薄膜对不同气体、蒸气、液体的透过能力却有差别。

小分子透过某高分子薄膜的能力与小分子本身尺寸及高分子膜的缺陷以及大分子间间隙大小有关，薄膜中大分子间间隙与高分子链的组成及结构有关，也与高分子的聚集态有关。处于玻璃态的无定形高分子，分子链的链段运动被冻结，分子间自由空间较小，小分子通过时的阻力较大，透过能力下降，随温度升高，高分子处于高弹态时，大分子间间隙随分子链活动性增大而增大，小分子的透过能力就增大；结晶型高分子的大分子堆砌比较紧密，且晶相的自由空间很小，小分子只能沿无定形相部分扩散，透过能力大大减小。

高分子被气体或液体（小分子）透过的性能称为渗透性。当渗透物通过高分子薄膜渗透时，先是渗透物凝结到薄膜表层并溶解，继而在浓度梯度推动下向薄膜内移动，再从薄膜另一侧表面蒸发离开薄膜。如果薄膜两侧保持恒定的压差，在经过很短的起始状态后就可达到渗透物以恒定速率透过的稳定态。

渗透率定义为渗透物在单位时间内沿薄膜垂直于渗透方向单位表面内所透过的量，可表示如下：

$$J=Q/At \tag{10-10}$$

式中 J——渗透率［质量/(面积·时间) 或体积/(面积·时间)］；
Q——渗透物透过的总量（质量或体积）；
A——薄膜面积，m^2 或 cm^2；
t——时间，s 或 h。

二、高分子的透气性

如果小分子是气体或蒸气，高分子被气体或蒸气透过的性能称为透气性。

高分子的透气性是指高分子能透过气体的能力，它由两个因素决定：一是气体或蒸气

（渗透物质）与高分子的溶解能力；二是气体或蒸气在高分子中扩散的能力。如果气体不能溶解在高分子中，就谈不上扩散和透气了，即使气体能溶解在高分子中，但扩散速度非常慢，也不存在透气性。

透气性是用透过高分子的气体体积来衡量的，但是通过的气体体积与高分子的面积、高分子的厚度、透过的时间、扩散的速度、气体透过前的压力成比例：

透过的气体体积(渗透物质的量)＝P×(高分子面积×时间×压力)/高分子厚度 (10-11)

这个比例系数 P 称为渗透系数，它的单位是$(cm^3 \cdot cm)/(cm^2 \cdot s \cdot Pa)=cm^2/(s \cdot Pa)$。

既然透气性与气体在高分子中的溶解度和扩散速度有关，在最简单的情况下应该可表示为：

$$P=SD \tag{10-12}$$

因为溶度系数 S 和扩散系数 D 都与温度有关，当然渗透系数也与温度有关：

$$P=P_0 e^{-\Delta E/RT} \tag{10-13}$$

很多渗透物质在高分子中的渗透系数为 $10^{-11}\sim10^{-16}cm^2/(s \cdot Pa)$。

气体分子本身的尺寸是很重要的，它影响气体在高分子中的扩散。影响高分子透气性的因素除了气体与高分子的溶解度和扩散系数外，还有高分子中高分子的堆砌密度，高分子的侧基结构，高分子的极性、结晶度、取向，填充剂，湿度和增塑等。例如，具有高结晶度的高分子透气性较小，因为具有有序的结构使得能穿过气体的小孔比较少。

一般来说弹性体的渗透系数最大，无定形的塑料次之，然后是半结晶的塑料。

角膜接触镜俗称隐形眼镜，角膜接触镜的制造材料，包括硬性不透气材料、硬性透气性材料、软性非亲水性材料以及水凝胶材料。其中，采用水凝胶材料制造的角膜接触镜具有佩戴舒适、透氧性好、可辅助治疗眼疾等优点，成为主要的角膜接触镜制造材料。研究发现，水凝胶角膜接触镜材料的透氧能力与其含水量成正比，并且与水凝胶中水的存在状态有关。故在保证材料强度的条件下提高其含水量，有助于提高材料的透氧能力。

三、透气性和透湿性试验

菲克第一扩散定律，在稳定态渗透中，渗透率（J）是常数，与渗透物的浓度梯度成正比。当渗透的薄膜两侧表面渗透物浓度处于平衡状态时，浓度可用环境气相的分压表示：

$$C=Sp \tag{10-14}$$

式中 S——渗透物在高分子薄膜中的溶解性系数；

p——高分子表面渗透物分压。

进一步推导可得渗透系数 P，表征材料的渗透能力，指单位时间内，在单位压差作用下透过单位厚度、单位面积材料的渗透物量。

$$P=\frac{\left(\frac{\Delta Q}{t}\right)L}{A\ (p_1-p_2)} \tag{10-15}$$

式中 ΔQ——渗透物透过的量（质量或体积）；

A——薄膜面积，m^2 或 cm^2；

t——时间，s 或 h；

L——薄膜厚度；

p_1，p_2——薄膜两侧表面渗透物分压。

该式是高分子材料（例如塑料）透气性和透湿性试验的基础。

① 透气性试验：高分子材料（例如塑料）薄膜的透气性试验，是在规定的温度和试样两侧保持一定的压差下，测量渗透过程中低压侧压力变化，计算出透气系数和透气量。

② 透湿性试验：是在规定温度和相对湿度及试样两侧保持一定蒸汽压差条件下，测定透过试样的水蒸气量，计算出透湿量和透湿系数。

具体测试方法可参考相关标准。

第四节　高分子的表面和界面性质

一、高分子表面与界面

材料与空气或其蒸气相接触的界面经常被称为材料表面，有时界面和表面也统称为表面。

材料表面与界面通常具有和材料体相不同的结构和性能，在界面层中，高分子链可能处于与本体中不同的构象，化学组成或结晶度也会有所不同，高分子熔体与空气间界面层厚度可达 1.0～1.5nm，高分子由于其链状结构，其表面性能与小分子物体不同。

高分子材料由于其各种优异的性能而在众多领域被广泛使用，如高分子基复合材料、薄膜材料、医用生物材料等，这些材料中的高分子经常与其他各种物体相接触，包括空气、金属、电解质溶液、生物组织、其他种类高分子等。不仅高分子的体相性能将影响到材料的整体性能，而且高分子与其他物体的界面性能也将直接影响材料的使用。

有些应用要求高分子材料与其他相接触的材料相互作用较弱，如日常使用的不粘锅表面的高分子涂层与食物之间不易发生润湿，而有些应用要求高分子材料与相接触的材料有较好的粘接性能，如纤维增强高分子、涂料等。

在高分子实际应用中，必须考虑到高分子的表面性能。

事实上，一些高分子材料的体相性能十分优异，但其表面性能却不理想，无法满足使用要求，这种情况下，可以通过对其进行表面处理，以期达到使用要求。表面处理实际上就是通过化学或物理方法改变高分子表面分子的化学结构，来提高或降低高分子表面张力。工业上，对高分子表面进行处理已经十分广泛，例如采用火焰或电晕处理可以提高高分子的表面张力，从而使后续加工得以进行。

虽然高分子表面与界面性能对高分子的使用性能有着十分重要的影响，但在理论上对高分子表面与界面的探索仍处于初级阶段，有些领域的研究工作才刚刚开始。

二、高分子表面与界面热力学

1. 表面张力

使液体表面紧缩，沿着液体表面，垂直作用于单位长度上的力称为表面张力。表面张力是分子间力的直接表现，表面层张力的产生是物质主体对表面层吸引的结果，这一吸引力使得表面区域的分子数减少，从而导致分子间的距离增大。增大分子间的距离则需要做功，而要使得体系回复为正常状态就需要回复功作用于体系上，因而产生了表面张力，也有了表面自由能。

表面张力的方向与物体表面平行，对于弯曲表面则与表面相切。由于物体表面存在着表面张力，要增大表面积就必须克服这一张力对体系做功。增加单位面积所需的可逆非体积功，称为比表面功。表面张力和比表面功虽然是不同的物理量，但对于纯液体而言，它们的数值和量纲恰恰相同。由于固体中分子间作用要比液体中的强，所以一般固体的表面张力要高于液体的表面张力。固体高分子的表面张力同常温下处于液态的非极性小分子物质接近，而同小分子固体的表面张力相差很大。

不同高分子的分子间作用力不同，而表面张力是分子之间相互作用的结果，因此分子之间相互作用力越大，表面张力也越大。一般而言，分子链上带极性基团的高分子表面张力较大，而只含有非极性基团的高分子表面张力较小。

温度对高分子的表面张力也有一定的影响。当温度升高时，高分子内的自由体积增加，分子间距加大，使分子之间的相互作用减弱。所以当温度上升时，许多高分子的表面张力都是逐渐减小的。大多数不相容高分子共混体系，存在着上临界共溶温度，这些体系中不同高分子之间的界面张力随着温度的升高而降低，最后在上临界共溶温度时消失，两相均匀混合。对于那些具有下临界共溶温度的高分子体系，在不相容相区时，界面张力随着温度的降低而减小，当温度降到下临界共溶温度时，界面张力消失。

高分子表面张力与数均分子量 M_n 之间的关系可表示为：

$$\gamma^{1/4}=\gamma_{\infty}{}^{1/4}-k_1/M_n \tag{10-16}$$

式中　γ_{∞}——高分子分子量无限大时的表面张力；

k_1——常数。

高分子表面张力和数均分子量之间关系的经验方程：

$$\gamma=\gamma_{\infty}-k_2/M_n{}^{2/3} \tag{10-17}$$

一般来讲，表面张力随着分子量的增大而增大，但当分子量达到 2000～3000 以上时表面张力变化很小，所以对于高分子量的高分子，分子量的影响可以忽略。

高分子的密度与表面张力之间也存在着一定的关系，这个关系称为 Macleod 关系，即：

$$\gamma=\gamma^{0}\rho^{\beta} \tag{10-18}$$

式中，γ^0 和 β 都是与温度无关的常数，β 被称为 Macleod 指数，对高分子而言，其值一般为 3.0～4.5。所以，某种给定高分子的表面张力只由其密度决定。γ^0 值取决于高分子单体单元的化学组成。

Macleod 关系可以用来分析分子量、玻璃化转变、结晶以及化学组成对高分子表面张力的影响。由 Macleod 关系可知，高分子玻璃化转变时，表面张力是连续变化的，而表面张力温度影响系数在玻璃化转变温度上下是不同的，与热膨胀系数成正比，在玻璃态时表面张力对温度的依赖性要小于橡胶态时的依赖性。在结晶前后高分子的密度发生不连续的变化，所以高分子的表面张力也是不连续的，通常高分子晶体的表面张力要远高于非晶态的。金属及其氧化物、无机物的表面自由能都比较高，而高分子固体、胶黏剂、有机物、水的表面张力都比较低。

2. 润湿

把液体和固体接触后体系吉布斯自由能降低的现象叫润湿，因此可以用自由能降低的多少来表示润湿程度。

假设单位面积的固体和液体未接触前表面自由能分别为 $\gamma_{固}$ 和 $\gamma_{液}$，接触后形成单位面积的液固界面，界面自由能为 $\gamma_{固\text{-}液}$，在恒温恒压下，接触过程中自由能降低为：

$$-\Delta G=\gamma_{固}+\gamma_{液}-\gamma_{固\text{-}液}=W_{黏} \tag{10-19}$$

式中　$W_{黏}$——黏附功，可用来衡量润湿程度，$W_{黏}$ 越大，液-固界面结合也越牢。

但液-固界面张力和固体表面张力实际上都无法用实验准确测定，经验表明，液体在固体表面形成的接触角与液体对固体的润湿能力有密切关系，在一个固体表面上的一滴液体，会形成三个相界面：固-液界面、固-气界面以及液-气界面。液滴会逐渐改变其形状，力达到平衡。图 10-6 中 O 点为气、液、固三相的交汇点，固-液界面的水平线与气-液界面在 O 点的切线之间的夹角 θ 称为接触角。

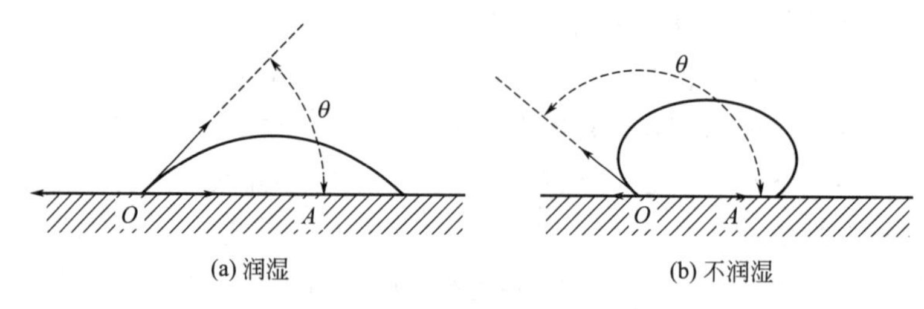

(a) 润湿　　(b) 不润湿

图 10-6　接触角

①当 $\theta<90°$时，$\cos\theta>0$，固-气界面张力大于固-液界面张力，液体对固体表面润湿，如果 $\theta=0$，则液体在固体表面完全平铺，即完全润湿固体表面；②当 $\theta>90°$时，$\cos\theta<0$，固-气界面张力小于固-液界面张力，液体趋向于缩小固-液界面面积，此时，液体对固体不润湿。

因此，从接触角的大小可以判断液体对固体的润湿能力，接触角越小，润湿能力越好，只要知道接触角的大小就可大概衡量润湿程度，故在表面科学中，接触角是一个表征表面性能的十分重要的物理量。例如，在较高温度粘接时粘接强度增大，除去其他因素，是由胶黏剂表面张力减小使得被粘物被胶黏剂润湿情况得到改善引起的。

三、高分子表面与界面动力学

一些经典的表面物理化学理论可适用于金属和陶瓷，这些无机材料要比高分子材料刚硬，因此通常假定表面分子冻结，忽略其表面的动力学性质，而常温下，高分子具有更高的运动能力，高分子的表面与界面有其特殊的动力学行为。

高分子所处的环境对高分子的表面结构有重要的影响，高分子表面的高分子能根据接触相的性质做出反应而调整结构。

高分子的链段运动和整个分子链的运动对于高分子的体相性能具有决定性的影响。对于高分子表面与界面而言，分子链从本体相扩散到界面相或者链段在界面层的重排可影响高分子合金或嵌段共聚物的结构与功能，而侧基的重新取向对表面性能具有重要的影响，例如高分子表层的官能团取向和高分子的润湿性能有密切的联系。

高分子表面及其本体的动力学行为存在着较大的差异。在表面层中，各种形式的分子运动都得到了加强，表面的各种特征转变温度可能发生改变，如玻璃化转变温度 T_g，因此，本体中侧链旋转的松弛转变温度都不能直接应用于表面和界面相中，不能简单地使用高分子体相的一些参数值来解释一些表面动力学现象。例如，一些高分子薄膜的玻璃化转变温度与其厚度有关，这种现象可以解释为高分子的表面层中“自由体积”比例高于本体相。高分子最外层分子运动能力的提高，使得表面官能团可以根据接触介质的性能发生翻转变为可能，除了分子运动自由度的提高，高分子表面一些来自空气中的水分子，起到了增塑剂的作用，进一步降低表面相玻璃化转变温度，提高了表面分子的运动能力。

经过表面处理的高分子其表面性能随着时间增加而发生劣化。一些憎水高分子的表面经过处理后具有亲水性，而这种亲水的表面具有更高的表面能，当材料与空气相接触时，表面产生一种驱动力以降低表面能，结果具有高能量的极性基团被迫朝向材料内部而使材料表面丧失亲水性。

例如，表面亲水性是材料具有良好血液相容性的表面特性之一。图 10-7 是光接枝高分子刷甲基丙烯酸酯季铵盐（PCBMA-1C2）前后及水解前后 PP 片基静态接触角的变化，可见未改性 PP 片基水接触角为 100.9°，表现为较强的疏水性质，而光接枝高分子刷 PCBMA-1C2 及水解后形成的高分子刷 PCMA 改性表面水接触角均显著降低，分别为 39.0°和 28.7°，亲水性显著增强，说明带季铵阳离子的 PP-PCBMA-1C2 及两性离子的 PP-PCMA 表面均具有优异的亲水性。

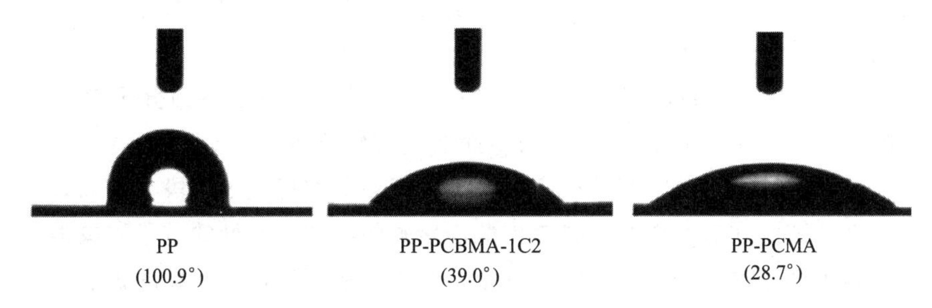

图 10-7　光接枝高分子刷 PCBMA-1C2 前后及水解前后 PP 片基静态接触角的变化

四、高分子表面改性技术简介

高分子表面改性技术一般可以分为两大类：一类是直接改变材料原有表面的化学组成；另一类是在原有表面上添加其他种类的材料，从而获得所添加材料的表面性能。

1. 表面接枝

表面接枝是将第二种高分子链通过化学键连接到原有的基体高分子表面，从而获得接枝高分子链的表面性能。可通过化学的方法或辐射方法在基体材料表面产生反应基团，利用该反应基团与单体上的反应基团反应并引发聚合反应，生成高分子链或与高分子链上的相应基团反应，使该高分子链接枝到基体材料的表面。

如果材料表面有羟基，如 PVA，可以在材料表面引入自由基；如果材料表面不存在可反应的基团，需对材料表面进行化学处理或者进行辐射处理使材料表面产生自由基，进而进行接枝聚合。如对聚丙烯表面进行处理时，先将 PP 表面化，产生含有羟基的表面，然后再引发自由基聚合。

另一种常用的方法是利用辐射，如电磁辐射和粒子辐射。

2. 火焰处理

火焰处理可以将含氧官能团引入高分子表面，从而改进高分子表面的可印刷性或与涂料的黏合性。

火焰处理法既可以用于薄膜的处理，也可用于大件物体表面的处理，例如，聚烯烃是最常用火焰处理的高分子之一。相对于其他方法，火焰处理设备比较简单，另外，在处理过程中，通过对火焰气体组成、温度、火焰离高分子表面距离以及火焰扫描速度来控制改性后高分子材料的性能。

3\. 表面电晕处理

电晕处理是利用电晕效应通过高能电磁场使高分子离子化的一种表面改性方法。

聚乙烯、聚丙烯、聚苯乙烯等常用高分子的表面能很低，因而黏结性能差，一般要对其表面进行处理后才能使用，高分子表面进行过电晕处理后，表面产生的自由基与氧发生反应形成含氧官能团，使其表面润湿性能得到改善。

电晕处理可以在常压以及相对较低的温度下进行，电晕处理也可被用来对需要进行接枝处理的表面进行预处理。

工业上还经常采用其他多种技术来改变高分子材料的表面性能，例如，利用化学试剂可以氧化或者刻蚀高分子的表面。其他辐射的方法还包括紫外线处理、激光处理、X 射线处理等，可以根据需要选用。

如图 10-8 所示，扩散系数（D）与时间（t）的关系，显示了界面分子链构象对高分子扩散的影响。通过对二层高分子 PS/PS 的界面层进行特殊处理，如预剪切、脆断、电晕处理，测量了黏弹性参数与扩散时间的标度关系，发现预剪切扰乱了链段在界面处的构象并且可能使界面处部分链段在剪切作用下提前扩散；新鲜的脆断界面处的链段构象强烈影响扩散行为；而电晕处理则导致了界面处反应性基团的产生，从而加快了初期的扩散过程。

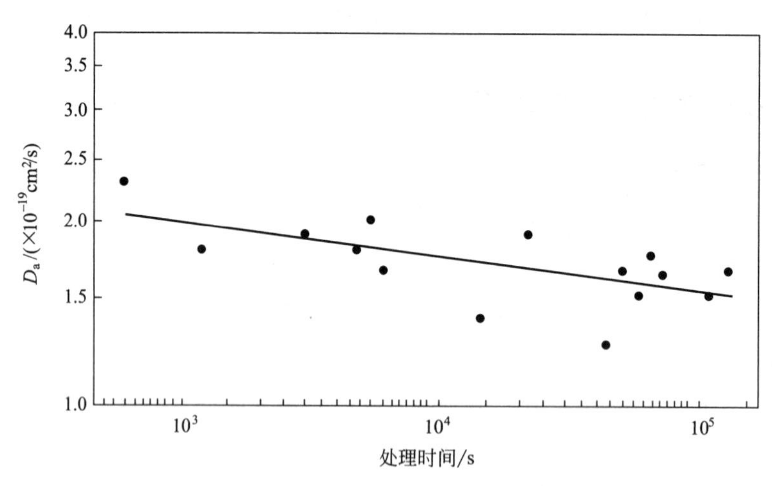

图 10-8　二层高分子 PS/PS 的界面层表观扩散系数与处理时间的关系（120℃时）

第五节　高分子的热物理性能

固体材料的热学性质泛指导热性、热膨胀、热稳定性以及物理状态随温度的变化等性质，对于高分子来说，最后一种性质显得特别重要，因为直接和使用性能关联，所有物理状态的转变都是根源于本体中分子运动形式的改变。

一、导热性

1. 热传导与热导率

热量从物体的一个部分传到另一部分，或从一个物体传到另一个相接触的物体从而使系统内各处的温度相等，就叫作热传导，热导率是材料热传导能力大小的参数，它由热传导的基本定律——傅里叶定律给出：

$$q=-KT \tag{10-20}$$

式中 q——单位面积上的热量传导速率；

T——温度沿热传导方向上的梯度。

高分子材料的热导率很小，是优良的绝热保温材料。另外，高分子加工要求在适当时间内能够把高分子加热到加工温度或者冷却到环境温度，所以热导率是高分子热性能的一个重要指标。

2. 高分子热导率的影响因素

高分子热导率对温度、结晶度和取向有一定的依赖性。高分子热导率与温度的依赖关系是比较复杂的。但总的说来，热导率随温度增加而增加；结晶高分子热导率也随结晶度而变化，一般说来，结晶高分子的热导率比非晶的大很多。

高分子的热导率受取向的影响很大。拉伸非晶态高分子，大分子链向拉伸方向倾斜，因为沿高分子链的共价键合比链间的范德瓦尔斯力强很多，因此沿拉伸方向的热导率比垂直方向的大很多，产生很大的各向异性。

另外，用热导率也能表征材料的热传导性能。热导率系指在稳定传热条件下，垂直于单位面积方向的单位温度梯度，通过单位面积上的热传导速率。热导率 λ 按下式计算：

$$\lambda=\frac{QS}{A\Delta t\Delta T} \tag{10-21}$$

式中 Q——恒定时试样的导热量；

S——试样厚度；

A——试样有效传热面积；

Δt——测定时时间间隔；

ΔT——冷热板间平均温差。

一般可以用炉热平板法测定获得高分子的热导率。

二、热膨胀

1. 热膨胀及其表征

热膨胀是由温度变化而引起材料尺寸和外形的变化。材料受热时一般都会膨胀，热膨胀可以是线膨胀、面膨胀和体膨胀，材料任何的各向异性都将对线膨胀和面膨胀产生影响，因此，通常总是测量取向最大的方向（或平面）以及垂直于该方向（平面）的热膨胀。

可以用平均线胀系数表征材料的热膨胀性能，线膨胀系数指温度每变化 1℃材料长度变化的百分率，平均线膨胀系数表示材料在某一温度区间的线膨胀特性。

平均线膨胀系数 α 按下式计算：

$$\alpha=\frac{\Delta l}{l\Delta T} \tag{10-22}$$

式中 Δl——试样在膨胀或收缩时，长度变化的算术平均值；

l——试样在室温时的长度，mm；

ΔT——试样在高低温恒温器内的温度差，℃。

2. 影响热膨胀的因素

温度升高将导致原子在其平衡位置的振幅增大，因此材料的线膨胀系数取决于组分原子间相互作用的强弱。对于分子晶体，其分子或原子是由弱的范德瓦尔斯力相关联的，因此热膨胀系数很大；而通过共价键相键合的材料，如金刚石，相互作用极强，因此热膨胀系数小很多；对高分子来说，长链分子中的原子沿分子链的方向是共价键相连的，而在垂直于分子链的方向上，近邻分子间的相互作用是弱的范德瓦尔斯力，因此结晶高分子和取向高分子的热膨胀有很大的各向异性。在各向同性高分子中，分子链是杂乱取向的，其热膨胀在很大程度上取决于微弱的链间相互作用，与金属相比，高分子的热膨胀较大。

高分子热膨胀中还有一个特殊现象，那就是某些结晶高分子（例如聚乙烯），沿其分子链轴方向上的热膨胀系数是负值，也就是说温度升高，不但不膨胀，反而发生收缩；取向的结晶性高分子沿拉伸方向上很大的负膨胀系数，来源于晶区间连接分子的橡胶弹性收缩。另外，非晶态高分子的热膨胀系数在玻璃化转变温度 T_g 前后是不一样的，并有各自的温度依赖性。

三、热稳定性

高分子材料虽然具有很多优异的性能，但也存在着一些不足之处，与金属材料相比主要是强度不高、不耐高温、易于老化，从而限制了它的使用。

尽管单纯由热引起的高分子降解不如由热氧共同作用引起的高分子降解来得普遍，但这个情况受到人们的重视，许多成型加工过程，熔融态时的高分子，往往是在封闭氧或氧气极少的螺杆中进行的，宇航和某些高新技术环境，高分子可能在完全无氧的条件下工作，热可能成为引起高分子降解的唯一因素。

1. 热降解类型

从机理来看，热降解可分为三大类。

（1）解聚反应（又称拉链降解） 降解开始于分子链的端部或分子中的薄弱点，相连的单体链节逐个分开，形成唯一的产物，即单体。这类降解，单体迅速挥发，高分子的分子量变化很小，而高分子质量损失较大。在降解到一定程度时，高分子质量几乎完全损失，高分子的分子量方急剧降低。例如，聚甲基丙烯酸甲酯的热降解。

（2）无规断链反应 热造成高分子无规则地断链，反应的主要产物是低分子量的高分子。这类降解的主要特点是分子量迅速下降，初期高分子质量基本不变。当反应到一定程度时，产生大量的低分子挥发，高分子质量则迅速损失。例如，聚乙烯的热降解。

实际上，许多高分子在热降解时往往处于这两种类型之间，即不仅有解聚反应也有无规断链反应。

（3）主链不断裂的小分子消除反应 高分子的降解始于侧基的消除，形成的小分子不是单体。待小分子消除至一定程度，主链薄弱点增多，最后发生主链断裂，全面降解。最典型的例子是聚氯乙烯的热降解。

此外，还有如聚乙烯醇热降解初期发生脱水的消除反应、聚甲基丙烯酸叔丁酯在热降解时发生脱异丁烯的消除反应等，这种小分子的消除反应，并不一定从端部开始，可以是无规消除反应。

2. 热稳定性与高分子化学结构的关系

① 含有季碳原子链节的高分子在热降解时，单体产率高，而高分子链节中含氢原子较多的单体产率就低。可以认为，其主要原因是热降解反应一般都是自由基反应，当带有独电子碳原子是季碳原子时，自由基反应只能是分子内的歧化反应，也就是说必是解聚反应，则产物必定是单体。

② 含离解能越高的键越不易断裂，即含有高离解能键的高分子有较高的耐热降解性。芳香族结构中碳原子间的键能比相应脂肪族的键能强；氧或氮原子与硅、硼或碳原子的杂原子键能特别强。

③ 分子结构和稳定性的关系研究表明，链的不饱和性和立体异构现象对热稳定性影响很小，而取代基的位阻效应则会降低分解温度，交联可以提高高分子的热稳定性。

3. 高分子热降解的稳定化

提高塑料材料的耐热性，可以通过增加高分子链的刚性、高分子结晶以及交联，即所谓马克三角原理。

（1）改变结构的方法达到热稳定化　人们从实践中总结出了耐热性与分子结构之间的定性关系，探索了提高高分子耐热性的可能途径，并已合成了一系列比较耐高温的高分子材料。

对于晶态高分子，链刚性越大，熔融温度越高，例如芳香族聚酯、芳香族聚酰胺、聚苯醚等都是优良的耐高温高分子材料；结构规整的高分子以及那些分子间相互作用（包括偶极相互作用和氢键作用）强烈的高分子均具有较大的结晶能力，当高分子的分子骨架的取代基团对称时，高分子易于结晶，如聚四氟乙烯；单烯类高分子，由于分子链比较柔顺，即使在较低的温度，链段也能自由运动，因此玻璃化转变温度都较低，但如果它们分子结构规整，就能够很好地结晶，可大大提高耐热性和其他物理力学性能；高分子由于交联阻碍了分子链的运动，从而提高了高分子的耐热性，例如辐射交联聚乙烯的耐热性可提高到250℃，超过了普通聚乙烯的熔融温度，具有交联结构的热固性塑料，一般都具有较好的耐热性。

（2）加入热稳定的添加剂达到热稳定化　提高高分子的热稳定性，最简单的方法就是使用热稳定添加剂，或称热稳定剂。它可以防止高分子在加工和使用中由于受热而发生的降解。

热稳定剂有两种类型的作用：一种是与高分子的分子中最活泼的键反应，生成较强的键，从而提高高分子的热稳定性，例如用酯化剂或醚化剂除去缩醛（聚甲醛）中的不稳定端羟基，大大提高了聚甲醛的热稳定性，另一种是可中断热降解的链式反应，例如使用自由基捕捉剂稳定聚甲基丙烯酸甲酯。

聚氯乙烯、聚乙烯共聚物、氯丁橡胶等高分子，在加工和使用的过程中必须加入热稳定剂，尤其是聚氯乙烯所用的热稳定剂的研究已经形成一个独立的研究分支，热稳定剂的生产也已工业化。

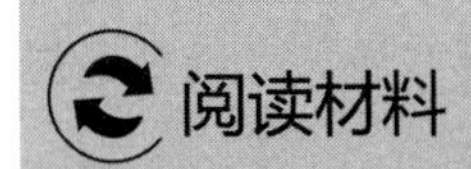

现代石油化工和高分子合成材料的功臣——齐格勒和纳塔

1963年的诺贝尔化学奖，由卡尔·齐格勒（Karl Ziegler）和居里奥·纳塔（Giulio Natta）共享，他们分别发明了聚乙烯催化剂和聚丙烯催化剂。

卡尔·齐格勒（1898.11.26—1973.8.12），德国有机化学家，1923年获马尔堡大学化学博士。先后在法兰克福大学、海德堡大学、哈雷大学等任教授、化学系主任和校长。1938年获利比希奖章，1943年起担任威廉皇家煤炭研究所所长。他的研究领域包括有机自由基、有机金属化合物、聚合以及多环化合物等，共发表了200多篇重要科学论文。

齐格勒发现了环同合成反应（亦称齐格勒环化反应）和沃耳-齐格勒溴化反应，取得了铝有机化合物与烯烃反应的重要研究成果；齐格勒首次阐述了丁二烯聚合为橡胶的反应历程；他发现用烷基铝和四氯化钛为催化剂，乙烯可在常压下高收率地聚合，制得具有高强度和高熔点的高密度聚乙烯，1955年，联邦德国建成了世界上第一套高密度聚乙烯生产装置；齐格勒还成功研制了“以金属铝、氢和烯烃直接合成三乙基铝、三异丁基铝等烷基铝”、“乙烯在烷基铝存在下齐聚、水解，制成高碳伯醇”、“乙烯（或α-烯烃）经催化二聚反应生成1-丁烯（或高碳α-烯烃）”等成果，均获得工业应用。卡尔·齐格勒治学严谨，实验娴熟，虽然公务繁杂，但总是亲自动手，经常日夜连续在实验室工作，他在科学实验时有勇敢的献身精神，在试制金属有机化合物的最初阶段，宁愿自己一个人留在实验室现场，而让其他人躲避以防止意外事故发生。

居里奥·纳塔（1903.2.26—1979.5.1），意大利杰出的化学家，纳塔1924年获米兰工学院博士学位。1933年任帕维亚大学教授，两年后任罗马物理化学研究所所长；1937年任都灵大学工业化学系教授；1938年后任米兰工业化学研究所教授，兼任所长。纳塔是一位干练的组织者，善于处理应做、必要做和能做的一切研究事务。他对待研究工作实验重于理论，事实重于假设，并且极其偏重于独特的直观知识。

纳塔在对晶体结构进行的X射线研究，及其化学结构方面问题的解决，为米兰研究所在研究新一类大分子的产生及其结构方面迅速取得丰硕的结论性成果创造了条件。他是应用X射线及电子衍射研究无机物和有机物的结构开拓者之一，后来又成功地研究了一氧化碳催化加氢制备甲醇和甲醛。1938年，他以1-丁烯脱氢制成丁二烯，发展了合成橡胶单体的制备方法。1954年3月，纳塔对丙烯烃、1-丁烯和苯乙烯的立体有规聚合作用有了重大发现。纳塔在齐格勒的研究工作基础上，发现了立体定向聚合物——聚丙烯，并首先制成了分子结构高度规整的聚1-丁烯和聚甲基戊烯，开创了立体定向聚合的新领域。1957年，他直接参与了在意大利建立的世界上第一套聚丙烯生产装置，并首创以钒卤化物和烷基铝为催化剂，使乙烯和丙烯共聚制得无规结构的乙丙橡胶，随后意大利建成了世界上第一套乙丙橡胶小型生产装置。

齐格勒和纳塔对现代石油化工和高分子合成材料的发展，做出了无法估量的贡献，他们所开创的配位催化聚合和立体定向聚合，及其在烯烃、二烯烃及乙烯基单体聚合方面的应用，为高分子科学和工艺发展开创新的里程碑，被称为齐格勒-纳塔催化剂及齐格勒-纳塔聚合，两人因此共同获得1963年诺贝尔化学奖。

资料参考：

[1] 钱延龙，黄青玲．发展现代化工的伟大功臣——纪念齐格勒逝世20周年（续）[J]．化学世界，1994（05）：273-275.

[2] 周兰．卡尔·齐格勒与居里奥·纳塔[J]．化学工程师，1991（05）：2.

[3] 邹宗柏．诺贝尔化学奖获得者、聚丙烯王纳塔·G[J]．化工时刊，1991（09）：47，44.

[4] 王伯英．K．齐格勒博士和G．纳塔博士的业绩[J]．化学通报，1981（01）：54-59.

[5] C. E. H. Bawn，王慧娟，冯秋明．意大利杰出化学家——居里奥·纳塔（1903—1979）[J]．世界科学译刊，1980（02）：57，46.

思考题

1. 解释下列概念

极化　介电常数　介电损耗　介电松弛　掺杂　热导率　热膨胀系数　非线性光学性能　表面张力

2. 什么是高分子驻极体？它有哪些特点？

3. 什么是导电性复合材料？它有哪些特点？

4. 高分子在外电场中的极化有哪几种形式？极化的机理和特点是什么？

5. 高分子的介电松弛和力学松弛有什么异同点？

6. 举例说明电子导电高分子和离子导电高分子导电能力的特征有哪些。

7. 举例说明提高高分子材料透明性的途径。

8. 如何表征高分子的耐热性和热稳定性？哪些方法可以提高高分子的耐热性和热稳定性？

9. 高分子成型的上限温度是什么？为什么结晶性高分子的成型加工温度比无定形高分子的成型加工温度范围窄？

10. 举例说明高分子表面改性技术的原理和应用。

习题

1. 结构型导电高分子的分子结构与导电性关系如何？

2. 解释高分子的耐热性和热稳定性的含义。如何提高高分子的耐热性和热稳定性？

3. 试述提高高分子透明性的途径。

4. 试讨论表面处理手段有哪些？这些处理手段是基于何种机理？

5. 介电性能和动态力学性能有哪些表观相似性？

第十一章

高分子物理的分析与研究方法简介

高分子物理的分析与研究方法很多，各种分析测试仪器日新月异，本章主要举例介绍几种分析方法在高分子的分析和结构研究方面的应用，其他方法可参考相关的专业书籍。

第一节　质谱法

一、质谱法的基本原理

质谱法（mass spectrometry）是使有机分子电离、碎裂后，按离子的质荷比（m/z）大小把生成的各种离子分离，检测它们的强度，并将其排列成谱。而离子按其质荷比大小排列而成的谱图则称作质谱图（mass spectrum）。质谱图的横坐标是离子的质荷比（m/z），纵坐标是离子的相对强度（或称相对丰度），谱图中最重要的峰是分子离子峰 M^+。

质谱峰是有机化合物结构分析的重要方法之一，它能准确地测定有机物的分子量和离子的质量，提供分子式和其他结构信息：

① 以官能度为特征，可以确定未知高分子、残留的易挥发物和胶黏剂。

② 测定高分子的绝对分子量。

通常，对测定低分子量化合物的分子量十分有用的经典质谱方法，对高分子量化合物却不适合，因为将处于凝聚态的大分子以分离的、离子化的分子转换到气相是相当困难的。但是新的离子化技术的发展使得该法不仅能够表征低聚物，区别环线结构，也成为测定合成高分子、生物大分子分子量和分子量分布的有力工具。

二、质谱公式

首先是将试样在电子束的轰击下电离成离子，并使它们在电场作用下加速运动。离子在电场中获得的动能等于电场对它所做的功，因此对质量为 m 的离子来说：

$$mv^2=2Ee \tag{11-1}$$

式中　E——电场强度；

　　e——离子所带电荷。

则离子运动的速度为：

$$v=(2Ee/m)^{1/2} \tag{11-2}$$

具有一定动能的离子再经过一垂直离子运动方向均匀磁场，离子在磁场的作用下，改变运动方向作半径为 r 的圆周运动，离子运动的离心力当然与磁场对它作用的向心力相等，即：

$$mv^2/r=Hev \tag{11-3}$$

式中　H——磁场强度。

经过整理可获得经典的质谱公式：

$$m/e=r^2H^2/2E \tag{11-4}$$

如果磁场强度 H 和电场强度 E 不变，根据质谱公式，不同质荷比（m/e）的离子将沿着半径 r 不同的圆弧运动。也就是说，具有一定动能的离子，可通过磁场的作用，按质荷比的大小不同被分离开来。然后通过微电流放大器将各种不同离子的浓度记录下来，或者通过离子感光板拍摄成各种强度不同的谱线，根据谱线的位置和强度可进行定性和定量分析。

三、质谱仪

质谱仪分析应该包括以下四个部分：

① 在电场作用下使试样电离成离子；

② 粒子在电场作用下产生加速运动；

③ 不同质荷比的离子在磁场作用下进行分离；

④ 离子流的检测。质谱仪要求在高真空下进行操作，以减少气体分子和离子碰撞所引起的复杂情况。

高分子一般难以直接用质谱分析，因为分子量太大。一般质谱只能测定分子量几千的化合物。因此，有机质谱法（MS）常用于鉴别高分子中的添加剂，例如塑料中的增塑剂、防老剂等。如果要研究高分子本身的结构，则需要在质谱仪前面装有热解器，或者把热解器装在质谱仪内部，使高分子先热解成低分子后再进行质谱鉴定。

MS 通过与各种分离手段的结合，能够分离分析许多复杂的高分子材料。譬如色质联用（GC-MS、LC-MS）用于分析混合添加剂。而裂解色谱-质谱（PGC-MS）联用则能分析高分子本身。它通过检测分析经裂解、分离后的高分子碎片离子来对高分子材料进行全面的剖析，目前已经有效地应用于研究高分子的单体、共聚单体间的连接、高分子的热降解及其产物和微量添加剂的分析等方面，对于高分子的定性、结构研究和加工条件的选择等是十分有用的。

带支链的聚酯的质谱图见图 11-1，含有四个不同重复单元共聚物的分解机理见图 11-2，含有四个不同重复单元的共聚物的质谱见图 11-3。

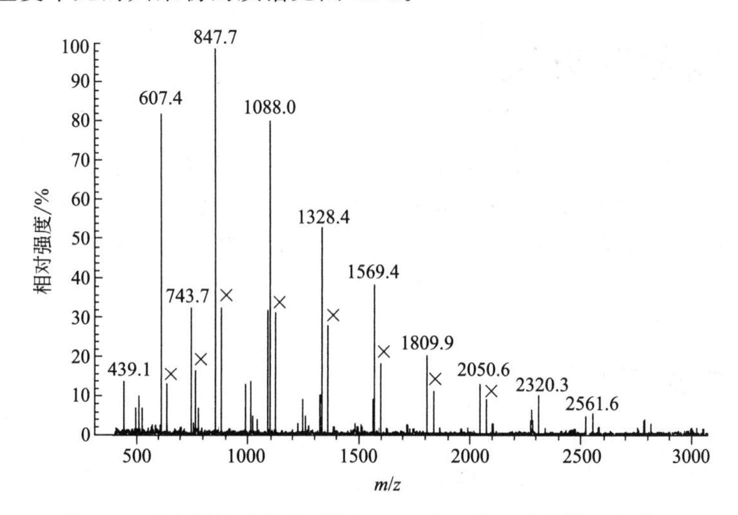

图 11-1　带支链的聚酯的质谱图（其中×表示由支链引起的峰）

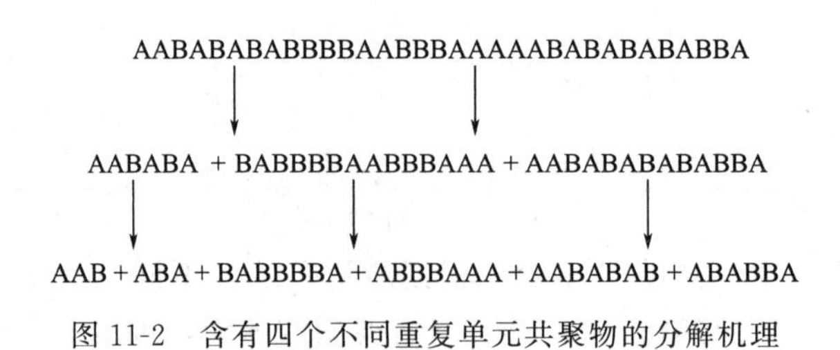

图 11-2　含有四个不同重复单元共聚物的分解机理

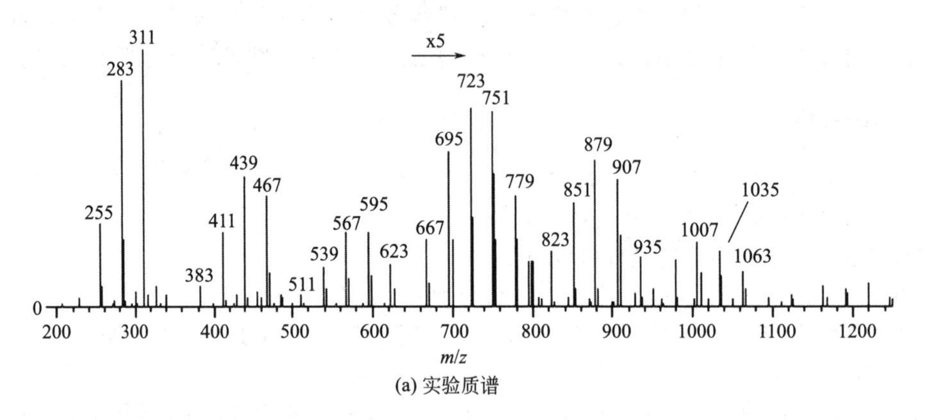

(a) 实验质谱

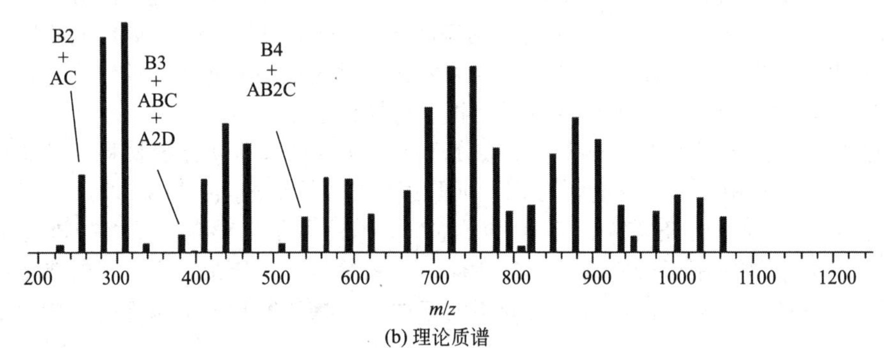

(b) 理论质谱

图 11-3　含有四个不同重复单元的共聚物的质谱

第二节　核磁共振法

核磁共振波谱与红外光谱一样，本质上都是一种吸收光谱。红外光谱法是分子的振动和转动能级的跃迁产生的吸收光谱，而核磁共振波谱是分子中原子核自旋能级的跃迁产生的吸收光谱，前者的吸收频率在红外光频率区域，而后者的吸收频率较低，在射频区（10^7～10^8 Hz）。核磁共振波谱（nuclear magnetic resonance，NMR）是一种分析高分子的微观化学结构、构象和弛豫现象的有效手段。

一、核磁共振波谱的基本知识

（1）原子核的磁矩和自旋角动量　原子核是带正电荷的粒子，多数原子核能绕核轴自旋，形成一定的自旋角动量 P。这种自旋就像电流流过线圈一样能产生磁场，因此具有磁矩 μ。它们的关系可用下式表示：

$$\mu=\gamma P \tag{11-5}$$

式中 γ——磁旋比，是核的特征常数；

μ——核磁矩，以核磁子 γ 为单位。

依据量子力学的观点，自旋角动量是量子化的，其状态是由核的自旋量子数 I 所决定的。产生核磁共振的首要条件是核自旋时要有磁矩产生，也就是说，只有当核的自旋量子数 $I\neq0$ 时，核自旋才能具有一定的自旋角动量，产生磁矩。

(2) 原子核在外加磁场作用下的行为　在一般情况下，原子核的磁矩可以任意取向。当把原子核放入均匀磁场中时，核磁矩就不能任意取向，而是沿着磁场方向采取一定的量子化取向。

核磁矩在磁场中的取向数，可用磁量子数 m 来表示，m 的取值为 I，$(I-1)$，$(I-2)$，…，$-I$，换言之，核磁矩可有 $(2I+1)$ 个取向，而使原来简并的能级分裂成 $(2I+1)$ 个能级，每个能级的能量可由下式确定：

$$E=-\mu_H H_0 \tag{11-6}$$

式中 H_0——外加磁场强度；

μ_H——磁矩在外磁场方向的分量。

(3) 弛豫过程　当核吸收电磁波能量跃迁到高能态后，如果不能回复到低能态，这样处于低能态的核逐渐减小，吸收信号逐渐衰减，直到最后核磁共振不能再进行，这种情况称为饱和。因此，如果要使核磁共振继续进行下去，必须使处于高能态的核回复到低能态，这一过程可以通过自发辐射实现，自发辐射的概率和两个能级能量之差成正比。

对于一般的吸收光谱，自发辐射已经很有效，但在核磁共振波谱中，通过自发辐射的途径使高能态核回复到低能态的概率很低，只有通过一定的无辐射的途径，使高能态的核回复到低能态，这一过程称为弛豫。

弛豫过程的能量交换不是通过粒子之间的相互碰撞来完成的，而是通过在电磁场中发生共振完成能量交换。激发和弛豫是两个过程，有一定的联系，但弛豫并不是激发的逆过程，没有对应关系。

二、核磁共振波谱仪

核磁共振波谱仪有两种形式：一种是连续波核磁共振波谱仪；另一种是傅里叶变换核磁共振波谱仪。

连续波核磁共振波谱仪的缺点是扫描速度太慢，样品用量也比较大。傅里叶变换核磁共振波谱仪，其特点是照射到样品上的射频电磁波是短而强的脉冲辐射，并可进行调制，从而获得使各种原子核共振所需频率的谐波，可使各种原子核同时共振。

三、NMR 在高分子研究中的应用

NMR 是高分子研究中很有用的一种方法，它可用于鉴别高分子材料、测定共聚物的组成、测定高分子立构规整性、研究动力学过程等，在研究共聚物序列分布和高分子立构规整性方面有突出的特点，只要有足够的分辨率，可以不用已知标样，直接从谱峰面积得出定量计算结果。NMR 的应用举例见图 11-4 和图 11-5。

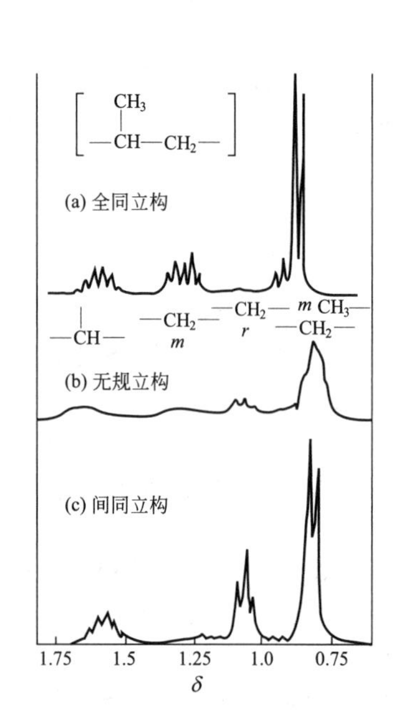

图 11-4 聚丙烯 200MHz ^{1}H NMR 的光谱

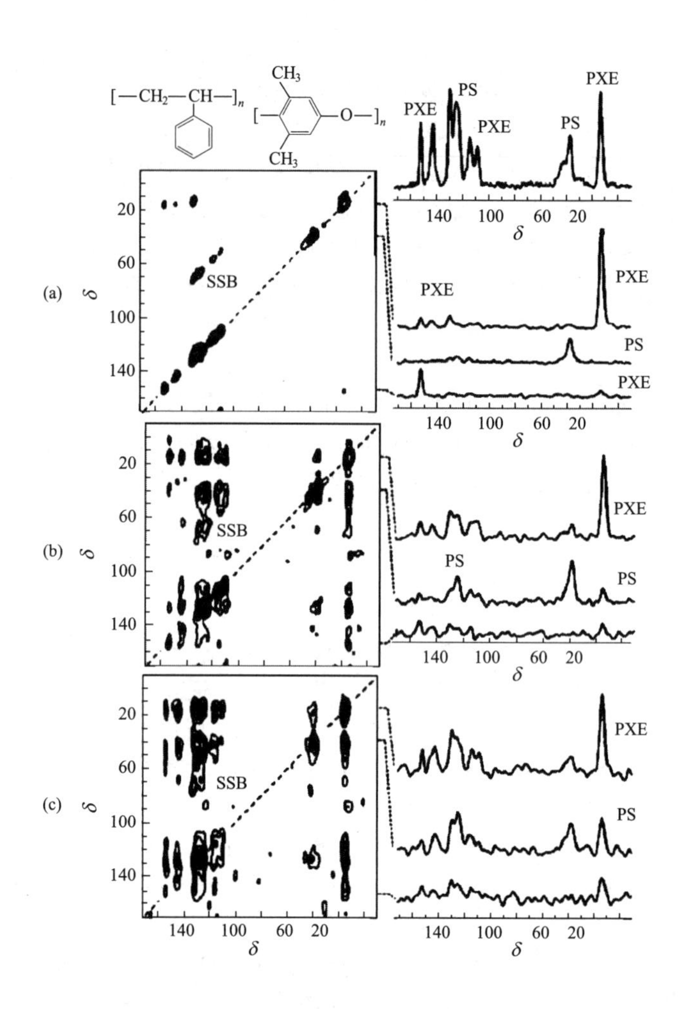

图 11-5 利用自旋扩散（spin-diffusion）NMR 技术分析 PS/PXE［poly(2,6-dimethylphenyleneoxide)］不同混合时间共混物的结构

第三节 广角 X 射线衍射和 X 射线小角散射法

X 射线分析方法发展很快，至今已形成了三种完整的应用技术：X 射线形貌技术（radiography）、X 射线光谱技术和 X 射线衍射技术（X-ray diffraction，XRD）。其中，X 射线衍射技术是利用 X 射线在晶体、非晶体中的衍射与散射效应，进行物相的定性和定量分析、结构类型和不完整性分析的技术。

X 射线的波长位于 0.001～10nm，与物质的结构单元尺寸数量级相当。由于在各种测量方法中，X 射线衍射技术具有不损伤样品、无污染、快捷、测量精度高、能得到有关晶体完整性的大量信息等优点，因此，X 射线衍射技术成为物质结构分析的主要手段，被广泛应用于物理学、化学、医药学、材料学、高分子科学、地质学和矿物学等学科领域。

如果试样具有周期性结构（晶区），则 X 射线被相干散射，入射光与散射光之间没有波长的改变，这种过程称为 X 射线衍射效应，若在大角度上测定，则称为广角 X 射线衍射（wide angle X-ray diffraction，WAXD）。

如果试样具有不同电子密度的非周期性结构（晶区和非晶区），则 X 射线被不相干散射，有波长的改变，这种过程称为漫射 X 射线衍射效应（简称散射），若在小角度上测定，则称为小角 X 射线散射（small angle X-ray scattering，SAXS）。

一、X 射线衍射的基本原理

X 射线和光一样是一种电磁波，但波长更短，位于 0.01～10nm。但在高分子的 X 射线衍射方法中所使用的 X 射线波长一般在 0.05～0.25nm，因为这个波长与高分子微晶单胞长度 0.2～2nm 大致相当。

X 射线由 X 射线管（见图 11-6）产生，管内抽成真空。灯丝加热产生的热电子在高压电场（20～70kV）下获得很大的动能，高速飞向用铜、钼、钨等金属做成的靶极。当高速电子冲击阳极靶时，则产生 X 射线。

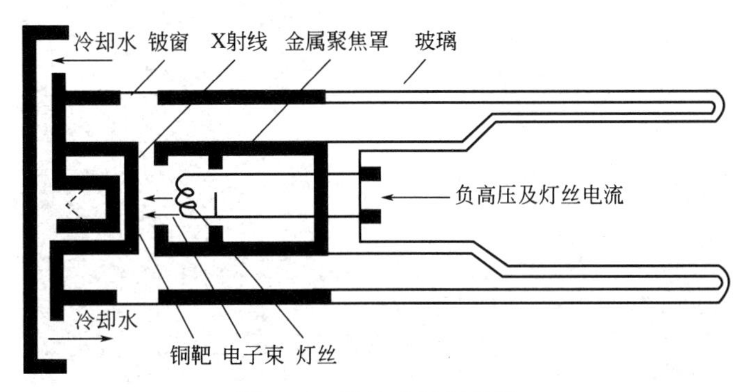

图 11-6 密封式 X 射线管

由 X 射线管发出的 X 射线包含两部分：一部分是具有连续波长的“白色”X 射线，称为连续谱或“白色”谱；另一部分是由阳极金属材料成分决定的波长确定的特征 X 射线，称为特征谱，也称为单色谱或标识谱，产生特征 X 射线的原因是原子中电子的跃迁。

X 射线衍射原理可以归纳为：当晶体被 X 射线照射时，各原子中的电子受激而同步振动，振动着的电子作为新的辐射源向四周放射波长与原入射线相同的次生 X 射线，这个过程就是相干散射的过程。因原子核质量比电子质量大很多，所以可假设电子都集中在原子的中心，则相干散射可以看成是以原子为辐射源。单个原子的次生 X 射线是微不足道的，但在晶体中存在按一定周期重复的大量原子，这些原子所产生的次级 X 射线由于存在恒定的位相关系，所以会发生干涉现象。干涉是由于从不同次生光源射出的光线间存在光程差引起的，只有当光程差等于波长整数倍时光波才能互相叠加，在其他情况下则减弱，甚至相互抵消。

只有晶体条件满足下式（布拉格方程）的情况下，相互叠加的光波才能有足够的强度被观察到。

$$n\lambda = 2d\sin\theta \tag{11-7}$$

当用单色 X 射线测定时，波长是已知的，掠射角 θ 可从实验求出，因此可求得晶面间距 d。式中 n 为正整数，称为衍射级数。

布拉格反射条件见图 11-7。

为了获得晶体的衍射谱图及衍射数据，必须采用一定的衍射方法。对于不同的衍射方法，其测量和计算衍射数据的方法也不同，最基本的衍射方法有三种：劳厄法、转晶法、粉晶法。具体方法可以参考相关专业书籍。

X 射线衍射仪由 X 射线发生单元、测角仪和计数器（强度检测单元）组成（见图 11-8）。

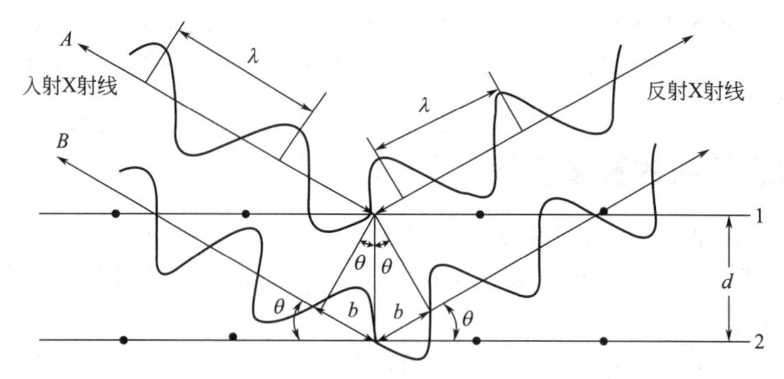

图 11-7 布拉格反射条件

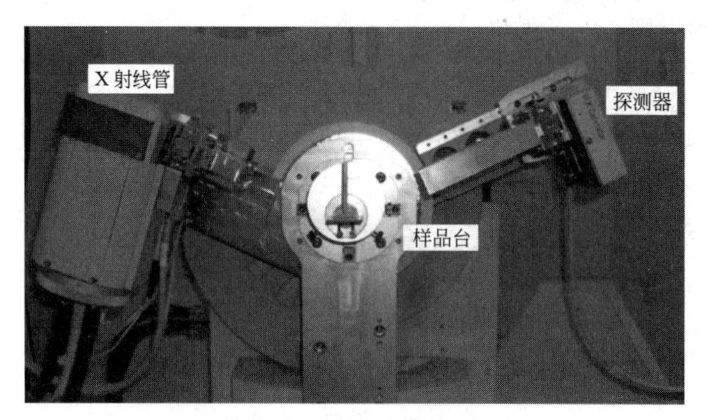

图 11-8 X 射线衍射仪

二、广角 X 射线衍射在高分子材料研究中的应用

广角 X 射线衍射在高分子材料研究中的应用，一般可分为两大类。

(1) 结晶高分子材料的定性鉴别 利用 WAXD 对结晶高分子材料进行物相分析和鉴定，理论上均可通过众多衍射线条的“指纹”特征来进行定性分析，还可借助于标准样品和有关文献给出的粉晶衍射数据。但在实际的测试工作中，因为高分子材料的衍射峰很少，峰形较宽，而且常常受非晶弥散峰重叠的影响，给鉴定工作带来困难。所以，X 射线方法在高分子材料定性方面的应用是很有限的，往往要求助于红外光谱、核磁共振、裂解气相色谱等其他测试工具。但对一些通用的结晶高分子材料，如聚乙烯、聚丙烯、聚四氟乙烯、尼龙 6 和尼龙 66、聚甲醛和聚酯等，可以用 X 射线衍射方法进行鉴定，无须破坏试样，快速而方便。

(2) 聚集态结构参数的测定 利用 WAXD 可以测定高分子的结晶度和微晶大小。

结晶高分子实质上都是半结晶的，其 X 射线衍射是结晶区和非晶区两相贡献的总和。可通过手工或计算机把衍射曲线中结晶峰与非晶峰两类峰分开，然后计算结晶度，这种方法称为分峰法；结晶度的另一种求法无须分峰，假定非晶散射曲线的强度随非晶含量变化成正比，主非晶漫射峰不受晶相衍射峰严重干扰，所以，只需在非晶散射区选定某一衍射角，测定完全非晶标准样品的散射强度和待测试样的散射强度，用近似公式求得结晶度。

高分子材料的物理性质除了与结晶度有关外，还常与其微晶大小有关。根据 X 射线衍射方法测量微晶大小的理论，当高分子微晶尺寸接近入射 X 射线波长时，衍射线条宽化，随着微晶尺寸的减小，衍射线条越来越弥散。当高分子材料的微晶尺寸在 0.25nm 以下时，不再对入射 X 射线产生相干散射，而仅仅是产生背景散射，因此就认为此材料为非晶态高分子。

此外，WAXD 还可用于研究高分子结晶结构，如确定晶体取向的类型和程度，测定晶胞的形状和大小，测定晶胞中的原子数目及其位置，测定点阵类型及对称情况等。POM 的 X 射线衍射如图 11-9 所示。

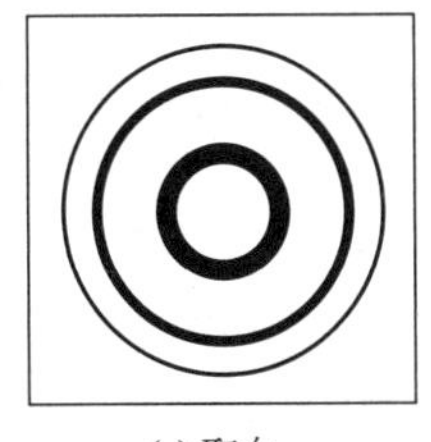

(a) 取向

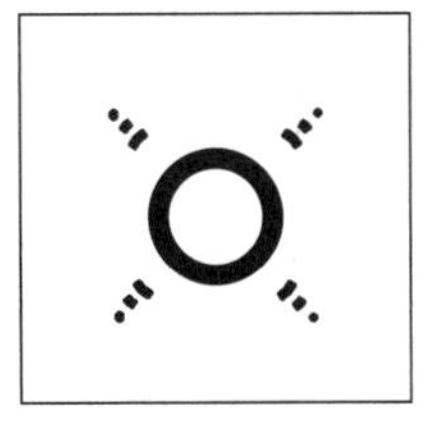

(b) 未取向

图 11-9 POM 的 X 射线衍射

图 11-10 是采用 1D WARD 衍射仪对样品进行赤道扫描的结果，研究静电纺丝过程中不同阶段的静电纺丙烯腈（PAN）纳米初生纤维，及经历不同牵伸倍数的牵伸 PAN 纳米初生纤维的晶态结构及晶区取向情况。样品在 2θ 角为 16.7°有一强衍射峰，该峰对应于 PAN 纳米纤维中六方晶格的（100）面，并随着静电纺丝及牵伸过程的进行而变强。

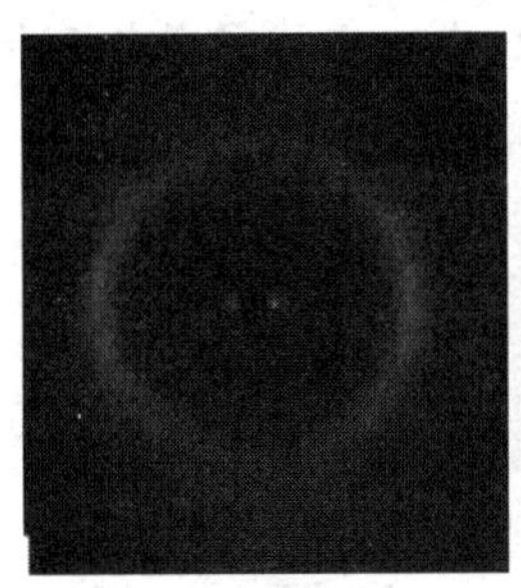

图 11-10 静电纺丙烯腈（PAN）纳米初生纤维 WARD 衍射

三、X 射线小角散射法及其应用

X 射线小角散射法是在靠近原光束附近很小的角度内，电子对 X 射线的相干散射现象。SAXS 的物理实质在于散射体和周围介质的电子云密度的差异。小角散射花样、强度分布与散射体的原子组成以及是否结晶无关，仅与散射体的形状及大小分布有关。X 射线小角散射仪见图 11-11。

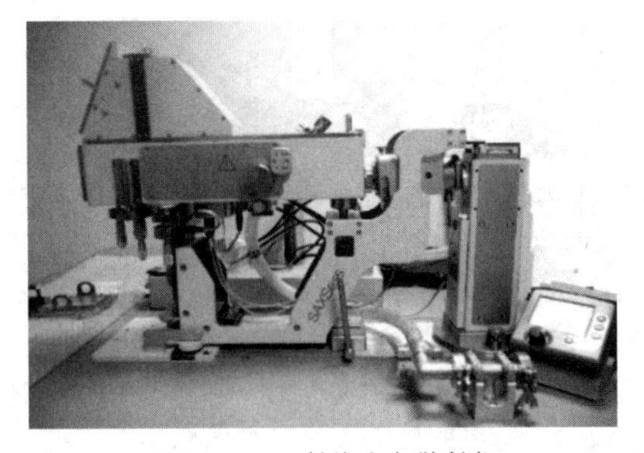

图 11-11 X 射线小角散射仪

虽然都是以 X 射线为光源，但在仪器的构造、测试的原理和应用范围上，SAXS 与 WAXD 都有很大的差异。WXAD 的衍射角（又称为布拉格角）$\theta=10°\sim30°$，而 SAXS 的散射角 $\theta<2°$。

X 射线的散射是由体系的光学不均匀性引起的，类似于日光照射大气中的尘埃和水蒸气颗粒时产生可见的散射光。如果颗粒或孔洞尺寸为几个微米，且分散在均匀的介质中（如高分子溶液），则以 X 射线作为入射光源，因为 X 射线的波长远远小于可见光，只能在很小的范围内（$\theta<2°$）观察到光的散射，散射光的强度和角度依赖性都与这些颗粒的尺寸、形状、分布情况有关。

利用 SAXS 对 X 射线小角散射进行测定，可研究高分子溶液中高分子的尺寸和形态，研究固体高分子中的空隙尺寸和形状等。同时，利用小角度范围内的 X 射线衍射效应，还可以研究高分子样品中长周期（数纳米到几十纳米）的结构，如晶片尺寸、共混物和嵌段共聚物的层片结构等。

例如，随温度变化 PEO 的片晶变化如图 11-12 所示，通过解析 SAXS 图可计算散射峰所对应的长周期和温度变化的关系。在升温过程中，图中出现的散射峰对应的长周期保持不变或者增加，即表明 PEO 片晶的厚度保持不变或者增加了。从 30℃到 50℃，$0.45nm^{-1}$ 峰对应的片晶长周期为 14.0nm，没有明显的变化。从 50℃开始，片晶开始逐渐增厚，50℃时为 14.20nm；54℃时为 15.40nm，接近 PEO 一次折叠链长（15.81nm）；到 58℃时已经达到 16.50nm，折叠链长度介于一次整数折叠链长度与伸直链长度之间。这是一个典型的升温过程中出现的片晶增厚现象。

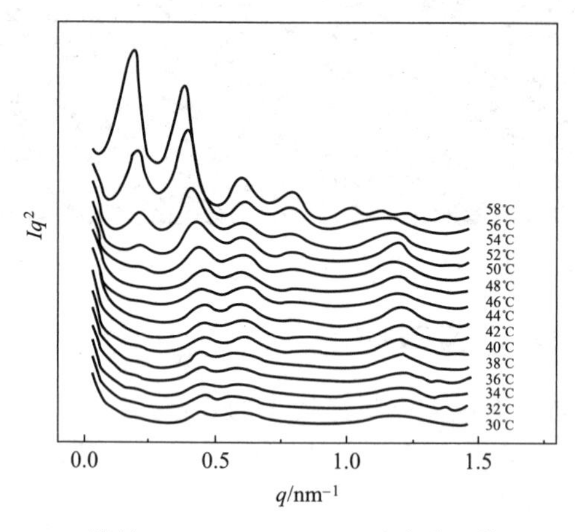

图 11-12 线性 PEO（$M=5000$）逐步升温的 SAXS 图

阅读材料

软物质物理学创始人——皮埃尔·吉尔·德热纳

皮埃尔·吉尔·德热纳（Pierre-Gilles de Gennes，1932.5.24—2007.5.18），法国物理学家。德热纳于 1957 年获博士学位，1955～1961 年在法国萨克原子能委员会、美国加州大学伯克利分校从事中子散射与磁性物质研究，1961～1971 年任巴黎大学教授，1971 年起任法兰西公学物理教授，1976 年起任巴黎理化学院院长。

他获得了 1991 年度诺贝尔物理学，因为他发现了“为研究简单体系中的有序现象而创造的方法，能推广到比较复杂的物质形式，特别是推广到液晶和高分子”，他表明了“在诸如磁体、超导体、液晶和高分子溶液等，明显地大不相同的物理体系中的相变，能够以具有惊人广泛的普遍性的数学词句来说明”。

20世纪60年代，德热纳开始进行液晶领域的研究，作为材料理论家，他惯于严格的数学推导，但他又总是以一定的实验事实为依据，由实验上升到理论，德热纳对液晶研究的首要贡献是阐明向列相液晶的所谓散射出来的反常光现象。他于1974年出版的世界上第一本《液晶物理》成为液晶领域的权威著作，为他后来获诺贝尔奖奠定了基础。

20世纪70年代末，他的兴趣又从液晶转入另一新领域——高分子物理。正当现代物理学的研究沿着尺寸越来越小的微观理论发展时，德热纳却注意到宏观理论研究的意义，他的重大发现在于：在高分子排列中“无序中的有序”和磁矩系统从有序转向无序的条件之间有惊人的相似，从而在相变的普遍物理理论的基础上，开辟了“对高分子极其复杂的有序现象进行新描述”的道路。德热纳在高分子科学领域的贡献有三个方面：溶液中柔性无规线团的构象及统计，他完成了将磁相变现象与高分子问题相联系的定理的证明；缠结线团的动力学，他首创的蛇行模型（reptation）概念已为学术界广泛接受。这个思想是一切高分子熔体理论的基础；高分子界面行为，他研究了吸附轮廓图及有关实验和界面动力学特征。

特别是1979年出版的“高分子物理的标度概念”，以标度概念为主线阐述了高分子的静态构象、动力学与计算方法三大方面内容，均概括于标度的统一理论框架之中，并以极其简明的语言和普适的幂函数规律深刻揭示了大分子特有的运动形式和规律，成为高分子研究领域的经典著作。

进入20世纪80年代，德热纳的研究兴趣转到浸润动力学等界面理论方面；80年代中期后，他的研究领域又深入到“生物膜”方面，他认为，生物膜与高分子一样，又是一种新的“液晶”，德热纳在包括高分子、液晶、表面活性剂、胶体和多孔介质等软物质领域里探索了几十年，以他独有的风格创立了软物质物理学的新体系。软物质是指处于固体和理想流体之间的复杂态物质，一般由大分子或基团组成，包括液晶、高分子、胶体、生物膜、泡沫、颗粒物质、生命物质等，德热纳指出软物质的主要特征是“复杂性”和“柔软性”。

德热纳研究的体系是如此复杂，以至于很少有物理学家认为它们可以归于一般的物理表述。德热纳认为，即便是凌乱无章的体系也可能用一般的术语加以成功描述，他的理论研究在物理及化学两方面都有广泛的含义，他架设了横越物理与化学之间的桥梁，为了赞扬他在非常不同的物理体系中寻找有序与无序现象共同线索的洞察力，人们称他为“当代牛顿”。

资料参考：

［1］卢森锴．软物质物理学及其创始人德热纳［J］．大学物理，2008（03）：1-4.

［2］闻建勋．当代牛顿：德热纳［J］．科学，1992（02）：52-53.

［3］李法科．科学的巨匠　当代的牛顿［J］．自然杂志，1992（04）：290-292.

［4］沙振舜．1991年诺贝尔物理学奖获得者皮埃尔-吉勒·德热纳［J］．物理实验，1992（01）：50.

思考题

1．解释下列名词

质谱　丰度　核磁共振　X射线　衍射　散射

2．试述质谱分析的特点以及在高分子研究中的应用。

3．查阅相关文献，举例说明如何利用NMR测定聚合反应时存在的头-头、尾-尾和头-尾结构。

4. 查阅相关文献，举例说明如何使用 NMR 谱区分高分子可能存在的全同、间同、无规立体构型。

5. 试述 X 射线衍射分析的基本原理以及在高分子结构研究上的应用。

6. 举例说明如何使用广角 X 射线衍射分析高分子的结晶度。

7. 查阅相关文献，说明采取哪些方法可以区别结晶态、非晶态和交联高分子。

8. 查阅相关文献，说明如何利用 X 衍射和散射法研究高分子的两相分离结构。

习题

1. 质谱法的基本原理是什么？

2. 弛豫过程的定义是什么？

3. X 射线分析方法可应用于高分子哪些性能的测试与研究？

参 考 文 献

[1] 金日光，华幼卿．高分子物理［M］．第3版．北京：化学工业出版社，2006.
[2] 何曼君，陈维孝，董西侠．高分子物理：修订版［M］．上海：复旦大学出版社，1990.
[3] 马德柱，徐种德，何平笙，等．高分子的结构与性能［M］．第3版．北京：科学出版社，1995.
[4] 吴其晔，巫静安．高分子材料流变学［M］．北京：高等教育出版社，2002.
[5] 殷敬华，莫志深．现代高分子物理学：上、下册［M］．北京：科学出版社，2001.
[6] 曾幸荣，吴振耀，侯有军，等．高分子近代测试分析技术［M］．广州：华南理工大学出版社，2007.
[7] L H Sperling. Introduction to physical polymer science［M］. 4th ed. New Jersey：John Wiley & Sons，Inc，2006.
[8] Giorgio Montaudo，Robert Lattimer. Mass spectrometry of polymers［M］. New York：CRC Press LLC，2002.
[9] 陈晋南，何吉宇．聚合物流变学及其应用［M］．北京：中国轻工业出版社，2018.
[10] ［法］P. G. 德热纳．高分子物理学中的标度概念［M］．吴大诚，刘杰，朱谱新，译．北京：化学工业出版社，2002.
[11] 董炎明，胡晓兰．高分子物理学习指导［M］．北京：科学出版社，2005.
[12] 励航泉，武德珍，张晨．高分子物理［M］．北京：中国轻工业出版社，2020.